中国地质大学“211”工程建设重点资助“地球物理勘查系列课”教材

地球物理反演基本理论与应用方法

姚　姚　　主编

中国地质大学出版社

图书在版编目(CIP)数据

地球物理反演基本理论与应用方法/姚姚主编. —武汉：中国地质大学出版社，2002.8
(2018.1重印)
ISBN 978-7-5625-1708-5

Ⅰ. 地…
Ⅱ. 姚…
Ⅲ. 地球物理学—重力反演问题—研究
Ⅳ. P312

中国版本图书馆CIP数据核字(2009)第169354号

地球物理反演基本理论与应用方法　　姚　姚　主编

责任编辑：高勇群　　技术编辑：阮一飞　　责任校对：张咏梅

出版发行：中国地质大学出版社（武汉市洪山区鲁磨路388号）　　邮编：430074
电话：(027) 67883511　　传真：67883580　　E-mail：cbb @ cug.edu.cn
经　销：全国新华书店　　Http：//www.cugp.cn

开本：787毫米×1092毫米　1/16　　字数：234千字　印张：9.25
版次：2002年8月第1版　　印次：2018年1月第7次印刷
印刷：荆州市鸿盛印务有限公司　　印数：7501—8500册

ISBN 978-7-5625-1708-5　　定价：20.00元

序 言

地球物理勘查系列课程是地球物理学专业和应用地球物理专业的主干专业课程，也是新调整后的地矿类工科本科专业的主要专业基础课之一。

自20世纪50年代初到90年代末，我国的应用地球物理专业课的课程体系基本上与前苏联类似，专业课程主要按重力、磁法、电法、地震和测井五门课分别讲授，学科和专业分得较细，教学内容较窄。结果培养的科研人员越来越专，这对促进科技快速纵向发展起到了积极作用，但不利于学科交叉和学科综合的发展。另外，重力、磁法、电法、地震、测井五门课程内容之间也存在着某些重复。随着科学技术的发展，专业课的教学内容也需进一步更新。

随着我国由计划经济逐渐向市场经济过渡，国内应用地球物理专业为适应市场经济的需要，都在积极地进行拓宽专业、加强基础和增强适应性的教学改革和研究。长期以来，中国地质大学（武汉）地球物理系应用地球物理专业的教学人员为了适应国民经济发展的需要，坚持教学改革，在不同的历史时期，进行了教学思想、内容和方法的改革，课程结构有所变化，教学内容有所更新。这些改革促进了师资队伍的建设，为深入教学改革打下了基础。经过广泛调研和充分地讨论，我们认为以系列课的建设来优化地球物理专业课程体系和教学内容是比较好的，并以教学立项促进教材建设，以张胜业为负责人的“应用地球物理系列课程建设”教学研究项目已列入1997年湖北省教委的研究项目和中国地质大学重点教学改革研究项目。

所谓系列课程的建设，是指为了向学生传授某一方面相对完整的知识或比较全面训练学生某一方面的能力，而把教学内容密切相关、相互之间有必然联系的若干门课程组织在一起，从总体上确定每一门课程的教学目标、教学内容和教学方法。

应用地球物理系列课程建设的指导思想是：①系统地向学生传授应用地球物理的基础知识，使学生知识面较宽、专业基础扎实、适应性较强；②优化课程体系和教学内容，避免不必要的重复，提高学生的学习效率，减轻学生的学习负担；③加强各学科综合和交叉，发挥学生潜能、特长和创造性思维。

应用地球物理专业课的系列课程建设可分为纵向和横向两种，这套教材为纵向系列课程教材。建立纵向系列课程的目的，就是将重力、磁法、电法、地震、测井五门课中带有基础和共性的内容有机地结合在一起，避免不必要的重复，加强基础、综合和交叉，提高学生的学习效率，拓宽学生的专业知识面，使学生能系统地掌握应用地球物理的专业基础知识，具有一定的综合解决实际问题的能力。

纵向系列课的课程设置，按地球物理勘查原理（60学时）、地球物理资料的采集与处理（50学时）、地球物理反演基本理论与应用方法（40学时）和地球物理方法的综合应用与解释（50学时），从纵向上分为四门专业系列课程，建立一套面向21世纪的新的专业课程体系。

四本系列课程教材的编写工作分工如下：

第一篇　地球物理勘查原理　　　　　　　张胜业（主编）

第二篇　地球物理资料的采集与处理　　　刘天佑（主编）

第三篇　地球物理反演基本理论与应用方法　姚　姚（主编）

第四篇　地球物理方法的综合应用与解释　　李大心（主编）

第三篇（本书）地球物理反演基本理论与应用方法共分七章，参加编写工作的有姚姚教授（第四章、第七章）、昌颜君讲师（第六章）和陈超副教授（第一、二、三、五章），全书由姚姚统编。本教材由地球物理系组织编写。编写、出版过程中得到了中国地质大学（武汉）校领导、教务处以及中国地质大学出版社的大力支持，绘图室文丽丽参加了绘图工作，在此表示谢意。

由于这套教材是第一次按新的课程体系编写，受条件、时间和水平的限制，在新教材里难免会有不妥或错误的地方，欢迎读者批评指正。

编　者

前　言

作为地球物理学科的一个组成部分，地球物理反演理论的许多思想，不仅能用于解决地球物理问题，而且能用于解决其他领域（如气象预报、经济预测等）中的问题，具有广泛的适用性。因此，对地球物理反演理论的学习，具有重要的实际意义。

地球物理反演理论和方法发展至今，凝聚了历代科学家和实践者的智慧，已成为今天人们用于揭示地球这个人类身边最大自然物体之奥秘的有效工具。人类探索自然的欲望是永无止境的。地球物理反演理论及方法自电子计算机问世以来，如同添翼加翅，得到了迅猛的发展。许多过去难以实现的复杂计算，现在已能迅速而准确地完成。当今的反演理论涉及面广，建立于不同数学理论基础上的反演方法层出不穷，本书不打算作全面的概括。我们的主要目的是结合应用地球物理方法原理的教学，引入地球物理反演理论的基本概念，着重介绍应用方法，便于读者理解，并领会如何应用它解决实际问题。

全书共分七章。第一章论述了反演理论及其相关问题的一般性概念，以及彼此之间的相互关系。第二章介绍了线性反演的基本理论及方法，特别着重讨论目前最为常用的离散线性反演方法。第三章叙述了非线性反演的线性化方法。它们在目前的地球物理反演中十分实用。为了使读者全面地了解反演问题，在第四章中简明地介绍了非线性反演的有关问题和常用的方法。第五、六、七章分别综述了位场勘探、电法勘探和地震勘探中的反演问题。

目　录

第一章　地球物理反演问题的一般理论

§1.1　反演问题的一般概念

在物理学范畴中，自然界的客观事物，大到整个宇宙，小到一个粒子，都可以视为一个物理系统。通常，一个物理系统可以用一系列的量来表征，这些量之中一部分能被直接观察或测量，另一部分则无法被直接观察或测量。例如，一块岩石的质量和体积可以直接测量，而其内部各点上的密度、导电率或刚度则无法直接测量。为了完整地认识一个物理系统，总是希望得到足够多的表征系统的量，而可直接得到的量往往十分有限，这就需要不断地发掘和研究系统中那些可直接测量的量与不可直接测量的量之间的关系，进而通过已知信息去获取一些未知信息，最终达到接近真实地描述它。这是认识世界的一个基本规律。作为一种演绎性的学科，地球物理反演问题的研究正是遵循这一规律不断发展的。为了更好地讨论问题，我们先引入几个一般性的概念。

1.1.1　模型空间与数据空间

选择什么样的量来描述一个物理系统不是"固有"的，换句话说，量的选择是非唯一的。每一种选择都构成系统的一个形式上的模型，我们把所有的这些"选择"抽象为一个空间（或集合），该空间中每一个点都代表一个系统模型，这个空间称为模型空间，表征系统的量称为模型参数。假设一个系统由 n 个实参数完全表征，系统的特征便可通过这 n 个实数数值体现出来。任何一个这样的模型都是 n 维模型空间（$\in R^n$）中的一个点。可见，定量地描述一个系统，可以通过模型参数数值来实现。这种模型参数的特定选择（具体化）称为模型的参数化。参数化的模型参数数量若是有限的，则模型空间是有限维的；若模型参数数量是无限的，则模型空间为无限维。例如，一个均匀的固体，仅用 21 个弹性参数即可全面地描述其弹性性质；而一个非均匀的固体，由于其弹性性质与空间坐标有关，要全面地刻画其弹性特征，则需要无限多个弹性参数。无限维空间理论比有限维空间理论更复杂，但前者的研究更具有一般性。

我们知道，一些模型参数是不容易被直接观测到的量，为获取这些量的信息，可以利用那些可直接观测的量来推测。为此，需要进行实验工作，从中观测到与模型参数有关联的量。实验工作的任务不仅是要尽可能准确地测量，更重要的是要设法使所测量的量最大限度地携带用于确定模型参数的信息。例如地球内部不同深度范围的密度难以直接测量，但地球表面的重力值与之有着密切的关系，通过精确地测量地面、空中和地下重力值，可以依据其特征推测地球内部密度的分布。由于实验的方法、设备以及观测数据的形式不同，观测量的含义有一定的自由度，为了不失一般性，我们称观测量为数据，并引入一个数据空间的抽象概念。任何一个可能的观测数据都是数据空间中的一个点或一个分量。与模型空间一样，数据空间可以是有限维的，也可以是无限维的。在大多数实际问题中，由于实验手段、时间及空间的限制，观测资料总是有限的。

1.1.2 正演问题与反演问题

如果把模型空间中的一个点定义为 $\boldsymbol{m}$，把数据空间中的一个点定义为 $\boldsymbol{d}$，按照物理定律，可以把两者的关系写成

$$\boldsymbol{d}=\boldsymbol{G}\boldsymbol{m} \tag{1-1}$$

式中，$\boldsymbol{G}$ 为模型空间 M 到数据空间 D 的一个映射(如图 1-1)，亦称为泛函算子，反映了模型 $\boldsymbol{m}$ 与数据 $\boldsymbol{d}$ 之间的物理规律。对一个特定的问题，$\boldsymbol{m}$ 可以是一维或多维的参数，$\boldsymbol{d}$ 也可以是一维或多维的数据，$\boldsymbol{G}$ 则可以代表一个积分算子或微分算子，也可以是一个矩阵或一个函数。通常我们把多维参数或数据表示成向量。若 $\boldsymbol{G}$ 是线性算子，方程(1-1)所表示的问题是线性的，若 $\boldsymbol{G}$ 是非线性算子，则问题是非线性的。从空间映射来看，如果存在一个映射 $\boldsymbol{A}$，使得

$$\boldsymbol{m}=\boldsymbol{A}\boldsymbol{d} \tag{1-2}$$

则 $\boldsymbol{A}$ 为由数据空间 D 到模型空间 M 的映射，即 $\boldsymbol{A}$ 为 $\boldsymbol{G}$ 的逆映射，或称逆算子。因此方程(1-2)可写成：

$$\boldsymbol{m}=\boldsymbol{G}^{-1}\boldsymbol{d} \tag{1-3}$$

式中，$\boldsymbol{G}^{-1}$为 $\boldsymbol{G}$ 广义上的逆(如图 1-1)。若 $\boldsymbol{G}$ 为一个微分算子，则 $\boldsymbol{G}^{-1}$为一个积分算子；若 $\boldsymbol{G}$ 为一个矩阵，则 $\boldsymbol{G}^{-1}$为其逆矩阵；若 $\boldsymbol{G}$ 为一个函数，则 $\boldsymbol{G}^{-1}$为其反函数。$\boldsymbol{G}^{-1}$有时并不一定是某一算子或函数，而可能是代表一个过程。

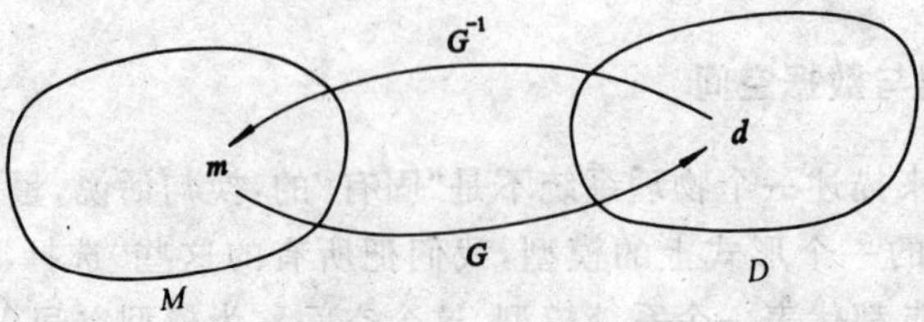

图 1-1　模型空间与数据空间之间映射关系示意图

我们把给定模型 $\boldsymbol{m}$ 求解数据 $\boldsymbol{d}$ 的过程称为正演问题(简称正问题)，而把给定数据 $\boldsymbol{d}$ 求解模型参数 $\boldsymbol{m}$ 的过程称为反演问题(简称反问题)。讨论正演问题通常涉及两个方面的内容，一是通过实验寻求物理定律，即确定从模型空间到数据空间的正确表达；另一方面则是运用物理定律通过给定的模型参数对观测数据进行预测。反演问题的研究是建立在正演问题被解决之后基础上的，若正演问题没有解决(物理定律不清楚)，一般地说，反演问题的研究就无法开展。然而，即使正演问题已被圆满地解决，反演问题也不一定能得到很好地解决，尤其是在 $\boldsymbol{G}^{-1}$无法直接确定的情况下。原因是反演问题更复杂，涉及的问题更多。

著名的反演理论学者罗伯特·珀克(R. Parker，1970)曾把反演问题的研究归纳为四个方面的问题：

(1)解的存在性：给定数据 $\boldsymbol{d}$，按照物理定律，能否找到满足要求的模型参数 $\boldsymbol{m}$；

(2)模型构制：若解存在，如何构制问题的数学物理模型使得反演问题的解能迅速而准确地确定；

(3)解的非唯一性：若解存在，其是否唯一；

(4)解的评价：若解是非唯一的，如何从非唯一解中获取真实解的信息。

关于上述四方面问题的研究就构成了地球物理反演的基本理论。

1.1.3 反演问题的解

在确定了模型参数与观测数据之间的关系之后，我们总是希望所得到的反演问题的解是唯一的。遗憾的是，事实并非如此。在大多数的反演问题中，都不同程度地存在着解的非唯一性。在实验中，由于受到仪器设备、时间和空间的限制，观测资料总是有限的。就无限维的模型参数而言，用有限维的观测数据去确定实际上为无限维的模型是不可能的，在这种情况下，求得的解必然是非唯一的。

为了说明解的非唯一性，我们引入“零空间”的概念。假设对于给定的观测数据 $\boldsymbol{d}$，有两个模型参数向量 $\boldsymbol{m}_1$、$\boldsymbol{m}_2$ 都满足方程(1-1)，即

$$\boldsymbol{d}=\boldsymbol{G}\boldsymbol{m}_1,\boldsymbol{d}=\boldsymbol{G}\boldsymbol{m}_2$$

则有

$$\boldsymbol{G}\boldsymbol{m}_1-\boldsymbol{G}\boldsymbol{m}_2=\boldsymbol{G}\boldsymbol{m}^0=\boldsymbol{0} \tag{1-4}$$

由于 $\boldsymbol{m}_1$ 和 $\boldsymbol{m}_2$ 是两个不同解，因此其差不等于零，我们定义满足式(1-4)的 $\boldsymbol{m}^0$ 为零向量，由零向量组成的模型空间为零空间。在任何包含零空间的模型空间中，只要反演问题的解 $\boldsymbol{m}$ 存在，解都是非唯一的。也就是说，除 $\boldsymbol{m}$ 之外，还存在另一个解 $\boldsymbol{m}^*$，它与 $\boldsymbol{m}$ 同映射到数据的一个点 $\boldsymbol{d}$ 上，因为

$$\boldsymbol{G}\boldsymbol{m}^*=\boldsymbol{G}\boldsymbol{m}+\boldsymbol{G}\boldsymbol{m}^0=\boldsymbol{d} \tag{1-5}$$

由此可见，模型空间可分为两个部分，如图 1-2 所示，它们分别由点 $\boldsymbol{m}$ 和 $\boldsymbol{m}^0$ 构成。$\boldsymbol{m}^0$ 在映射 $\boldsymbol{G}$ 作用下的像为零向量或零函数。

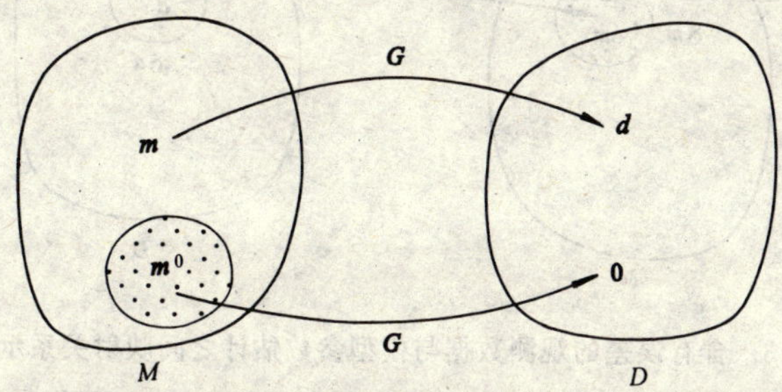

图 1-2 模型空间中零空间与数据空间之间映射关系示意图

现在，我们来分析一个简单的例子。设

$$\boldsymbol{G}=\begin{bmatrix}\frac{1}{4} & \frac{1}{4} & \frac{1}{4} & \frac{1}{4}\end{bmatrix},\quad \boldsymbol{m}=\begin{bmatrix}\alpha_1\\ \alpha_2\\ \alpha_3\\ \alpha_4\end{bmatrix} \tag{1-6}$$

且有

$$\boldsymbol{G}\boldsymbol{m}=\beta$$

其中，α_1、α_2、α_3、α_4 为待定参数。

显然，方程(1-6)有一个解 $\boldsymbol{m}=[\beta\quad\beta\quad\beta\quad\beta]^{\mathrm{T}}$，同时至少可以找出三个“零解”：

$$m_1^0=\begin{bmatrix}1\\-1\\0\\0\end{bmatrix},m_2^0=\begin{bmatrix}1\\0\\-1\\0\end{bmatrix},m_3^0=\begin{bmatrix}1\\0\\0\\-1\end{bmatrix}$$

如此一来，作为一般性的通解，$\boldsymbol{m}$ 可以表示成

$$\boldsymbol{m}=\begin{bmatrix}\beta\\\beta\\\beta\\\beta\end{bmatrix}+\alpha_1\begin{bmatrix}1\\-1\\0\\0\end{bmatrix}+\alpha_2\begin{bmatrix}1\\0\\-1\\0\end{bmatrix}+\alpha_3\begin{bmatrix}1\\0\\0\\-1\end{bmatrix}\tag{1-7}$$

式中，α_1、α_2、α_3 为任意不为零的参数。虽然这是一个简单的线性问题，但是它说明了反演问题解的非唯一性普遍存在于线性与非线性反演问题之中。

由于可能受到其他因素干扰，实验中的数据往往含有误差，测量到的数据 $\boldsymbol{d}_c$ 中包含有真实信号 $\boldsymbol{d}$ 和"噪声"$\delta\boldsymbol{d}$ 两种成分，即

$$\boldsymbol{d}_c=\boldsymbol{d}+\delta\boldsymbol{d}\tag{1-8}$$

由于误差 $\delta\boldsymbol{d}$ 的存在，必将使反演问题的解也产生一个扰动 $\delta\boldsymbol{m}$，这样，反演问题的解同样可以表示为

$$\boldsymbol{m}_c=\boldsymbol{m}+\delta\boldsymbol{m}\tag{1-9}$$

这里 $\delta\boldsymbol{m}$ 的存在意味着反演问题解是不稳定的，如图 1-3 所示。如果这种不稳定十分严重，则会加剧解的非唯一性程度。

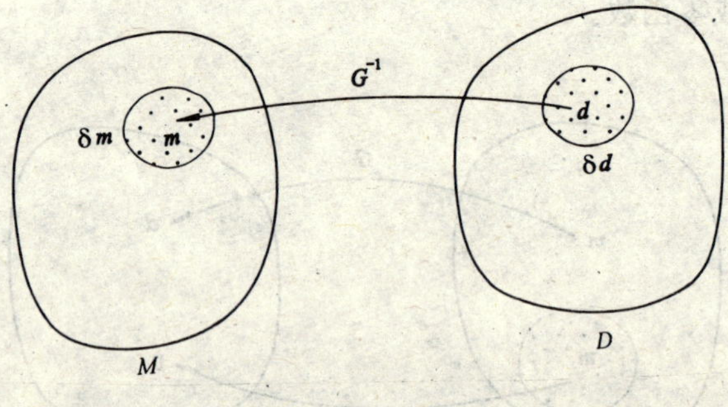

图 1-3　含有误差的观测数据与模型参数估计之间映射关系示意图

无论是反演问题的多解性，还是实验中的测量误差，以及模型参数与观测数据之间关系的不确定性，都会给求解反演问题造成困难，使问题复杂化，但这不等于反演问题无法解决。事实上，反演问题的求解，是利用观测资料结合从理论和实践中总结出的某些"先验信息"，对未知的模型参数进行逻辑推断的过程，其解是经过归纳、演绎而得到的模型参数的估计。所谓"估计"，表示其中含有偏差，估计的同时亦表明指定了一个解的范围。在某些特定的问题中，获得模型参数并不复杂，但这个估计并不一定能解答我们的问题。我们通常用"最佳程度"或"优度"来衡量反演问题的解的优劣。反演理论与方法研究的最终目标就是在同等信息量条件下，最大限度地提高解的优度。

§1.2 地球物理中的反演问题

反演问题在地球物理学中占有特殊的地位。由于地球物理学所研究的对象大多在地球内部，有些甚至埋藏在地球深部，而人类目前可能获得的关于地球的信息大都来源于地球表面，仅有少量的信息来自于极其有限的地下空间(如钻井、坑道)，因此人们对地球的认识主要还是通过有限的观测资料，对其进行反演而获得。例如，到目前为止，人类对地球内部基本结构的认识都是来源于对地球物理观测资料反演的结果。所以说反演问题是地球物理学中的一个核心理论问题。

地球物理场与场源及两者之间的关系是地球物理学中的三个基本要素。不同物理性质的场源与不同性质的场相对应，它们之间遵循着一定的法则。地球物理场与场源的形式是多种多样的。在勘探地球物理中，研究对象的性质不同，观测的场也不同。例如，在重力勘探和磁法勘探中，通过观测地球重力场和磁场的变化(或异常)来确定地质目标的密度或磁性分布；在电磁法勘探中，通过观测由人工装置或"太阳风"激发的交变电磁场激励下地质目标产生的二次场来研究其导电性；在地震勘探中，则通过记录的地震波及其在传播中遇到地质目标而形成的反射波或折射波来确定其波速特征。上述观测的数据显然是与地质目标的密度、磁化率、导电率、波速及其几何形态有关的，而这些参数通常作为描述场源的模型参数。在某些特定的例子中，由于同一地质目标所具有的各种物理特性在一定的外界条件下可以产生不同的物理场，从而使我们有可能通过各种场的信息来研究同一地质目标。

地球物理场与场源的关系是一种数学物理逻辑关系，具体形式因问题而异。常见的基本形式有三种，即积分方程形式、微分方程形式和矩阵方程形式。

若把式(1-1)表示成积分方程形式

$$\boldsymbol{d}(x)=\int \boldsymbol{G}(x,\zeta)\boldsymbol{m}(\zeta)\mathrm{d}\zeta \tag{1-10}$$

式中，$\boldsymbol{m}(\zeta)$为描述场源的模型函数，$\boldsymbol{G}(x,\zeta)$为积分核函数，又称格林(Green)函数，是表征场与场源关系的函数，$\boldsymbol{d}(x)$则是表示场的空间分布函数。在反演问题中，通常要求$\boldsymbol{G}(x,\zeta)$是确定的，而$\boldsymbol{m}(\zeta)$为待定函数，这样，解反演问题就变成了求解积分方程问题。

在许多地球物理问题中，尤其是当涉及到场在场源内部的分布的问题时，可以用微分方程来描述场与场源的关系。广义上说，地球物理场都满足如下关系：

$$\boldsymbol{Lu}=\begin{cases}0, & \text{在源外空间}\\ g(x), & \text{在源内空间}\end{cases} \tag{1-11}$$

式中，$g(x)$为与场源性质及分布有关的函数，$\boldsymbol{u}$为场的分布函数，$\boldsymbol{L}$为微分算子。对于不同的场，$\boldsymbol{L}$代表不同的算子，如在重力场或磁场中，$\boldsymbol{L}$为拉普拉斯(Laplace)算子，即

$$\boldsymbol{L}=\Delta=\frac{\partial^2}{\partial x^2}+\frac{\partial^2}{\partial y^2}+\frac{\partial^2}{\partial z^2} \tag{1-12}$$

在电磁场中，若周围介质均匀且各向同性，$\boldsymbol{L}$为亥姆霍兹(Helmholtz)算子，即

$$\boldsymbol{L}=\Delta+k^2, k^2=\omega^2\mu\varepsilon/c^2+\mathrm{i}4\pi\omega\mu r/c^2 \tag{1-13}$$

式中，k为波数，μ、r、ε分别为介质的磁导率、电导率和介电常数，ω为谐变场的角频率，c为真空中光的传播速度。而在均匀且各向同性的弹性介质的弹性波场中，$\boldsymbol{L}$即为波动算子，即

$$\boldsymbol{L}=\Delta-\frac{1}{v^2}\frac{\partial^2}{\partial t^2} \tag{1-14}$$

式中，v为纵波速度，t为时间。

如果说利用求解积分方程来解地球物理反演问题是一种直接方式的话，那么利用求解微分方程来解地球物理反演问题则是一种间接方式。解微分方程是通过给定的边界条件或初始条件，确定方程的定解，以获得那些不可直接测量的场的分布或重建方程系数，进而确定有关的模型参数。

若方程(1-1)中的 $\boldsymbol{G}$ 为一个 $M\times N$ 阶矩阵，$\boldsymbol{m}$ 为 N 维向量，$\boldsymbol{d}$ 为 M 维向量，则方程(1-1)演变为一个简单的矩阵方程，即

$$\begin{bmatrix} d_1 \\ d_2 \\ \vdots \\ d_M \end{bmatrix} = \begin{bmatrix} G_{11} & G_{12} & \cdots & G_{1N} \\ G_{21} & G_{22} & \cdots & G_{2N} \\ \vdots & \vdots & \vdots & \vdots \\ G_{M1} & G_{M2} & \cdots & G_{MN} \end{bmatrix} \begin{bmatrix} m_1 \\ m_2 \\ \vdots \\ m_N \end{bmatrix} \tag{1-15}$$

方程(1-15)也可以看作是积分方程(1-10)离散化后的结果。这样，解反演问题就成了求解 $M\times N$ 阶线性方程组的问题。

无论采用什么样的方式来表述场与场源的关系，都要依照问题的性质和信息形式而定。总之，人们总是希望用简单的方法去解决复杂的问题，在不丢失信息的条件下最大可能地准确确定未知量。

§1.3 地球物理反演中的数学物理模型

1.3.1 地球物理数学物理模型

谈到地球物理反演问题时，我们不能不谈到数学物理模型问题。在地球物理研究中，对于不同形式、不同性质的观测数据，怎样运用场与场源之间的逻辑关系，以及如何构制场源模型参数，是数学物理模型所要讨论的内容。所以说数学物理模型是地球物理反演的基础问题，它是运用数学语言和工具对各种物理现象进行描述、归纳和演绎的基础。任何一种反演方法都是建立在这样一种基础之上的。因此，建立数学物理模型是我们开展反演工作的出发点。

求解正演问题和反演问题的流程可以形象地描绘为

正演：场源模型参数 → 正演数学物理模型 → 场值数据

反演：观测数据 → 反演数学物理模型 → 场源模型参数

形式上两者都是信息“转换”过程，但存在着本质区别。正如前面(1.1 节中)所讨论的空间映射问题一样，正演是从模型空间到数据空间的信息转换，反演是从数据空间到模型空间的信息转换，两者是互逆的过程。从解决问题的过程来看，面对具体问题给出明确的正演数学物理模型相对较容易，而给出明确的反演数学物理模型则往往十分困难，在这种情况下，反演工作需要依赖正演数学物理模型来间接地进行。广义上，我们把包含正演计算在内的反演计算流程称为广义反演数学物理模型。显然，正演数学物理模型是反演工作的基础，因此在讨论地球物理数学物理模型问题时，通常是针对正演数学物理模型而言的。

数学物理模型有各种不同的分类。按照描述场源的模型函数或参数与场的关系特征来分类，可分为线性模型与非线性模型；按照描述场源的模型函数或参数的变量特征来分类，可分

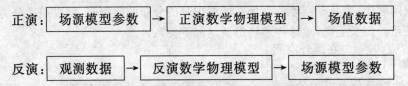

为离散模型与连续模型。这些分类不仅反映了解决地球物理问题的出发点和解题思路,而且引导着反演问题理论与方法的研究沿着不同方向发展。

1.3.2 线性与非线性数学物理模型

线性模型是指方程(1-1)所确定的场源模型参数 $\boldsymbol{m}$ 与观测数据 $\boldsymbol{d}$ 的关系中 $\boldsymbol{G}$ 为线性映射算子,即对模型空间 M 中的两个模型 $\boldsymbol{m}_1$、$\boldsymbol{m}_2(\in M)$,满足

$$\begin{cases}(1)\quad \boldsymbol{G}(\boldsymbol{m}_1+\boldsymbol{m}_2)=\boldsymbol{G}\boldsymbol{m}_1+\boldsymbol{G}\boldsymbol{m}_2 \\ (2)\quad \boldsymbol{G}(\alpha\boldsymbol{m}_1)=\alpha\boldsymbol{G}\boldsymbol{m}_1,\quad \boldsymbol{G}(\alpha\boldsymbol{m}_2)=\alpha\boldsymbol{G}\boldsymbol{m}_2\end{cases} \tag{1-16}$$

式中,α 为任意常量参数。若 $\boldsymbol{G}$ 不满足条件(1-16),则方程(1-1)所确定的数学物理模型即为非线性模型。以球体的重力异常为例,假设球体是均匀的,其剩余密度为 σ,半径为 R,中心埋深为 D,其在水平地面($z=0$)上的异常表达式为

$$\Delta g(x,y,0)=f\cdot\frac{4\pi}{3}R^3\cdot\frac{\sigma\boldsymbol{D}}{(x^2+y^2+\boldsymbol{D}^2)^{3/2}} \tag{1-17}$$

式中,f 为万有引力常数。若以上述模型反演求解剩余密度 σ,该模型为线性模型。若反演求解中心埋深 D,则该模型为非线性模型。从这一简单的例子就可以看出,非线性反演问题的求解要比线性问题复杂。人们为了解决非线性问题,常常是设法将非线性问题转换成线性问题,即所谓的线性化,然后按照解决线性问题的方法去求解,这种方法也称为广义线性反演方法。关于这方面的问题,我们将在后面的章节中作详细的讨论。

1.3.3 连续与离散数学物理模型

反演理论中所遇到的模型参数既可以是离散值,也可以是一个或多个变量的连续函数。换句话说,某一物理系统的模型参数可以用连续函数来描述,也可以用有限个离散值来描述,前者称为连续数学物理模型,后者称为离散数学物理模型。在地球物理反演理论中,连续反演理论与离散反演理论分属两个不同理论体系分支。连续反演理论主要解决理论前提证明、算子推导以及某些必须用连续函数表征的问题,在理论上它可以给出精确的答案。离散反演理论是从连续反演理论衍生而来的,离散模型可用有限个连续函数值适当地逼近连续模型,它是某种程度的近似,甚至具有一定的随意性。例如地层岩石弹性性质的变化特征实际上是既有渐变又有突变,而这一模型可以被离散成由若干层内均匀的层状介质组合来逼近,显然,这将给反演带来一定的不精确性。尽管如此,离散反演仍然是反演理论研究的良好出发点,因为离散模型可以通过加大采样密度使其接近连续模型,同时离散模型易于实现数值计算,从而有助于运用计算机解决实际问题。事实上,离散反演理论研究主要集中在模型的构制与算法的实现问题上,因而备受广大地球物理工作者的关注。从另一方面看,地球物理观测数据大都是离散值,利用有限数目的观测资料去确定无限数目的模型参数(连续模型)是不可能做到的。可见,将场源模型离散化已成为求解地球物理反演问题的必要手段。多数地球物理反演问题是通过离散模型来表述的。例如,若把某一段地下断面分割为若干部分,每一部分作为一个场源元(如图 1-4(a)所示),利用场源模型参数与观测数据之间的关系构造一个数学物理模型,即

$$\boldsymbol{d}=\boldsymbol{F}\boldsymbol{m} \tag{1-18}$$

式中,$\boldsymbol{F}$ 为与坐标及场源元形态有关的函数,$\boldsymbol{d}$ 和 $\boldsymbol{m}$ 分别为观测数据与模型参数向量,$\boldsymbol{F}$ 与 $\boldsymbol{m}$ 无关。对于元体 j 在 i 点上的作用即可表示为

$$\boldsymbol{d}_i=\sum_{j=1}^{N}F_{ij}\cdot m_j \tag{1-19}$$

式中，F_{ij}为第 i 点和场源元体 j 空间位置有关的 F 的函数值。对 N 个场源元体在地面 M 个观测点中的作用即可用矩阵方程表述

$$\begin{bmatrix} d_1 \\ d_2 \\ \vdots \\ d_M \end{bmatrix} = \begin{bmatrix} F_{11} & F_{12} & \cdots & F_{1N} \\ F_{21} & F_{22} & \cdots & F_{2N} \\ \vdots & \vdots & \vdots & \vdots \\ F_{M1} & F_{M2} & \cdots & F_{MN} \end{bmatrix} \begin{bmatrix} m_1 \\ m_2 \\ \vdots \\ m_N \end{bmatrix} \tag{1-20}$$

需要指出，同一问题可以选择不同的数学物理模型，这取决于问题的要求和解决问题的方法。对于一个均匀的三度地质体，我们既可以把它简单地看作一个球体(连续模型)，用形如(1-17)的方程来描述重力异常场与场源之间的关系；又可以用若干直立长方柱元去拼凑这个形体(离散模型)，并用形如(1-20)的方程来描述其异常场与场源的关系。即使是离散模型，其离散的方式也有不同，如图 1-4(a)、(b)、(c)所示。当然，用不同的数学物理模型进行反演，所得到的参数以及解的精度是不同的，但不等于模型越复杂、划分得越精细就越好。如果要反演某小盆地的三维地震勘探资料，将模型划分为几百层，可想而知即使用当今世界上最快的计算机计算，也不可能在短时间内算完。因此，选择数学物理模型要综合考虑，应该在满足问题的需要，达到其精度要求的前提下，尽可能地选择简单易行的模型。

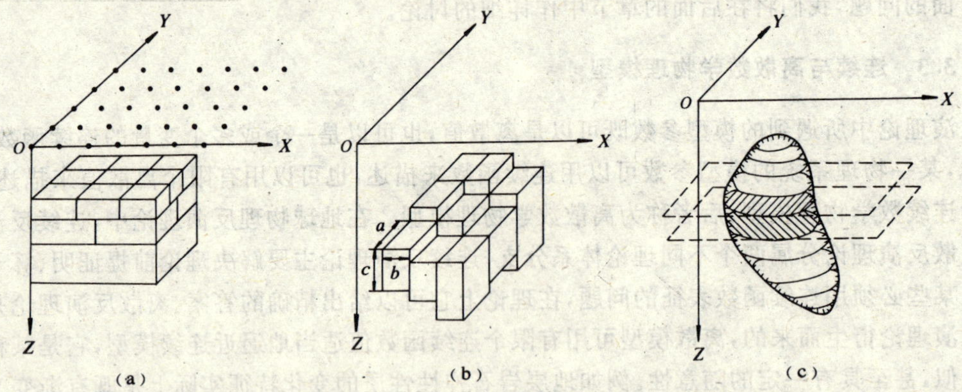

图 1-4　离散化模型的几种形式

§1.4　地球物理反演问题解的非唯一性

反演问题解的非唯一性(亦称多解性)是地球物理学中不可回避的问题，这是由问题的本质所决定的。对于这个问题，我们在 1.1 节中曾做了一般性的叙述。尽管地球物理场与场源形式各有不同，但只要场源模型空间存在“零空间”，反演问题多解性就必然存在。引起多解性的原因可以归纳为两个方面，一是场的等效性；另一个是观测资料的局限性。此外，由于测量和计算中不可避免的误差，也将导致多解性愈为严重(有些文献也将其视为引起多解性的原因之一)。

场的等效性是指不同的场源分布，至少在场源外部空间可引起相同的场的分布。这样的现象有很多，例如相同质量的球体或球壳，无论其体积大小，在其外部空间产生的引力场是相同

的；又如，当纵波在传播过程中，如果遇到介质速度分界面，会产生透射波和反射波，透射波的透射角与界面两侧介质速度比值有关，若保持其比值不变，两侧介质速度可以呈比例随意变化。场的等效性是地球物理场的基本特征之一，从这一点来看，仅凭观测到的场源外部空间场值去推断解释场源特征无疑是很困难的。

通常我们所得到的观测资料是数量有限的离散采样数据，而大多数物理场是连续分布的。显然，这样的资料并不能完全反映场的整个特征，具有一定的片面性和局限性。这必将影响我们对场源特征及本质的认识。而研究对象通常埋藏在地面之下，甚至可能位于地下深处，且形状并非规则、性质并非均匀，由此将造成反演结论的不确定性，即多解性。理论上，这样的场源模型属无限维空间的模型，用有限的数据去确定无限维的模型是不可能的。

任何观测资料都含有一定的误差，其中有些来源于测量仪器设备，有些来源于测量值归算过程。测量误差能使反演计算产生畸变，导致反演结果与实际大相径庭。可以想象，如果待定的场源模型参数的变化所引起的场的变化小于观测误差的尺度，我们的反演将缺乏分辨能力而得出多种解。可见，观测误差的存在，将使地球物理反演的多解性更为严重。

Stells D C (1947)在一篇著名的论文“重力异常解释中的多解性”中指出，对于一个由基底岩石顶面起伏引起的重力异常(如图 1-5 所示)，在给定该面两侧岩石密度差之后，若观测数据中的误差为±0.01mGal，则依据剖面重力异常反演基岩面形态，可以有许多种解释结果(见图 1-5)。从这个简单的例子中不难看出，场的等效性、有限的观测数据以及误差使得反演结果非唯一且差异很大。

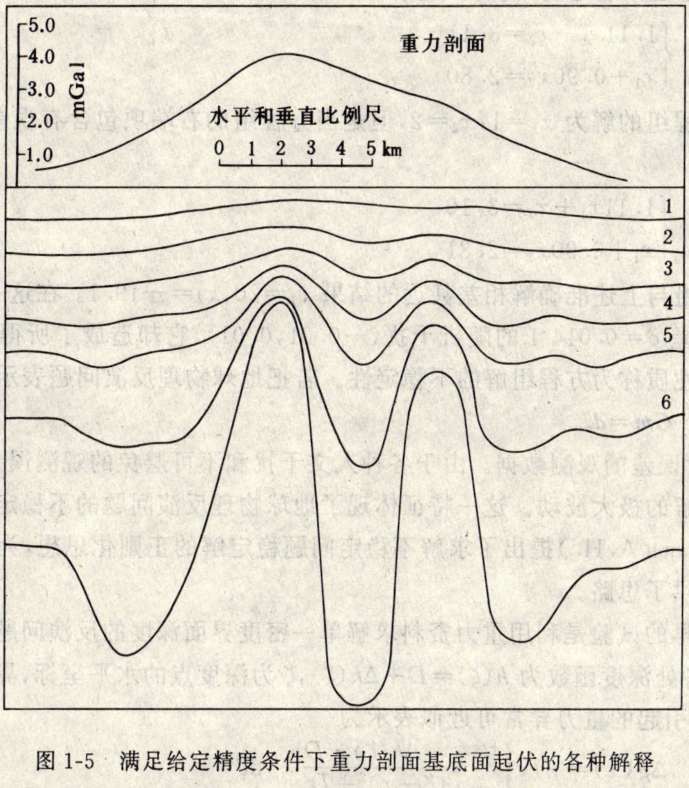

图 1-5　满足给定精度条件下重力剖面基底面起伏的各种解释

解的非唯一性并不意味着地球物理反演工作没有意义。事实上，只要观测数据是可靠的，物理场的存在就反映了场源的存在，此外，地球物理反演并不只是单纯的数学过程，它是在一定的地球物理条件和地质构造条件下进行的，人们对这些条件的认识也将作为反演的信息，在这些先验信息十分充分时，地球物理反演问题往往会变得十分简单。如果我们能“最优”地确定反演数学物理模型，使得模型参数中的任何零向量的存在都不影响解的可靠性，这时就可以认为解是唯一的。在实际工作中只要充分利用其他方面的证据，采用适当的措施就能在很大程度上减少多解的范围，甚至得到唯一解。

一般而言，解决反演问题的多解性问题有两种途径，一种是扩大观测范围以获取更多的场的信息；另一种是在反演过程中施加约束。就 Stells 的例子而言，若能获得沿深度方向的重力场值，其解无疑可以唯一地确定。然而这种可能在大多数情况下是不现实的。当然，有时我们也可以利用已取得地面上的资料对场的方程进行回归，从而推算出其他空间上场的分布来圈定场源范围，减少多解性。大多数情况下，反演工作是通过施加约束来进行的。所谓约束是指对场源模型参数取值范围、函数形式加以限制，以及对观测误差进行预测及剔除。约束可以来自许多方面，既可以是数学上的，也可以是岩石物性或地质构造形态等方面的。在前面的例子中，若能确定或估计基底顶面某一部位深度范围或某一处的深度，其基底面起伏形态就能较准确地给出。

§1.5　地球物理反演问题的不稳定性与正则化概念

在引入不稳定性概念之前，我们首先来看下列线性方程组

$$\begin{cases}1.11x_1+x_2=3.11\\ x_1+0.90x_2=2.80\end{cases} \tag{1-21}$$

容易得到这一方程组的解为 $x_1=1,x_2=2$，但是当方程组的右端项包含有误差(−0.01,0.01)时，即有

$$\begin{cases}1.11x_1+x_2=3.10\\ x_1+0.90x_2=2.81\end{cases} \tag{1-22}$$

则可以得到另一组与上述准确解相差甚远的结果 $x_1=20,x_2=-19.1$。在这一方程组中，我们仅仅加入均方误差 $\delta=0.014\,1$ 的随机干扰(−0.01,0.01)，它却造成了所得的解在很大的范围内波动。这种性质称为方程组解的不稳定性。若把地球物理反演问题表示为以下方程

$$\boldsymbol{Gm}=\boldsymbol{d}_c \tag{1-23}$$

这里，$\boldsymbol{d}_c$ 表示包含误差的观测数据。由于各种人文干扰和不可避免的观测误差的存在，就有可能造成反演问题解的极大波动。这一特征体现了地球物理反演问题的不稳定性。前苏联科学家吉洪诺夫(Тихонов A. H.)提出了求解不稳定问题稳定解的正则化思想，为寻找地球物理反演问题稳定解提供了思路。

吉洪诺夫最早的试验是利用重力资料求解单一密度界面深度的反演问题。假设界面平均深度为 D，界面各处深度函数为 $h(\zeta)=D+\Delta h(\zeta)$，$\zeta$ 为深度点的水平坐标，界面两侧密度差异为 σ，由界面起伏引起的重力异常可近似表示为

$$\Delta g(x)=2f\sigma\int_{-\infty}^{+\infty}\frac{\Delta h(\zeta)\cdot D}{[(\zeta-x)^2+D^2]^{3/2}}\mathrm{d}\zeta \tag{1-24}$$

其中，f 为万有引力常数，x 为测点的水平坐标。试验结果表明，当观测资料 Δg 中存在微小误差 δ 时，反演结果 Δh 将发生剧烈振荡，显然这是一个经典不稳定问题。对于求这类问题的稳

定解的正则化方法，吉洪诺夫在数学上予以了证明。

为了进一步说明正则化思想，我们来看看下面的问题。

考虑到观测数据 $\boldsymbol{d}_c$ 中存在着误差 δ，若问题(1-23)是不稳定的，则可能导致解 $\boldsymbol{m}$ 的极大振荡。正则化的意义就在于使问题在一定先验条件下成为稳定的，即得到一个平稳的解。假设问题(1-23)是一个线性方程组，在不同的情形中有不同的正则解。若观测数据多于未知模型参数，问题的正则解可表示成

$$\boldsymbol{m}=(\boldsymbol{G}^{\mathrm{T}}\boldsymbol{G})^{-1}\boldsymbol{G}^{\mathrm{T}}\boldsymbol{d}_c \tag{1-25}$$

这是在观测数据 $\boldsymbol{d}_c$ 与理论 $\boldsymbol{d}$ 之方差达到极小的先验前提下得到的解。若观测数据少于或等于未知模型参数，问题的正则解可表示成

$$\boldsymbol{m}=\boldsymbol{G}^{\mathrm{T}}(\boldsymbol{G}\boldsymbol{G}^{\mathrm{T}})^{-1}\boldsymbol{d}_c \tag{1-26}$$

这是在反演的模型参数与其先验估计值之方差达到极小前提下得到的解。有时虽然观测数据多于未知模型参数，但它们所提供的信息不足以唯一地确定一个稳定的解，或者说方程组中有若干方程是相关的，此时的问题事实上是前两种情形的综合，其问题可以表达为

$$(\boldsymbol{G}^{\mathrm{T}}\boldsymbol{G}+\alpha\boldsymbol{I})\boldsymbol{m}=\boldsymbol{G}^{\mathrm{T}}\boldsymbol{d}_c \tag{1-27}$$

式中，α 在这里称为正则参数，其正则解为

$$\boldsymbol{m}=(\boldsymbol{G}^{\mathrm{T}}\boldsymbol{G}+\alpha\boldsymbol{I})^{-1}\boldsymbol{G}^{\mathrm{T}}\boldsymbol{d}_c \tag{1-28}$$

熟悉广义逆矩阵的读者都知道，式(1-25)、式(1-26)和式(1-28)是问题的最小二乘解、最小范数(长度)解和阻尼最小二乘解，而称式(1-28)中的 α 为阻尼因子。有关这方面的内容，将在后面的章节中作详细的讨论。

让我们回到前面方程组(1-22)所提出的问题，看看如何利用正则化方法求解出一个“稳定”的解。若将方程组(1-22)写成矩阵形式，即

$$Ax=b \tag{1-29}$$

式中

$$A=\begin{bmatrix}1.11 & 1.00\\ 1.00 & 0.90\end{bmatrix},\quad x=\begin{bmatrix}x_1\\ x_2\end{bmatrix},b=\begin{bmatrix}3.10\\ 2.81\end{bmatrix}$$

为不失一般性，将其视为混合情形下的问题，用式(1-28)求解。用尝试法取 α 分别为 $10^0,10^{-1},\cdots,10^{-5}$，可以得到不同的正则解，见表 1-1。

表 1-1　用尝试法得到的不同正则解

k	1	2	3	4	5	6
α	10^0	10^{-1}	10^{-2}	10^{-3}	10^{-4}	10^{-5}
x_1	1.239 8	1.509 2	1.543 1	1.550 7	1.592 0	1.992 0
x_2	1.116 4	1.358 9	1.388 7	1.387 2	1.342 0	0.897 9
δ	0.829 9	0.101 9	0.017 2	0.013 8	0.013 7	0.013 4
e	1.668 3	0.362 5	0.045 1	0.007 7	0.061 2	0.597 1
ε	0.915 6	0.818 7	0.817 8	0.823 9	0.885 1	1.482 8

表中：δ 为观测数据 b 与理论值 Ax 之均方差；e 为 $x^{(k+1)}$ 与 $x^{(k)}$ 之均方差，其中 $x^{(0)}=(0,0)^{\mathrm{T}}$；$\varepsilon$ 为反演解 x 与真值 $(1,2)^{\mathrm{T}}$ 之均方差

由表中看出，当 $\alpha=10^{-5}$ 时，δ 最小，即理论值与观测数据差别最小，其解为

$$x_1=1.992\,0,x_2=0.897\,9 \tag{1-30}$$

当 $\alpha=10^{-2}$ 时，ε 最小，即反演解最接近真值，其解为

$$x_1=1.543\,1,x_2=1.388\,7 \tag{1-31}$$

若把 $x^{(i)}$ 作为 $x^{(i+1)}$ 的先验估计，显然 $\alpha=10^{-3}$ 对应于最小范数(e 最小)解，即

$$x_1=1.550\,7,x_2=1.387\,2 \tag{1-32}$$

并且有 $\delta=0.013\,8$，满足 $\delta\leqslant 0.014\,1$ 的数据误差。如果我们以满足观测数据 b 与理论值 Ax 之均方差小于观测数据误差和解的范数为最小两项准则求解，对应于上述正则化参数来说，最佳解即是(1-32)。尽管表 1-1 中所列的正则解与精确解 $x_1=1,x_2=2$ 仍有明显的差别，但相比前面的“振荡”解 $x_1=20,x_2=-19.1$，已经好得多。

在地球物理问题反演的过程中，有各种各样的先验信息可以利用，使不稳定问题成为有意义的、可解的。正则化思想不仅在解反演问题中得到应用，同时也在其他计算地球物理领域里被广泛使用。

§1.6 地球物理反演问题求解

现代反演理论是用信息论的思想讨论反演问题的求解，把反演问题的求解视为对通过观测得到的数据或参数的实验信息、由物理理论得到的理论信息以及先验信息的综合利用。其中，先验信息的利用十分重要，几乎贯穿于反演求解的全过程中。例如，实际问题通常是连续的，为了在计算机中进行计算需要离散化，如何正确地进行离散化，使得所求的解与“真”解接近而又不至于有太大的计算工作量，需要利用先验信息。又如仅由地球表面的重力场反演地下介质的密度分布是一个没有唯一解的问题，没有先验信息无法进行反演。但如果人们自信得足够说明介质分布是球状的或柱状的或矩形的，则可以导出十分简单的反演公式，求出反演解。

多数情况下我们希望能获得唯一的解，最好是“真”解。由于通常反演问题的模型空间是无限维的，数据空间是有限维的，因此反演不是唯一的。再加上观测数据中必然存在着误差和干扰，故欲求得唯一的“真”解是不可能的。一般只能求得在某种意义下的唯一“最佳”解。求取这种解，需要根据某些可接受的标准，建立一个所谓的“目标函数”(或称“代价函数”)，求此目标函数的最小值(或最大值)所对应的一组模型参数，即为在某种意义下的唯一“最佳”解。最常用的目标函数为观测数据 $\boldsymbol{d}$ 与理论正演计算出的计算数据 $\boldsymbol{Gm}$ 之间的残差平方和(或曰二阶范数)。取其最小值所对应的那组模型参数作为“最佳”解，称为最小平方解，即在最小残差平方和意义下的“最佳”解。此时反演称之为最小平方反演。

$$Q=\|\boldsymbol{d}-\boldsymbol{Gm}\|_2\rightarrow\min \tag{1-33}$$

其中 $\|\cdot\|_2$ 表示二阶范数。另一常用的目标函数则是由对模型参数的先验概率分布 $P(\boldsymbol{d}|\boldsymbol{m})$ 用贝叶斯定理求出的后验条件概率。取其最大值所对应的那组模型参数作为“最佳”解，称为最大后验解或最大似然解，即在最大后验概率意义下的“最佳”解。此时反演称之为最大后验反演或最大似然反演。

$$Q=P(\boldsymbol{m}|\boldsymbol{d})\rightarrow\max \tag{1-34}$$

这两种目标函数所包含的内涵代表着理解反演问题求解的两种观点。以残差平方和代表的是用代数方法求解反演问题，希望在自然科学中保持确定状态。它认为无论观测数据还是模型参数都是确定的量。由确定的量求取确定的量只能是求解代数方程。从这一观点出发，对反演问题求解时，连续反演是求解积分方程问题，离散反演是求解向量方程问题。虽然在多数情

况下不可能求得唯一的“真”解，借助于代数函数形式出现的目标函数求得在某种意义下的“最佳”解，即模型参数的某种估计值。另一种以后验概率为代表的观点来自概率论，用概率统计的语言来描述反演求解的一般公式。在反演求解理论的这一观点中，把观测数据和模型参数均作为随机变量，强调的主要方面是确定它们所服从的概率分布。概率分布确定了，期望值、特征值等均可以方便地用一定的公式计算出来。当然，从本质上而言，这两种观点是一致的。一个用代数方法计算出估计值常常正是某种概率分布的期望值。例如最小二乘反演就相当于数据为高斯分布时的最大似然反演。两种观点的差别仅在于强调的方面不同而已，因而导致所用的求解方法、手段有所不同。本书主要利用第一种观点。

思考题与习题

1. 例举几个观测数据 $\boldsymbol{d}$ 与模型参数 $\boldsymbol{m}$ 的关系 $\boldsymbol{d}=\boldsymbol{G}\boldsymbol{m}$，并说明其中 $\boldsymbol{G}$ 的含义。

2. 简述正、反演问题及其关系。

3. 模型空间中“零空间”的存在意味着什么？

4. 当关系 $\boldsymbol{m}=\boldsymbol{G}^{-1}\boldsymbol{d}$ 被确定之后，若已知 $\boldsymbol{d}$，其反演解 $\boldsymbol{m}$ 是否一定可以被唯一地确定，为什么？

5. 例举一个地质体模型，分别用连续和离散形式表达模型参数和观测数据之间的关系，并写出表达式。

6. 阐述解决地球物理反演多解性问题的基本思路。

第二章　线性反演理论及方法

在了解了地球物理反演的任务和对象之后，让我们来讨论一下在地球的物理资料反演中应用最广、研究最为成熟的线性反演理论，特别是离散线性反演的解法。

§2.1　线性反演理论的一般论述

为了使问题简单明了而又不失一般性，我们在此讨论一维问题。设有积分方程

$$\boldsymbol{d}(x)=\int_a^b \boldsymbol{G}(x,\zeta)\boldsymbol{m}(\zeta)\mathrm{d}\zeta \tag{2-1}$$

式中，$m(\zeta)\in L_2[a,b]$。在观测数据数目有限的情况下，为便于书写，我们把各参量表示成如下形式

$$\boldsymbol{d}(x_j)=\boldsymbol{d}_j \qquad \boldsymbol{G}(x_j,\zeta)=\boldsymbol{G}_j(\zeta)=\boldsymbol{G}_j \qquad \boldsymbol{m}(\zeta)=\boldsymbol{m}$$

式(2-1) 即为

$$\boldsymbol{d}_j=\int_a^b \boldsymbol{G}_j\boldsymbol{m}\mathrm{d}\zeta \qquad (j=1,\ 2,\ \cdots,\ M) \tag{2-2}$$

由于 $\boldsymbol{m}(\zeta)$与 $\boldsymbol{G}(x,\zeta)$线性无关，则式(2-2)可以表示成内积形式

$$\boldsymbol{d}_j=(\boldsymbol{G}_j,\boldsymbol{m}) \qquad (j=1,2,\cdots,M) \tag{2-3}$$

假设：

(1)$\boldsymbol{G}_j$ 是线性无关的一组函数；

(2)$\boldsymbol{d}_j$ 是精确数据，满足方程(2-3)。

我们先用核函数 $\boldsymbol{G}_j$ 构造另一组正交函数，即

$$\psi_k=\sum_{j=1}^{M}\alpha_{kj}\boldsymbol{G}_j \qquad (k=1,2,\cdots,M) \tag{2-4}$$

式中，α_{kj}为不同时为零的常量参数，且有 $\sum_{j=1}^{M}\alpha_{kj}^2=1$。由于 ψ_k 为一组正交函数，则有

$$(\psi_k,\psi_j)=\delta_{kj} \tag{2-5}$$

这里

$$\delta_{kj}=\begin{cases}1, & k=j\\ 0, & k\neq j\end{cases} \tag{2-6}$$

可见 ψ 和 $\boldsymbol{G}$ 是无限维 Hilbert 空间的一个 M 维子空间。我们再以 α_{kj}为系数对观测数据 $\boldsymbol{d}_j$ 作一个线性组合，并令其为 $\boldsymbol{E}_k$，则

$$\begin{aligned}\boldsymbol{E}_k&=\sum_{j=1}^{M}\alpha_{kj}\boldsymbol{d}_j=\sum_{j=1}^{M}\alpha_{kj}(\boldsymbol{G}_j,\boldsymbol{m})\\&=\left(\sum_{j=1}^{M}\alpha_{kj}\boldsymbol{G}_j,\boldsymbol{m}\right)=(\psi_k,\boldsymbol{m})\end{aligned} \tag{2-7}$$

由此可见，$\boldsymbol{E}_k$ 是 $\boldsymbol{m}$ 在正交基 ψ_k 轴上的投影。最后，我们把$[a,b]$上的函数 $\boldsymbol{m}$ 展成级数

$$m = \sum_{k=1}^{\infty} \beta_k \varphi_k(\zeta) = \sum_{k=1}^{\infty} \beta_k \varphi_k \tag{2-8}$$

这里 $\varphi_k(\zeta)$ 是 Hilbert 空间的任意坐标基，可以正交，也可以是不正交。若将其分成两部分，并取

$$\varphi_k = \psi_k \qquad (k=1,2,\cdots,M) \tag{2-9}$$

$$\varphi_k \text{ 为其他任意坐标基} \qquad k>M$$

则式(2-8)可写成

$$m = \sum_{k=1}^{M} \beta_k \psi_k + \sum_{k=M+1}^{\infty} \beta_k \varphi_k \tag{2-10}$$

可以证明 $\beta_k = E_k$。因为

$$\begin{aligned} E_k &= (\psi_k, m) \\ &= \left(\psi_k, \sum_{l=1}^{M} \beta_l \psi_l + \sum_{l=M+1}^{\infty} \beta_l \varphi_l\right) \\ &= \left(\sum_{l=1}^{M} \beta_l \psi_k \psi_l + \sum_{l=M+1}^{\infty} \beta_l \psi_k \varphi_l\right) \end{aligned}$$

考虑到式(2-5)及式(2-6)，有

$$\sum_{l=1}^{M} \beta_l \psi_k \psi_l = \beta_k$$

$$\sum_{l=M+1}^{\infty} \beta_l \psi_k \varphi_l = 0$$

所以有 $E_k = \beta_k$。如果考虑到式(2-10)中第二项 $\sum_{k=M+1}^{\infty} \beta_k \varphi_k$ 是无限维空间中一个向量投影之和，且该向量在 M 维正交基 ψ_k 中的投影为零，则对于问题中的模型 m，它可视为零向量，即

$$m^0(\zeta) = \sum_{k=M+1}^{\infty} \beta_k \varphi_k \tag{2-11}$$

故

$$m(\zeta) = \sum_{k=1}^{M} E_k \psi_k + m^0 \tag{2-12}$$

下面来证明式(2-12)满足方程(2-3)。将式(2-10)代入式(2-3)右端得

$$\begin{aligned} &\left(G_j, \sum_{k=1}^{M} E_k \psi_k + \sum_{k=M+1}^{\infty} \beta_k \varphi_k\right) \\ &= \left(G_j, \sum_{k=1}^{M} E_k \psi_k\right) + \left(G_j, \sum_{k=M+1}^{\infty} \beta_k \varphi_k\right) \end{aligned}$$

将式(2-4)和式(2-7)代入，并考虑到 G 为 M 维正交空间的向量，即

$$\begin{aligned} (G_j, m) &= \sum_{k=1}^{M} \sum_{l=1}^{M} \alpha_{kl} d_l \sum_{i=1}^{M} \alpha_{ki} (G_j, G_i) + 0 \\ &= \sum_{k=1}^{M} \sum_{l=1}^{M} \alpha_{kl} d_l \alpha_{kj} \\ &= \sum_{k=1}^{M} \alpha_{kj}^2 d_j \\ &= d_j \end{aligned}$$

从上面的讨论可以得出以下几个结论：

(1)给定一组观测数据 $d_j (j=1,2,\cdots,M)$，总能找到一个模型 $m(\zeta)$ 使之满足

$$d_j = (G_j, m) \qquad (j=1,2,\cdots,M)$$

即解的存在性得到解决。

(2)根据观测数据所构制的模型 $\boldsymbol{m}$ 由两部分组成,第一部分为 $\sum\limits_{k=1}^{M}\boldsymbol{E}_k\psi_k$,它取决于观测数据 $\boldsymbol{d}_j$。第二部分为 $\boldsymbol{m}^0=\sum\limits_{k=M+1}^{\infty}\boldsymbol{E}_k\psi_k$,它与观测数据无关。由式(2-12)可知,模型构制过程就是对核函数 $\boldsymbol{G}$ 实行正交变换并求模型在正交基 ψ_k 上投影的过程。

(3)从式(2-12)中可以看出,反演问题的解 $\boldsymbol{m}$ 是非唯一的。这种非唯一性完全由 $\boldsymbol{m}^0$ 所决定。由于 $\boldsymbol{m}^0$ 是无限维的,所以满足方程的模型有无限多。

(4)在所有能拟合观测数据的模型中,根据正则化思想,取

$$\begin{aligned}\|\boldsymbol{m}\|_2^2 &= \left\|\sum_{k=1}^{M}\boldsymbol{E}_k\psi_k+\boldsymbol{m}^0\right\|_2^2 \\ &= \left\|\sum_{k=1}^{M}\boldsymbol{E}_k\psi_k\right\|_2^2+\|\boldsymbol{m}^0\|_2^2 \\ &= \sum_{k=1}^{M}\boldsymbol{E}_k^2+\boldsymbol{0}\end{aligned} \tag{2-13}$$

的模型,就是“最小模型”或“圆滑模型”。这个最小模型能拟合观测数据而又无零空间的影响。显然,最小模型是正交坐标系 ψ_k 中的一个向量,也可以看成核函数 $\boldsymbol{G}$ 的一种线性组合

$$\begin{aligned}\boldsymbol{m} &= \sum_{k=1}^{M}\boldsymbol{E}_k\psi_k \\ &= \sum_{k=1}^{M}\boldsymbol{\gamma}_j\boldsymbol{G}_j\end{aligned} \tag{2-14}$$

这里 $\boldsymbol{\gamma}_j$ 为与观测数据有关的参数。

(5)根据观测数据可直接求得反演问题的唯一解——最小模型,而模型的构制过程实际上是寻找正交坐标基 ψ_k 的过程。

对于方程(2-3),会因条件不同而具有不同形式,以致构制出不同类型的反演问题。设观测数据的数目为 M,待定模型参数数目为 N,$\boldsymbol{G}$ 为 $M\times N$ 阶矩阵,其秩为 r,则有以下几种情况:当 $M=r$ 时,观测资料提供了确定模型参数的“不多不少”的信息,这种问题称适定问题;当 $M>N=r$ 时,观测资料提供了多于模型参数数目的信息,此问题称为超定问题;当 $M=r<N$ 时,观测资料提供的信息不足以确定模型参数,此时称为欠定问题;当 $M>N>r$ 时,虽然有足够多的观测数据,却仍然不足以提供确定 N 个模型参数的独立信息,此称为混定问题。求解上述不同类型线性反演问题,所采用的方法是有区别的,我们将在下一节中作详细论述。

§2.2 线性反演问题求解的一般原理

2.2.1 长度的概念

求解线性反演问题 $\boldsymbol{Gm}=\boldsymbol{d}$ 的最简单方法建立在度量由“估计的模型参数”$\boldsymbol{m}^{\text{est}}$ 所“预测的数据”$\boldsymbol{d}^{\text{pre}}(=\boldsymbol{Gm}^{\text{est}})$ 与实际观测数据 $\boldsymbol{d}^{\text{obs}}$ 之间距离(或长度)之大小的基础上。

为了说明长度的度量可能与反演问题的解有关,我们来研究数据的直线拟合这样一个简单的问题(图 2-1)。对此问题经常可以利用所谓的最小二乘法来求解。在使用这一方法时,力求选取模型参数(截距和斜率)使预测数据尽可能接近观测数据,对每次观测都规定一个预测

误差(试错拟合)$e_i(e_i=d_i^{obs}-d_i^{pre})$,那么最佳拟合直线便是其模型参数能使总误差 E 最小的那一条。E 由下式确定,即

$$E=\sum_{i=1}^{M}e_i^2 \tag{2-15}$$

总误差 E(单个误差的平方和)恰好是向量 e 的欧几里德长度之平方,或者写成 $E=e^Te$。

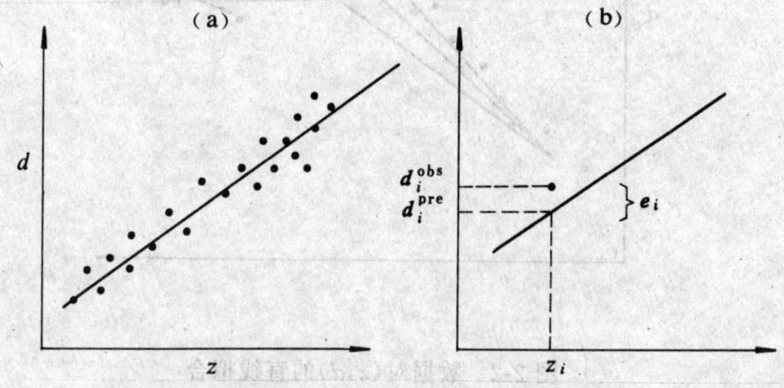

图 2-1　用最小二乘直线拟合说明“长度”的概念

(a)数据对(z,d)的最小二乘直线拟合;(b)每一次观测的误差是观测数据和预测数据之间的差值:$e_i=d_i^{obs}-d_i^{pre}$

最小二乘法是通过求模型参数来估计反演问题的解。这些参数是估计数据 d^{est} 的长度的某一特定度量,也就是使 d^{est} 与观测值之间的欧几里德距离取极小值。正如下面将要详细叙述的,在以长度的度量为指导原则来解反演问题的方法中,最小二乘法是最简单的一种。

应当注意,尽管欧几里德长度是定量表示向量大小或长度的一种方法,但却决不是唯一可能的度量。例如,用向量元素的绝对值之和照样能够很好地定量表示其长度。

术语范数经常作为长度或大小的某种度量,并且用一组双竖直线段来表示,如 $\|e\|$ 即为向量 e 的范数。以向量元素的 n 次幂之和为基础的范数是最常用的,并且称之为 L_n,其中的 n 是幂:

$$L_1\text{ 范数}:\|e\|_1=[\sum_i|e_i|^1]$$

$$L_2\text{ 范数}:\|e\|_2=[\sum_i|e_i|^2]^{1/2}$$

$$\vdots$$

$$L_n\text{ 范数}:\|e\|_n=[\sum_i|e_i|^n]^{1/n} \tag{2-16}$$

随着范数次数的逐步提高,e 的最大元素的权也逐步增大。在 $n\to\infty$ 的极限情况下,仅只最大的元素才有非零的权;因而,它等价于选择具有最大绝对值的向量元素作为长度的度量,并且写成

$$L_\infty\text{范数}:\|e\|_\infty=\max_i|e_i| \tag{2-17}$$

最小二乘法系用 L_2 范数来定量表示长度。那么为什么选用这一范数而不选用其他范数呢?对这一问题的回答要看所选择的给远离平均趋势的数据加权的方式(图 2-2)。如果数据是非常精确的,那么某一预测值落在远离其观测值的地方便是重要的因素了。这时应利用高次范数,因为它对较大的误差加的权也较大。相反,如果数据在趋势方向的周围散布很广,那么考虑几个大的预测误差就没有什么意义了。这时应利用低次范数,因为它对不同大小的误差所加的权近于相等。

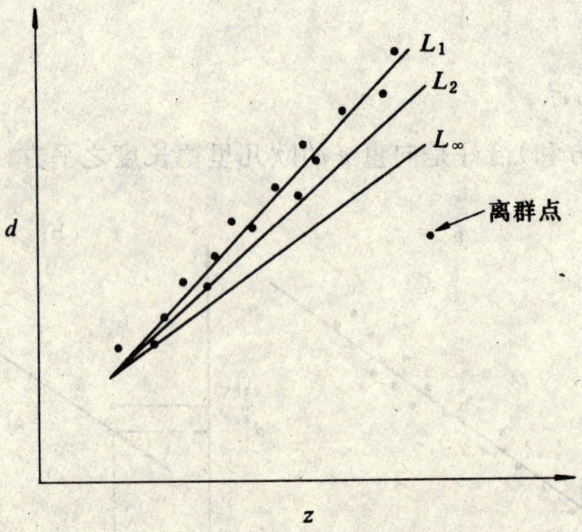

图 2-2 数据对(z,d)的直线拟合

（其中的误差是以 L_1,L_2 及 L_∞ 范数度量的。L_1 范数对离群点所加的权最小）

2.2.2 适定与超定问题的求解

由于存在着观测误差及问题的不稳定性，求解地球物理反演问题的精确解毫无意义。假定我们期望得到一组与观测数据之间误差平方和为最小的预测数据所对应的模型参数，即使得差 $\boldsymbol{E}$ 为最小的解，其形式为

$$\boldsymbol{E}=\boldsymbol{e}^{\mathrm{T}}\boldsymbol{e}=(\boldsymbol{d}-\boldsymbol{Gm})^{\mathrm{T}}(\boldsymbol{d}-\boldsymbol{Gm})\rightarrow \min \tag{2-18}$$

这样的解是在范数 L_2 极小的条件下求得的，因此称这种方法为最小 L_2 解法，亦称最小二乘法。

为了不失一般性，我们先假设观测数据 $\boldsymbol{d}$ 为 M 维向量，模型参数 $\boldsymbol{m}$ 为 N 维向量，且有 $M>N$，则式(2-18)的求解可转化为一个线性方程组的求解，即

$$\boldsymbol{E}=\boldsymbol{e}^{\mathrm{T}}\boldsymbol{e}=\sum_{i=1}^{M}(d_i-\sum_{j=1}^{N}\boldsymbol{G}_{ij}\boldsymbol{m}_j)(d_i-\sum_{k=1}^{N}\boldsymbol{G}_{ik}\boldsymbol{m}_k)\rightarrow \min \tag{2-19}$$

考虑到这是一个多元函数的极小问题，令 $\partial\boldsymbol{E}/\partial\boldsymbol{m}_q=0\quad(q=1,2,\cdots,N)$，则

$$\frac{\partial\boldsymbol{E}}{\partial\boldsymbol{m}_q}=\frac{\partial}{\partial\boldsymbol{m}_q}\Big(\sum_{j=1}^{N}\sum_{k=1}^{N}\boldsymbol{m}_j\boldsymbol{m}_k\sum_{i=1}^{M}\boldsymbol{G}_{ij}\boldsymbol{G}_{ik}-2\sum_{j=1}^{N}\boldsymbol{m}_j\sum_{i=1}^{M}\boldsymbol{G}_{ij}\boldsymbol{d}_i+\sum_{i=1}^{M}\boldsymbol{d}_i\boldsymbol{d}_i\Big) \tag{2-20}$$

式(2-20)右边第一项偏导数为

$$\begin{aligned}&\frac{\partial}{\partial\boldsymbol{m}_q}\Big(\sum_{j=1}^{N}\sum_{k=1}^{N}\boldsymbol{m}_j\boldsymbol{m}_k\sum_{i=1}^{M}\boldsymbol{G}_{ij}\boldsymbol{G}_{ik}\Big)\\&\quad=\sum_{j=1}^{N}\sum_{k=1}^{N}(\delta_{jq}\boldsymbol{m}_k+\delta_{kq}\boldsymbol{m}_j)\sum_{i=1}^{M}\boldsymbol{G}_{ij}\boldsymbol{G}_{ik}=2\sum_{k=1}^{N}\boldsymbol{m}_k\sum_{i=1}^{M}\boldsymbol{G}_{iq}\boldsymbol{G}_{ik}\end{aligned} \tag{2-21}$$

注意 $\partial\boldsymbol{m}_i/\partial\boldsymbol{m}_q=\delta_{iq}$，按 δ 函数取值。第二项偏导函数为

$$\begin{aligned}&-2\frac{\partial}{\partial\boldsymbol{m}_q}\Big(\sum_{j=1}^{N}\boldsymbol{m}_j\sum_{i=1}^{M}\boldsymbol{G}_{ij}\boldsymbol{d}_i\Big)\\&\quad=-2\sum_{j}\delta_{jq}\sum_{i}\boldsymbol{G}_{ij}\boldsymbol{d}_i\end{aligned}$$

$$= -2\sum_{i}^{M} G_{iq} d_i \tag{2-22}$$

因为第三项中不包含 $\boldsymbol{m}$ 的要素，故其偏导数为零。将以上三项结果代回到式(2-20)中，并令其等于零，即有：

$$\frac{\partial E}{\partial m_q} = 2\sum_{k}^{N} m_k \sum_{i}^{M} G_{iq} G_{ik} - 2\sum_{i}^{M} G_{iq} d_i = 0 \qquad (q = 1,2,\cdots,N) \tag{2-23}$$

将式(2-23)用矩阵形式表示

$$\boldsymbol{G}^{\mathrm{T}}\boldsymbol{G}\boldsymbol{m} = \boldsymbol{G}^{\mathrm{T}}\boldsymbol{d} \tag{2-24}$$

我们来看一个简单的例子。假设有一组观测数据 $d_i(i=1,2,3,\cdots,M)$，它们与模型参数 m_1, m_2, m_3 满足方程

$$d_i = m_1 + m_2 x_i + m_3 y_i \quad i=1,2,3,\cdots,M, M>3 \tag{2-25}$$

其中 x_i, y_i 为空间坐标，因此方程 $\boldsymbol{Gm}=\boldsymbol{d}$ 的形式为

$$\begin{bmatrix} 1 & x_1 & y_1 \\ 1 & x_2 & y_2 \\ \vdots & \vdots & \vdots \\ 1 & x_M & y_M \end{bmatrix} \begin{bmatrix} m_1 \\ m_2 \\ m_3 \end{bmatrix} = \begin{bmatrix} d_1 \\ d_2 \\ \vdots \\ d_M \end{bmatrix} \tag{2-26}$$

形成矩阵乘积 $\boldsymbol{G}^{\mathrm{T}}\boldsymbol{G}$

$$\begin{bmatrix} 1 & 1 & \cdots & 1 \\ x_1 & x_2 & \cdots & x_M \\ y_1 & y_2 & \cdots & y_M \end{bmatrix} \begin{bmatrix} 1 & x_1 & y_1 \\ 1 & x_2 & y_2 \\ \vdots & \vdots & \vdots \\ 1 & x_M & y_M \end{bmatrix} = \begin{bmatrix} M & \sum x_i & \sum y_i \\ \sum x_i & \sum x_i^2 & \sum x_i y_i \\ \sum y_i & \sum x_i y_i & \sum y_i^2 \end{bmatrix} \tag{2-27}$$

及

$$\boldsymbol{G}^{\mathrm{T}}\boldsymbol{d} = \begin{bmatrix} 1 & 1 & \cdots & 1 \\ x_1 & x_2 & \cdots & x_M \\ y_1 & y_2 & \cdots & y_M \end{bmatrix} \begin{bmatrix} d_1 \\ d_2 \\ \vdots \\ d_M \end{bmatrix} = \begin{bmatrix} \sum d_i \\ \sum x_i d_i \\ \sum y_i d_i \end{bmatrix} \tag{2-28}$$

于是，解为

$$\boldsymbol{m} = [\boldsymbol{G}^{\mathrm{T}}\boldsymbol{G}]^{-1}\boldsymbol{G}^{\mathrm{T}}\boldsymbol{d} = \begin{bmatrix} M & \sum x_i & \sum y_i \\ \sum x_i & \sum x_i^2 & \sum x_i y_i \\ \sum y_i & \sum x_i y_i & \sum y_i^2 \end{bmatrix}^{-1} \begin{bmatrix} \sum d_i \\ \sum x_i d_i \\ \sum y_i d_i \end{bmatrix} \tag{2-29}$$

它构造了一个最小二乘拟合平面 $d = m_1 + m_2 x + m_3 y$(图 2-3)。

2.2.3 欠定问题的求解

上面所讨论的求解方法实际上是针对适定或超定问题的，然而在欠定问题情况下，用上述方法不能确定唯一的解，因此需要寻找其他的途径。

假定已辨认出反演问题 $\boldsymbol{Gm}=\boldsymbol{d}$ 是一个纯欠定问题。为了简单起见，假设方程数比未知的模型参数少，即$M<N$，而且在这些方程中有相容的，则有可能找出不只一个误差 E 为零的解(事实上，我们将看到欠定线性问题有无穷多个这样的解)。虽然数据能提供有关模型参数的信息，但却不能提供足够的信息来唯一地确定模型参数。

为了获得反问题的解 $\boldsymbol{m}^{\mathrm{est}}$，必须拥有能精确地选出其误差 E 为零的无穷多个解中某一个

解的方法。要做到这一点，就得把某些引起未包含在方程 $Gm=d$ 中的信息附加到该问题中。这些附加的信息称为先验信息。先验信息可以取许多形式，但对每一情形，它都使得关于解的特性之期望以定量的形式出现，且这些期望并不依赖于实际数据。

例如，在仅通过一个数据点的直线拟合情形中，可能会有直线也通过原点这一期望。现在，这一先验信息便给出足够的信息来求得反演问题的唯一解，因为两个点(一个是数据，另一个是先验信息)确定一条直线。

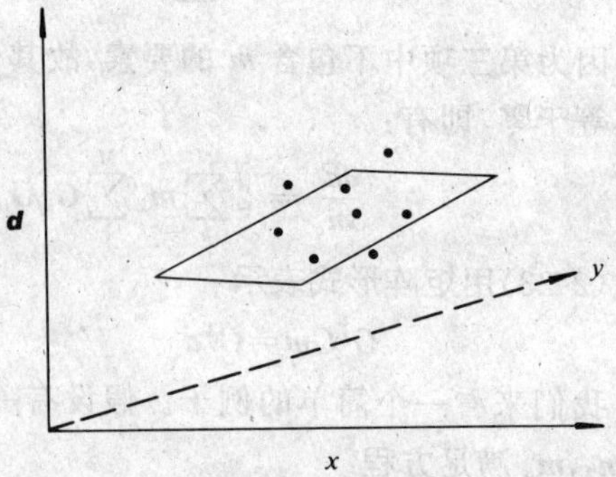

图 2-3　数据(x,y,d)的最小二乘平面拟合

另外一个先验信息的例子涉及到模型参数具有一给定的符号，或者位于某一给定的区间的期望。例如，假定模型参数代表地球中不同点处的密度。甚至不做任何测量，便能肯定密度处处大于零，因为密度是固有的正值。此外，因为可以合理地假设地球内部是由岩石组成的，所以其密度值必定在表示岩石特征的某一已知范围内，比方说在 $1\sim100\mathrm{g/cm^3}$ 之间。如果在解该反演问题时能利用这一先验信息，就可以大大缩小可能解的范围——或者甚至得到唯一的解。

令人不大满意的是，必须对反问题附加先验信息才能挑选出一个解。这些信息从何而来？其可靠程度如何？对这些问题，并没有严格的回答。在某些情况下有可能确定一个合理的先验假设，而在另外一些情况下却做不到这一点。显然，先验信息的重要性主要取决于打算在估计模型参数时如何使用它，如果只是想得到对问题解的一个范例，那么先验信息的选取并不重要。然而，如果想要给出取决于估计值的唯一论证，那么先验假设的正确性便是头等重要的了。在估计一个非唯一反问题的模型参数时，必须重视这些问题。对于反问题，有其他类型的不依赖于先验信息的"答案"(例如局部化的平均值)。不过，这些"答案"总是不如模型参数的估计值容易解释。

我们将研究的一类先验假设是，反问题的解是"简单的"这一期望，其中"简单的"这一概念用解的长度的某种度量来定量表示。解的欧几里德长度 $L=\boldsymbol{m}^{\mathrm{T}}\boldsymbol{m}=\sum m_i^2$ 就是这种度量。于是，在 L_2 范数度量下，如果长度 L 很小，就把所得到的解规定为"简单的"。然而公认的是，这种度量也许并不是"简单的"特别实际的度量。它可能偶尔有用，我们将简略地描述如何把它推广为更实际的度量。当模型参数描述流动液体内各个不同点之速度时，解长度也许有实际意义，即长度 L 是流体动能的度量。在某些情况下，适于求出液体内的速度场，该速度场满足使数据的解有最小可能的动能。

我们提出以下的问题：求在 $\boldsymbol{e}=\boldsymbol{d}-\boldsymbol{G}\boldsymbol{m}=0$ 约束下使 $L=\boldsymbol{m}^{\mathrm{T}}\boldsymbol{m}=\sum m_j^2$ 极小的 m^{est}。利用拉格朗日乘子法很容易求解这一问题。

使函数

$$\Phi(\boldsymbol{m})=L+\sum_{i=1}^{M}\lambda_i e_i=\sum_{j=1}^{N}m_j^2+\sum_{i=1}^{M}\lambda_i\Big(d_i-\sum_{j=1}^{N}G_{ij}m_j\Big) \tag{2-30}$$

式中的 λ_i 是拉格朗日乘子。对 m_q 取极小，取上式的导数，得

$$\frac{\partial\Phi(\boldsymbol{m})}{\partial m_q}=\sum_{j=1}^{N}2\frac{\partial m_j}{\partial m_q}m_j-\sum_{i=1}^{M}\lambda_i\sum_{j=1}^{N}G_{ij}\frac{\partial m_j}{\partial m_q}$$

$$= 2m_q - \sum_{i=1}^{M} \lambda_i G_{iq} \tag{2-31}$$

令式(2-31)等于零，并且再写成矩阵形式得到方程 $2\boldsymbol{m}=\boldsymbol{G}^{\mathrm{T}}\lambda$。此方程必须与约束方程 $\boldsymbol{Gm}=\boldsymbol{d}$ 一同求解。把 $2\boldsymbol{m}=\boldsymbol{G}^{\mathrm{T}}\lambda$ 代入 $\boldsymbol{Gm}=\boldsymbol{d}$ 则得 $\boldsymbol{d}=\boldsymbol{Gm}=\boldsymbol{G}(\boldsymbol{G}^{\mathrm{T}}\lambda/2)$。注意，矩阵 $\boldsymbol{GG}^{\mathrm{T}}$ 是一个 $N\times N$ 阶方阵。如果它的逆矩阵存在，就能解此方程求出拉格朗日乘子，即 $\lambda=2(\boldsymbol{GG}^{\mathrm{T}})^{-1}\boldsymbol{d}$。然后把 λ 的表达式代入 $2\boldsymbol{m}=\boldsymbol{G}^{\mathrm{T}}\lambda$，得到的解为

$$\boldsymbol{m}^{\mathrm{est}}=\boldsymbol{G}^{\mathrm{T}}(\boldsymbol{GG}^{\mathrm{T}})^{-1}\boldsymbol{d} \tag{2-32}$$

$\boldsymbol{m}^{\mathrm{est}}$是在极小 $L=\boldsymbol{m}^{\mathrm{T}}\boldsymbol{m}$ 意义下得到的最小模型。最小模型解只有在纯欠定情况下才有意义。

2.2.4 混定问题的求解

大多数地球物理反演问题，既不是完全超定，也不是完全欠定，而是表现为一种混定形式。就观测数据与模型参数数目而言，$M>N$ 表现为超定，但 $\boldsymbol{G}^{\mathrm{T}}\boldsymbol{G}$ 的特征值有接近或等于零的情况(秩 $r<N$)，又具有欠定性质。显然无论用最小二乘法还是用最小模型法求解这类问题，都不能得到满意的结果。如果我们把求解超定问题和欠定问题的目标函数综合一下，取它们的线性组合，即目标函数 $\Phi(\boldsymbol{m})$ 为

$$\Phi(\boldsymbol{m})=\boldsymbol{E}+\varepsilon^2 L=(\boldsymbol{d}-\boldsymbol{Gm})^{\mathrm{T}}(\boldsymbol{d}-\boldsymbol{Gm})+\varepsilon^2\boldsymbol{m}^{\mathrm{T}}\boldsymbol{m} \tag{2-33}$$

求$\dfrac{\partial \Phi}{\partial \boldsymbol{m}}=0$，则得

$$(\boldsymbol{G}^{\mathrm{T}}\boldsymbol{G}+\varepsilon^2\boldsymbol{I})\boldsymbol{m}=\boldsymbol{G}^{\mathrm{T}}\boldsymbol{d} \tag{2-34}$$

式中，ε^2 称为阻尼因子或加权因子，它取决于预测误差 $\boldsymbol{E}$ 与模型长度 L 在极小化过程中的相对重要性。

如果所取的 ε 足够大，那么这一方法明显地使解的欠定部分达到极小。可惜的是，它也有使解的超定部分达到极小的趋势。其结果，所得到的解将不一定会使预测误差 $\boldsymbol{E}$ 极小，因而它本身也就不会是真实模型参数的一个非常好的估计。如果令 ε 等于零，则将使预测误差极小，但是却不存在任何先验信息用于选出欠定的模型参数。不过，有可能找出 ε 的某一折衷值，在使欠定部分解的长度近似取极小的同时使 $\boldsymbol{E}$ 近似达到极小。没有什么简单方法来确定 ε 的折衷值应该多大，ε 的折衷值必须用尝试法来确定。用非常类似于导出最小二乘法的方式求 $\Phi(\boldsymbol{m})$的极小，可得到

$$\boldsymbol{m}^{\mathrm{est}}=(\boldsymbol{G}^{\mathrm{T}}\boldsymbol{G}+\varepsilon^2\boldsymbol{I})^{-1}\boldsymbol{G}^{\mathrm{T}}\boldsymbol{d} \tag{2-35}$$

这一模型参数估计值称为阻尼最小二乘解。这种反演方法叫马夸特(Marguarot)法。用这种方法求解混定问题，误差的概念已经推广到不仅包括预测误差而且还包括解误差。可以说问题的欠定性在这里得到了阻尼。

此外，解决混定问题的另一种有效的方法是求解 $\boldsymbol{G}$ 的一种广义逆。

2.2.5 模型构制中加权函数的应用

在许多情形中，$L=\boldsymbol{m}^{\mathrm{T}}\boldsymbol{m}$ 并不是解的简单性的一个非常好的度量。例如，假定拟解一个有关海洋中密度扰动的反问题，就不能要求找到一个在 L 最接近于零意义下的最小解，而应要求找出在最接近于某一其他值意义下的最小解，如海水的平均密度。因而 L 的明显推广是

$$L=(\boldsymbol{m}-\langle\boldsymbol{m}\rangle)^{\mathrm{T}}(\boldsymbol{m}-\langle\boldsymbol{m}\rangle) \tag{2-36}$$

式中的$\langle\boldsymbol{m}\rangle$是模型参数的先验值。

有时把长度的整体概念作为简单性的一种度量是不恰当的。例如，当解是平滑的，或者是某种意义下平坦的，就会觉得此解是简单的。而当模型参数代表像密度或X射线暗度这样一个离散化了的连续函数时，这些度量就可能是特别合适的。可能有模型参数仅仅随着位置的不同而缓慢变化的期望。幸运的是，把长度的推广作为度量，就很容易定量表示像平坦这样的性质。例如，某一空间连续函数的平坦性可用其一次导数的范数来定量表示。对于离散的模型参数，可以把实际相邻的模型参数之间的差作为导数的近似。因而向量 $\boldsymbol{m}$ 的平坦度 $\boldsymbol{F}$ 为

$$\boldsymbol{F}=\begin{bmatrix} -1 & 1 & & & & \\ & -1 & 1 & & & \\ & & \cdot & \cdot & & \\ & & & \cdot & \cdot & \\ & & & & \cdot & \cdot \\ & & & & -1 & 1 \end{bmatrix}\begin{bmatrix} m_1 \\ m_2 \\ \cdot \\ \cdot \\ \cdot \\ m_N \end{bmatrix}=\boldsymbol{Dm} \tag{2-37}$$

式中的 $\boldsymbol{D}$ 是平坦度矩阵。简单性的其他度量方法也可用一个矩阵与模型参数相乘来表示。例如，解的粗糙度可以用二阶导数定量表示。因而与模型参数相乘的矩阵将有包含[…1 −2 1…]的行。这样解的整个粗糙度或平坦度的度量刚好是长度

$$L=\boldsymbol{F}^{\mathrm{T}}\boldsymbol{F}=(\boldsymbol{Dm})^{\mathrm{T}}(\boldsymbol{Dm})=\boldsymbol{m}^{\mathrm{T}}\boldsymbol{D}^{\mathrm{T}}\boldsymbol{Dm}=\boldsymbol{m}^{\mathrm{T}}\boldsymbol{W}_m\boldsymbol{m} \tag{2-38}$$

矩阵 $\boldsymbol{W}_m=\boldsymbol{D}^{\mathrm{T}}\boldsymbol{D}$ 可解释为参与计算的一个加权因子，而计算则是对向量 $\boldsymbol{m}$ 的长度进行的。

因而解的简单性的度量可推广为

$$L=(\boldsymbol{m}-\langle\boldsymbol{m}\rangle)^{\mathrm{T}}\boldsymbol{W}_m(\boldsymbol{m}-\langle\boldsymbol{m}\rangle) \tag{2-39}$$

通过适当地选择先验模型向量 $\langle\boldsymbol{m}\rangle$ 和加权矩阵 $\boldsymbol{W}_m$，就可以使简单性的度量的许多变种达到定量。

预测误差的加权度量也是有用的。经常有某些观测值的精度比另外一些观测值的精度高的情况发生。在这种情况下，通常倾向于在总误差 $\boldsymbol{E}$ 的定量表示中，对比较精确的观测值，其预测误差 $\boldsymbol{e}_i$ 上所加的权大于对不精确的观测值的权。为了完成这种加权，定义一个广义预测误差

$$\boldsymbol{E}=\boldsymbol{e}^{\mathrm{T}}\boldsymbol{W}_e\boldsymbol{e} \tag{2-40}$$

其中的权 $\boldsymbol{W}_e$ 确定了每个单独的误差对总预测误差的相对贡献。

在正常情况下，是选一对角阵作为 $\boldsymbol{W}_e$。例如，如果 $M=5$，并且已知第三个观测值的精度是其他四个的两倍，则有

$$\mathrm{diag}(\boldsymbol{W}_e)=[1,1,2,1,1]^{\mathrm{T}} \tag{2-41}$$

因此，可以把上述反演问题的解修改一下，使之考虑预测误差和解的简单性的这些新度量。其推导与没有加权的情形基本相同，只不过代数运算更加冗长。

地球物理资料反演中，加权函数或加权矩阵得到普遍应用。下面是前面已讨论的几种问题的“加权”解：

(1)加权最小二乘解

如果方程 $\boldsymbol{Gm}=\boldsymbol{d}$ 是完全超定的，则可通过使广义预测误差 $\boldsymbol{E}=\boldsymbol{e}^{\mathrm{T}}\boldsymbol{W}_e\boldsymbol{e}$ 极小来估计模型参数。由此所得到的解为

$$\boldsymbol{m}^{\mathrm{est}}=(\boldsymbol{G}^{\mathrm{T}}\boldsymbol{W}_e\boldsymbol{G})^{-1}\boldsymbol{G}^{\mathrm{T}}\boldsymbol{W}_e\boldsymbol{d} \tag{2-42}$$

(2)加权最小范数解

如果方程 $\boldsymbol{Gm}=\boldsymbol{d}$ 是完全欠定的，则可通过选取最简单的解来估计模型参数，其中的简单

性是由广义长度 $L=(\boldsymbol{m}-\langle\boldsymbol{m}\rangle)^{\mathrm{T}}\boldsymbol{W}_m(\boldsymbol{m}-\langle\boldsymbol{m}\rangle)$确定的。将式(2-32)中的 $\boldsymbol{m}$ 由 $\boldsymbol{m}-\langle\boldsymbol{m}\rangle$代替，$\boldsymbol{d}$ 由 $\boldsymbol{d}-\boldsymbol{G}\langle\boldsymbol{m}\rangle$代替，由此所得到的解为

$$\boldsymbol{m}^{\mathrm{est}}=\langle\boldsymbol{m}\rangle+\boldsymbol{W}_m\boldsymbol{G}^{\mathrm{T}}(\boldsymbol{G}\boldsymbol{W}_m\boldsymbol{G}^{\mathrm{T}})^{-1}(\boldsymbol{d}-\boldsymbol{G}\langle\boldsymbol{m}\rangle) \tag{2-43}$$

(3)加权阻尼最小二乘解

如果方程 $\boldsymbol{Gm}=\boldsymbol{d}$ 是稍微欠定的，则经常能通过使预测误差和解长度的组合 $E+\varepsilon^2L$ 极小来求解。由尝试法来选取参数 ε，使产生的解具有适当小的预测误差。因而解的估计值为

$$\boldsymbol{m}^{\mathrm{est}}=\langle\boldsymbol{m}\rangle+(\boldsymbol{G}^{\mathrm{T}}\boldsymbol{W}_e\boldsymbol{G}+\varepsilon^2\boldsymbol{W}_m)^{-1}\boldsymbol{G}^{\mathrm{T}}\boldsymbol{W}_e(\boldsymbol{d}-\boldsymbol{G}\langle\boldsymbol{m}\rangle) \tag{2-44}$$

它等价于

$$\boldsymbol{m}^{\mathrm{est}}=\langle\boldsymbol{m}\rangle+\boldsymbol{W}_m\boldsymbol{G}^{\mathrm{T}}(\boldsymbol{G}\boldsymbol{W}_m\boldsymbol{G}^{\mathrm{T}}+\varepsilon^2\boldsymbol{W}_e)^{-1}(\boldsymbol{d}-\boldsymbol{G}\langle\boldsymbol{m}\rangle) \tag{2-45}$$

由此可见，在构制模型时，既可以对预测误差加权，也可以对模型参数加权。加权后的模型虽然都可以拟合观测数据(在预测误差下)，但却千差万别。应该明确，对预测误差或模型参数加权实际上是一种先验信息的应用，是解释人员根据其对观测资料及模型参数的了解而强加的一种限制或约束，也可认为是正则化的一种手段。

2.2.6 其他类型先验信息的应用

通常遇到的一种类型的先验信息是模型参数的某一函数等于一个常数。$\boldsymbol{Fm}=\boldsymbol{h}$ 形式的线性等式约束是特别容易实现的。例如，要求模型参数的平均值必须等于某一值 h_1，就是这样一个约束：

$$\boldsymbol{Fm}=\frac{1}{N}[1\quad 1\quad 1\cdots 1]\begin{bmatrix}m_1\\ m_2\\ \vdots\\ m_N\end{bmatrix}=[h_1]=\boldsymbol{h} \tag{2-46}$$

另一个这样的约束是要求某一特定的模型参数等于某一给定值

$$\boldsymbol{Fm}=[0\quad 0\cdots 0\quad 1\quad 0\cdots 0]\begin{bmatrix}m_1\\ m_2\\ \vdots\\ m_N\end{bmatrix}=[h_1]=\boldsymbol{h} \tag{2-47}$$

经常出现的一类问题是，在最小二乘意义下，同时在模型参数之间有 $\boldsymbol{Fm}=\boldsymbol{h}$ 形式的线性关系得到精确满足的先验约束下，求解反问题 $\boldsymbol{Gm}=\boldsymbol{d}$。实现这一约束的一种方法是，把约束方程也包含在 $\boldsymbol{Gm}=\boldsymbol{d}$ 中，使其每一约束方程成为 $\boldsymbol{Gm}=\boldsymbol{d}$ 的一行，然后调整加权矩阵 $\boldsymbol{W}_e$，使这些约束方程与其他方程相比具有无限大的权(实际上只能对它们加相当大却有限的权)。然而要使这些约束的预测误差等于零，就得不惜增加其他方程的预测误差。

另一种实现这类约束的方法是拉格朗日乘子法。通过建立函数

$$\Phi(\boldsymbol{m})=\sum_{i=1}^{M}\Big(\sum_{j=1}^{N}G_{ij}m_j\Big)^2+2\sum_{i=1}^{p}\lambda_i\Big(\sum_{j=1}^{N}F_{ij}m_j-h\Big) \tag{2-48}$$

在约束 $\boldsymbol{Fm}-\boldsymbol{h}=0$ 下使 $E=\boldsymbol{e}^{\mathrm{T}}\boldsymbol{e}$ 极小(其中有 p 个约束，$2\lambda_i$ 是拉格朗日乘子)，然后令$\Phi(\boldsymbol{m})$对模型参数的偏导数等于零，得到

$$\frac{\partial\Phi(\boldsymbol{m})}{\partial m_q}=2\sum_{j=1}^{N}m_j\sum_{i=1}^{M}G_{iq}G_{ij}-2\sum_{i=1}^{M}G_{iq}d_i+2\sum_{i=1}^{p}\lambda_iF_{iq}=0 \tag{2-49}$$

必须把这些方程同约束方程 $\boldsymbol{Fm}=\boldsymbol{h}$ 联立求解才能得到估计的解。

用矩阵形式表示，这些方程为

$$\begin{bmatrix} G^T & F^T \\ F & 0 \end{bmatrix}\begin{bmatrix} m \\ \lambda \end{bmatrix}=\begin{bmatrix} G^Td \\ h \end{bmatrix} \tag{2-50}$$

虽然可以对这些方程进行运算来得到 m^{est} 的隐型表达式，但是若再乘以方阵的逆来直接解这 $N+p$ 个线性方程组，以求得 N 个模型参数估计值和 p 个拉格朗日乘子则常常是更方便的。

考虑数据的直线 $d_i=m_1+m_2z_i$ 拟合问题，其中的先验信息是直线必须通过点 (z',d')（图 2-4）。模型参数有两个：截距 m_1 和斜率 m_2。$p=1$ 个约束是 $d'=m_1+m_2z'$，或者

$$Fm=[1,z']\begin{bmatrix} m_1 \\ m_2 \end{bmatrix}=[d']=h \tag{2-51}$$

则该问题的解为

$$\begin{bmatrix} m_1^{est} \\ m_2^{est} \\ \lambda_1 \end{bmatrix}=\begin{bmatrix} N & \Sigma z_i & 1 \\ \Sigma z_i & \Sigma z_i^2 & z' \\ 1 & z' & 0 \end{bmatrix}^{-1}\begin{bmatrix} \Sigma d_i \\ \Sigma z_i d_i \\ d' \end{bmatrix} \tag{2-52}$$

另一种先验约束是 $Fm\geqslant h$ 形式的线性不等式约束（对不等式可以一部分一部分地解释）。注意，不等形式也包括"$\leqslant$"不等式，因为原式两边同乘以 -1 就变成 $Fm\geqslant h$ 形式。这一类型的先验约束用于其中的模型参数为固有的正值，即 $m_i>0$ 的问题，也用于已知角拥有某种边界时的一些其他情况。于是对于超定问题，可以提出一种新类型的约束最小二乘解，也就是在给定的不等式约束下使误差极小的解。先验不等式约束也可用于欠定问题。可以找出求解 $Gm=d$ 和 $Fm\geqslant h$ 的最小解。这些问题也可用简明的方法求解。

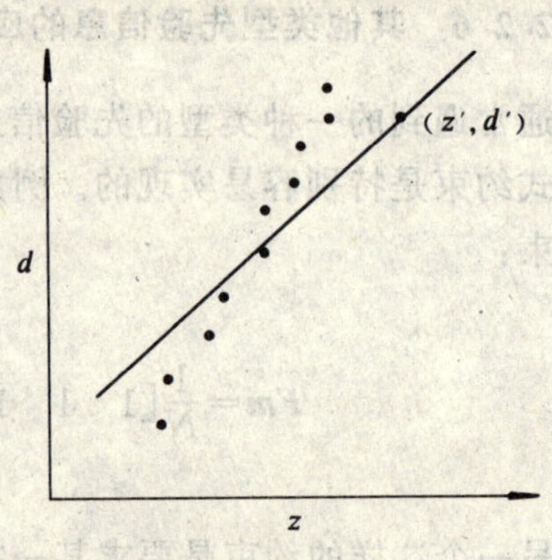

图 2-4　数据 (z,d) 的直线最小二乘拟合，对拟合直线的约束是它必须通过点 (z',d')

§2.3　离散线性反演问题的解法

我们在第一章§1.3节中讨论了地球物理反演问题数学物理模型。在实际工作中更多的是离散的问题，即观测数据或模型参数都是离散的。我们可以把观测数据 d 与模型参数 m 之间的关系写成一个矩阵方程，即

$$Gm=d \tag{2-53}$$

这里的 G 为 $m\times n$ 阶矩阵，d 为已知的 m 维观测数据，m 为待求的 n 维模型参数。这样，问题就转换成求解方程(2-53)的问题了。由于 G 可以是任意阶的矩阵，因此，问题就在于如何寻找一个 G 的广义逆。

2.3.1　广义逆的一般概念

2.3.1.1　广义逆 A^- 的概念及性质

设矩阵

$$A=\begin{bmatrix}a_{11} & a_{12} & \cdots & a_{1n}\\ a_{21} & a_{22} & \cdots & a_{2n}\\ \vdots & \vdots & \vdots & \vdots\\ a_{m1} & a_{m2} & \cdots & a_{mn}\end{bmatrix}_{m\times n} \tag{2-54}$$

如果当 $m\leqslant n$，存在秩 $\mathrm{rank}(A)=m$，当 $m\geqslant n$，存在秩 $\mathrm{rank}(A)=n$，则称这种矩阵为满秩矩阵，前者称为行满秩矩阵，后者称为列满秩矩阵。显然，满秩矩阵具有如下性质：

$$\mathrm{rank}(AA^{\mathrm{T}})_{m\times m}=m,\qquad 当\ m\leqslant n\ 时 \tag{2-55}$$

$$\mathrm{rank}(A^{\mathrm{T}}A)_{m\times n}=n,\qquad 当\ m>n\ 时 \tag{2-56}$$

对于满秩矩阵 A，若 $m\leqslant n$，且存在 $n\times m$ 阶矩阵 G，使得 $AG=I_{m\times m}$，则称 G 为 A 右逆，用 A_R^{-1} 表示，即

$$AA_R^{-1}=I_{m\times m} \tag{2-57}$$

若 $m\geqslant n$，且存在 $m\times n$ 阶矩阵 G，使得 $GA=I_{n\times n}$，则称 G 为 A 左逆，用 A_L^{-1} 表示，即

$$A_L^{-1}A=I_{n\times n} \tag{2-58}$$

由于 $A^{\mathrm{T}}A$ 和 AA^{T} 为满秩方阵，故存在

$$(AA^{\mathrm{T}})(AA^{\mathrm{T}})^{-1}=I_{m\times m}$$

$$(A^{\mathrm{T}}A)^{-1}(A^{\mathrm{T}}A)=I_{n\times n}$$

将两式与式(2-57)和式(2-58)相比较可得

$$A_R^{-1}=A^{\mathrm{T}}(AA^{\mathrm{T}})^{-1} \tag{2-59}$$

$$A_L^{-1}=(A^{\mathrm{T}}A)^{-1}A^{\mathrm{T}} \tag{2-60}$$

这里，只有当 $m=n$ 时，A_R^{-1} 和 A_L^{-1} 才同时存在，且等于普通逆 A^{-1}。必须指出，满秩矩阵 A 的逆（无论右逆还是左逆）都不是唯一的。

对于满秩矩阵 A，我们可以给出它右逆和左逆的一般形式

$$右逆：G=VA^{\mathrm{T}}(AVA^{\mathrm{T}})^{-1} \tag{2-61}$$

$$左逆：G=(A^{\mathrm{T}}VA)^{-1}A^{\mathrm{T}}V \tag{2-62}$$

式中，V 为适当阶数的任意矩阵。对于式(2-61)给出的右逆，要求 $\mathrm{rank}(AVA^{\mathrm{T}})=\mathrm{rank}(A)=m$。对于式(2-62)给出的左逆，要求 $\mathrm{rank}(A^{\mathrm{T}}VA)=\mathrm{rank}(A)=n$。

下面我们举例说明。

例 1 设矩阵

$$A=\begin{bmatrix}1 & 2 & -1\\ 0 & -1 & 2\end{bmatrix}$$

其右逆可由式(2-59)来获得，即

$$A_R^{-1}=A^{\mathrm{T}}(AA^{\mathrm{T}})^{-1}=\begin{bmatrix}1 & 0\\ 2 & -1\\ -1 & 2\end{bmatrix}\begin{bmatrix}6 & -4\\ -4 & 5\end{bmatrix}^{-1}=\frac{1}{14}\begin{bmatrix}5 & 4\\ 6 & 2\\ 3 & 8\end{bmatrix}$$

不难得知 $AA_R^{-1}=I_{2\times 2}$。如果选择

$$V=\begin{bmatrix}1 & 0 & 0\\ 0 & 1 & 0\\ 0 & 0 & 0\end{bmatrix}$$

则满足 $\mathrm{rank}(AVA^T)=\mathrm{rank}(A)=2$。按式(2-61)可得另一右逆

$$G=VA^T(AVA^T)^{-1}$$
$$=\begin{bmatrix}1&0&0\\0&1&0\\0&0&0\end{bmatrix}\begin{bmatrix}1&0\\2&-1\\-1&2\end{bmatrix}\begin{bmatrix}5&-2\\-2&1\end{bmatrix}^{-1}$$
$$=\begin{bmatrix}1&2\\0&-1\\0&0\end{bmatrix}$$

显然有 $AG=I_{2\times2}$。

例 2 设矩阵

$$A=\begin{bmatrix}1&2\\2&1\\1&1\end{bmatrix}$$

其左逆可由式(2-60)来求得，即

$$A_L^{-1}=(A^TA)^{-1}A^T$$
$$=\begin{bmatrix}6&5\\5&6\end{bmatrix}^{-1}\begin{bmatrix}1&2&1\\2&1&1\end{bmatrix}$$
$$=\frac{1}{11}\begin{bmatrix}-4&7&1\\7&-4&1\end{bmatrix}$$

由此可知 $A_L^{-1}A=I_{2\times2}$。如果选择

$$V=\begin{bmatrix}1&0&0\\0&-1&0\\0&0&0\end{bmatrix}$$

它满足 $\mathrm{rank}(A^TVA)=\mathrm{rank}(A)=2$。则利用式(2-62)可求出另一个左逆

$$G=(A^TVA)^{-1}A^TV$$
$$=\begin{bmatrix}-3&0\\0&3\end{bmatrix}^{-1}\begin{bmatrix}1&-2&0\\2&-1&0\end{bmatrix}$$
$$=\frac{1}{3}\begin{bmatrix}-1&2&0\\2&-1&0\end{bmatrix}$$

显然有 $GA=I_{2\times2}$。

由此可以说明它们的非唯一性。

前面我们讨论了满秩矩阵的左、右逆，下面接着讨论非满秩矩阵的逆矩阵问题。

设 A 为 $m\times n$ 阶实矩阵，且 $\mathrm{rank}(A)=r\leqslant\min(m,n)$，若存在 $n\times m$ 阶实矩阵 G，使得

$$AGA=A \tag{2-63}$$

则称 G 为 A 的广义逆，记作 A^-。在数学上，又称 A^- 为 g 逆。可以证明，A^- 不仅存在，而且不唯一。

对于满秩的情形，显然有 $AA^-A=A$，即

$$右逆：AA_R^{-1}A=AA^T(AA^T)^{-1}A=(AA^T)(AA^T)^{-1}A=A$$
$$左逆：AA_L^{-1}A=A(A^TA)^{-1}A^TA=A(A^TA)^{-1}(A^TA)=A$$

对于非满秩情形，即 $\mathrm{rank}(A)=r<\min(m,n)$，总存在 A 的一个满秩分解，即存在一个 $m\times r$ 列满秩矩阵 C 和一个 $r\times n$ 行满秩矩阵 D，使得

$$A=CD \tag{2-64}$$

因而存在 C_L^{-1} 与 D_R^{-1}。假设有 $A^- = D_R^{-1}C_L^{-1}$。因而

$$\begin{aligned} AA^-A &= A(D_R^{-1}C_L^{-1})A = CDD_R^{-1}C_L^{-1}CD \\ &= CD = A \end{aligned}$$

则 $A^- = D_R^{-1}C_L^{-1}$ 为 A 的 g 逆。

设 A 为任意非零 $m\times n$ 阶矩阵，A^- 为 A 的一个 g 逆，则用两个任意 $n\times m$ 阶矩阵 V 与 W，可以组合成 g 逆的一般表达式

$$G = A^- + V(I_{m\times m} - AA^-) + (I_{n\times n} - A^-A)W \tag{2-65}$$

现在证明式(2-65)给出的广义逆满足式(2-63)。

$$\begin{aligned} AGA &= A[A^- + V(I_{m\times m} - AA^-) + (I_{n\times n} - A^-A)W]A \\ &= AA^-A + AV(A - AA^-A) + (A - AA^-A)WA \\ &= A + AV(A - A) + (A - A)WA \\ &= A \end{aligned}$$

由于 V 及 W 的任意性，决定了 A 的 g 逆是不唯一的。

广义逆 A^- 具有如下性质：

(1) $(A^-)^{\mathrm{T}} = (A^{\mathrm{T}})^-$

实际上，由 A^- 的定义式两端取转置，即得 $A^{\mathrm{T}} = A^{\mathrm{T}}(A^-)^{\mathrm{T}}A^{\mathrm{T}}$，显然 A^{T} 也应该有 g 逆存在，即为 $(A^{\mathrm{T}})^-$，因此 $(A^-)^{\mathrm{T}} = (A^{\mathrm{T}})^-$。

(2) $A(A^{\mathrm{T}}A)^-A^{\mathrm{T}}A = A$

上式两端左乘 A^{T}，即由 g 逆的定义证得。

(3) $AGA = A$（或 $A^{\mathrm{T}}AGA = A^{\mathrm{T}}A$）

其中，G 为式(2-65)表达的 g 逆的一般形式，证明从略。

(4) $GAG = G$

上式两端左乘 A，由性质(3)即证得。

(5) $\mathrm{rank}(A^-) \geqslant \mathrm{rank}(A)$

由 $A = AA^-A$ 及 $\mathrm{rank}(AB) \leqslant \min\{\mathrm{rank}A, \mathrm{rank}B\}$，即证得。

设任意非零 $m\times n$ 阶矩阵 A 的一个 g 逆 G，满足

$$AGA = A$$

和

$$GAG = G \tag{2-66}$$

则称 G 为 A 的一个反射 g 逆，记作 A_r^-。A_r^- 是在 $GAG = G$ 约束下的一个 g 逆的子集。显然，A_R^{-1}、A_L^{-1} 以及由满秩分解得到的广义逆 $A^- = D_R^{-1}C_L^{-1}$ 都是反射 g 逆。可以证明，对于 A 的任意两个 g 逆 G_1 和 G_2，$G = G_1AG_2$ 为 A 的反射 g 逆。由此可见，A 的反射 g 逆也不是唯一的。A_r^- 具有性质：

$$(A_r^-)^- = A$$

2.3.1.2 广义逆 A^- 的计算

设 A 为任意非零 $m\times n$ 矩阵，其广义逆 A^- 的计算分两种情况：

(1) A 为满秩矩阵，则有

$$A^- = A_R^{-1} = A^{\mathrm{T}}(AA^{\mathrm{T}})^{-1} \qquad \text{(行满秩)}$$

$$A^- = A_L^{-1} = (A^{\mathrm{T}}A)^{-1}A^{\mathrm{T}} \qquad \text{(列满秩)}$$

(2) A 为非满秩矩阵，即 $\mathrm{rank}(A) = r < \min(m,n)$，通常将 A 作满秩分解，即对 A 进行一系列初等变换，使 A 变成

$$PAQ=\begin{bmatrix} A_r & 0 \\ 0 & 0 \end{bmatrix} \tag{2-67}$$

其中，A_r 为 r 阶满秩方阵，于是

$$A=P^{-1}\begin{bmatrix} A_r & 0 \\ 0 & 0 \end{bmatrix}Q^{-1}=P^{-1}\begin{bmatrix} A_r \\ 0 \end{bmatrix}[I_r,0]Q^{-1} \tag{2-68}$$

取

$$C=P^{-1}\begin{bmatrix} A_r \\ 0 \end{bmatrix},D=[I_r,0]Q^{-1} \tag{2-69}$$

其中，C 为 $m\times r$ 阶列满秩矩阵，D 为 $r\times n$ 阶行满秩矩阵，则有

$$A=CD$$

因而

$$A^{-}=D_R^{-1}C_L^{-1}$$

其中，$D_R^{-1}=D^{\mathrm{T}}(DD^{\mathrm{T}})^{-1}$，$C_L^{-1}=(C^{\mathrm{T}}C)^{-1}C^{\mathrm{T}}$。

2.3.1.3　广义逆 A^+ 的概念及性质

设矩阵 $A_{m\times n}$，对于矩阵 $G_{n\times m}$，满足如下四个条件

$$AGA=A \tag{2-70}$$

$$GAG=G \tag{2-71}$$

$$(GA)^{\mathrm{T}}=GA \tag{2-72}$$

$$(AG)^{\mathrm{T}}=AG \tag{2-73}$$

则称 G 为矩阵 A 的 Moore-Penrose 广义逆，记为 A^+。

由广义逆 A^+ 的定义可以看出，只要满足式(2-70)的 G 就是 g 逆，而同时又满足式(2-71)、式(2-72)和式(2-73)中的任意一条件的 G 是具有不同性质的 g 逆。广义逆 A^+ 要求 G 同时满足四个条件，有着更强的限制条件。对于任意矩阵 A，它的 Moore-Penrose 广义逆必然存在，而且是唯一的。

对于 A 满秩情形下的 A_R^{-1} 和 A_L^{-1} 以及非满秩情形下的由满秩分解 $A=CD$ 得到的广义逆 $A^{-}=D_R^{-1}C_L^{-1}$，显然它满足条件式(2-70)和式(2-71)，下面我们看看它们是否满足条件式(2-72)和式(2-73)。

对于条件式(2-72)，有

$$\begin{aligned}(GA)^{\mathrm{T}}=(A_R^{-1}A)^{\mathrm{T}} &=[A^{\mathrm{T}}(AA^{\mathrm{T}})^{-1}A]^{\mathrm{T}} \\ &=A^{\mathrm{T}}[(AA^{\mathrm{T}})^{-1}]^{\mathrm{T}}A \\ &=A^{\mathrm{T}}(AA^{\mathrm{T}})^{-1}A \\ &=A_R^{-1}A=GA\end{aligned}$$

$$\begin{aligned}(GA)^{\mathrm{T}}=(A_L^{-1}A)^{\mathrm{T}} &=[(A^{\mathrm{T}}A)^{-1}A^{\mathrm{T}}A]^{\mathrm{T}} \\ &=A^{\mathrm{T}}A[(A^{\mathrm{T}}A)^{-1}]^{\mathrm{T}} \\ &=A^{\mathrm{T}}(A^{\mathrm{T}}A)^{-1} \\ &=(A^{\mathrm{T}}A)^{-1}(A^{\mathrm{T}}A) \qquad [\text{因为}(A^{\mathrm{T}}A)^{-1}(A^{\mathrm{T}}A)=I \\ &=A_L^{-1}A=GA \qquad\qquad =(A^{\mathrm{T}}A)(A^{\mathrm{T}}A)^{-1}]\end{aligned}$$

$$\begin{aligned}(GA)^{\mathrm{T}} &=(D_R^{-1}C_L^{-1}A)^{\mathrm{T}} \\ &=[D^{\mathrm{T}}(DD^{\mathrm{T}})^{-1}(C^{\mathrm{T}}C)^{-1}C^{\mathrm{T}}CD]^{\mathrm{T}} \\ &=[D^{\mathrm{T}}(DD^{\mathrm{T}})^{-1}D]^{\mathrm{T}}\end{aligned}$$

$$
\begin{aligned}
&= D^{\mathrm{T}}(DD^{\mathrm{T}})^{-1}D \\
&= D^{\mathrm{T}}(DD^{\mathrm{T}})^{-1}(C^{\mathrm{T}}C)^{-1}C^{\mathrm{T}}D \\
&= D_R^{-1}C_L^{-1}A = GA
\end{aligned}
$$

对于条件式(2-73),有

$$
\begin{aligned}
(AG)^{\mathrm{T}} = (AA_R^{-1})^{\mathrm{T}} &= [AA^{\mathrm{T}}(AA^{\mathrm{T}})^{-1}]^{\mathrm{T}} \\
&= (AA^{\mathrm{T}})^{-1}AA^{\mathrm{T}} \\
&= (AA^{\mathrm{T}})(AA^{\mathrm{T}})^{-1} \\
&= AA_R^{-1} = AG \\
(AG)^{\mathrm{T}} = (AA_L^{-1})^{\mathrm{T}} &= [A(A^{\mathrm{T}}A)^{-1}A^{\mathrm{T}}]^{\mathrm{T}} \\
&= A(A^{\mathrm{T}}A)^{-1}A^{\mathrm{T}} \\
&= AA_L^{-1} = AG \\
(AG)^{\mathrm{T}} = (CDD_R^{-1}C_L^{-1})^{\mathrm{T}} &= [CDD^{\mathrm{T}}(DD^{\mathrm{T}})^{-1}(C^{\mathrm{T}}C)^{-1}C^{\mathrm{T}}]^{\mathrm{T}} \\
&= [C(C^{\mathrm{T}}C)^{-1}C^{\mathrm{T}}]^{\mathrm{T}} \\
&= C(C^{\mathrm{T}}C)^{-1}C^{\mathrm{T}} \\
&= CDD^{\mathrm{T}}(DD^{\mathrm{T}})^{-1}(C^{\mathrm{T}}C)^{-1}C^{\mathrm{T}} \\
&= CDD_R^{-1}C_L^{-1} = AG
\end{aligned}
$$

可见,满秩情况下的右逆 A_R^{-1} 和左逆 A_L^{-1} 以及非满秩情况下的广义逆 $A^{-}=D_R^{-1}C_L^{-1}$ 满足广义逆 A^{+}的四个条件,因此证明了广义逆 A^{+}的存在性。下面证明唯一性。设 G_1、G_2 都是 A 的 Moore-Penrose 广义逆,则

$$
\begin{aligned}
G_1 &= G_1AG_1 = G_1(AG_2A)G_1 = (G_1A)(G_2A)G_1 = (G_1A)^{\mathrm{T}}(G_2A)^{\mathrm{T}}G_1 \\
&= A^{\mathrm{T}}G_1^{\mathrm{T}}A^{\mathrm{T}}G_2^{\mathrm{T}}G_1 = (AG_1A)^{\mathrm{T}}G_2^{\mathrm{T}}G_1 = A^{\mathrm{T}}G_2^{\mathrm{T}}G_1 = (G_2A)^{\mathrm{T}}G_1 \\
&= G_2AG_1 = (G_2AG_2)AG_1 = G_2(AG_2)(AG_1) = G_2(AG_2)^{\mathrm{T}}(AG_1)^{\mathrm{T}} \\
&= G_2G_2^{\mathrm{T}}A^{\mathrm{T}}G_1^{\mathrm{T}}A^{\mathrm{T}} = G_2G_2^{\mathrm{T}}(AG_1A)^{\mathrm{T}} = G_2G_2^{\mathrm{T}}A^{\mathrm{T}} = G_2(AG_2)^{\mathrm{T}} \\
&= G_2AG_2 = G_2
\end{aligned}
$$

注意到上面证明过程中,G_1、G_2 都是满足广义逆 A^{+}的四个条件的,由此可知,任意两个满足广义逆 A^{+}条件的广义逆必相等。

容易证明,广义逆 A^{+}具有以下性质:

(1)$(A^{+})^{+}=A$;

(2)$(A^{+})^{\mathrm{T}}=(A^{\mathrm{T}})^{+}$;

(3)$(\lambda A)^{+}=\frac{1}{\lambda}A^{+}$　　(λ 为常数);

(4)$(UAV)^{+}=U^{+}A^{+}V^{+}$;

(5)$\mathrm{rank}(A^{+})=\mathrm{rank}(A)$。

2.3.1.4　广义逆 A^{+}的计算方法

(1)如果 A 是满秩方阵,则 $A^{+}=A^{-1}$。

(2)如果 A 是对角矩阵,即

$$A=\mathrm{diag}[d_1d_2\cdots d_n]$$

则 $A^{+}=\mathrm{diag}(d_1^{+}d_2^{+}\cdots d_n^{+})$,其中

$$
\begin{cases}
d_i^{+}=0 & d_i=0 \\
d_i^{+}=\dfrac{1}{d_i} & d_i\neq 0
\end{cases}
$$

(3)如果 $A_{m\times n}$ 为行满秩矩阵，则

$$A^{+}=A_{R}^{-1}=A^{\mathrm{T}}(AA^{\mathrm{T}})^{-1}$$

(4)如果 $A_{m\times n}$ 为列满秩矩阵，则

$$A^{+}=A_{L}^{-1}=(A^{\mathrm{T}}A)^{-1}A^{\mathrm{T}}$$

(5)如果 $A_{m\times n}$ 为非满秩矩阵，则可用满秩分解求 A^{+}，即 $A=CD$，其中 $C_{m\times r}$ 为列满秩且有左逆 C_{L}^{-1}，$D_{r\times m}$ 为行满秩且有右逆 D_{R}^{-1}，于是

$$A^{+}=D_{R}^{-1}C_{L}^{-1}$$

2.3.2 广义逆在解线性方程组中的应用

在地球物理反演问题中，所遇到的线性方程组是各种类型的，广义逆理论的重要性在于它提供了一般理论及方法。对于线性方程组

$$AX=B \tag{2-74}$$

式中 A 为 $m\times n$ 阶系数矩阵，X 为 n 维待求向量，B 为 m 维已知向量。若上述方程有解，无论是唯一解还是多解，则都称之为相容的。若上述方程无解(即无任何解 x 满足方程组中所有方程)，则称之为矛盾的或不相容的。广义逆理论能使我们容易地得到相容方程组或矛盾方程组理论上解的一般形式。

2.3.2.1 相容性方程组求解问题

相容性方程组具有不同的情形。当 $m=n=\mathrm{rank}(A)$ 时，方程组具有唯一解；当 $n>m\geqslant\mathrm{rank}(A)$ 时，有无穷多个解。这两种情况，有时也称为适定问题和纯欠定问题。对于相容性方程组中的系数矩阵 A，若存在广义逆 A^{-}，我们都可以利用它来表示方程组的解。

(1)相容方程组的一般解

设方程组 $AX=B$ 是相容的，则

$$X=A^{-}B \tag{2-75}$$

是它的一个特解，而方程组的一般解可以表示为

$$X=A^{-}B+(I-A^{-}A)C \tag{2-76}$$

式中，C 为任意 n 维向量。

由于 $AX=B$ 相容，必然存在一个 n 维向量 X_0，使得

$$AX_0=B \tag{2-77}$$

又由于 A^{-} 为 A 的 g 逆，则

$$AX_0=AA^{-}AX_0=AA^{-}B=B$$

即得出 $X=A^{-}B$。而 $X=(I-A^{-}A)C$ 是式(2-74)所对应的齐次方程 $AX=0$ 的一般解，即

$$A(I-A^{-}A)C=(A-AA^{-}A)C=(A-A)C=0$$

根据线性方程组解的构成理论，非齐次方程组 $AX=B$ 的一般解是它的任一特解与齐次方程组 $AX=0$ 的一般解之和。

这说明了对于一个相容方程组，无论其系数矩阵是方阵还是长方阵，是满秩还是非满秩，都有一个标准统一的求解方法，其解的形式如同式(2-76)。可见，对于求解相容方程组 $AX=B$，只要找到 A 的一个 g 逆 A^{-}，就可以构造出方程组的解。

下面来具体求解一个线性方程组。设有方程组

$$\begin{cases}x_1+2x_2-x_3=1\\ -x_2+2x_3=2\end{cases}$$

显然有

$$A=\begin{bmatrix}1 & 2 & -1\\0 & -1 & 2\end{bmatrix},B=\begin{bmatrix}1\\2\end{bmatrix},X=\begin{bmatrix}x_1\\x_2\\x_3\end{bmatrix}$$

由于 rank$(A)=2$，且 A 的一个 g 逆（右逆）为

$$A_R^{-1}=A^{\mathrm{T}}(AA^{\mathrm{T}})^{-1}$$

$$=\frac{1}{14}\begin{bmatrix}5 & 4\\6 & 2\\3 & 8\end{bmatrix}$$

利用式(2-76)，可得到该线性方程组的通解

$$X=A_R^{-1}B+(I-A_R^{-1}A)C$$

这里，C 为任意向量，$C=[C_1,C_2,C_3]^{\mathrm{T}}$，则

$$X=\frac{1}{14}\begin{bmatrix}5 & 4\\6 & 2\\3 & 8\end{bmatrix}\begin{bmatrix}1\\2\end{bmatrix}+\left(\begin{bmatrix}1 & 0 & 0\\0 & 1 & 0\\0 & 0 & 1\end{bmatrix}-\frac{1}{14}\begin{bmatrix}5 & 4\\6 & 2\\3 & 8\end{bmatrix}\begin{bmatrix}1 & 2 & -1\\0 & -1 & 2\end{bmatrix}\right)\begin{bmatrix}C_1\\C_2\\C_3\end{bmatrix}$$

$$=\frac{1}{14}\begin{bmatrix}13+9C_1-6C_2-3C_3\\10-6C_1+4C_2+2C_3\\19-3C_1+2C_2+C_3\end{bmatrix}$$

即

$$x_1=(13+9C_1-6C_2-3C_3)/14$$

$$x_2=(10-6C_1+4C_2+2C_3)/14$$

$$x_3=(19-3C_1+2C_2+C_3)/14$$

对于上面通解，只要给出一组 C_1、C_2、C_3，便可得到一组解。

(2)相容方程组的最小范数解

我们知道，相容线性方程组 $AX=B$，除非 A 为满秩方阵时有唯一解，一般情况下有无穷多个解。而对于实际中具体问题来说，我们总是希望得到方程组的一个确切解，甚至是唯一解。通常获得唯一解的办法是对解 X 的空间施加某些约束。常用的一种约束就是证明 X 达到范数最小，即

$$X=\min\{\|X\|_2^2\} \tag{2-78}$$

如果 G 是 A 的一个广义逆，若用 $X=GB$ 来表示方程组的解，我们希望所有由式(2-76)给出的解 $GB+(I-GA)C$ 都满足

$$\|GB\|_2^2\leqslant\|GB+(I-GA)C\|_2^2 \tag{2-79}$$

当 G 满足一定条件时，所得到解 $X=GB$ 满足上式，且是唯一的解，这个解被称为相容线性方程组 $AX=B$ 的最小范数解。

现在来看看什么条件下的 G 满足式(2-79)。由式(2-77)可知，如果 X_0 是方程 $AX=B$ 的一个解 $X_0=GB$，则

$$\|X_0\|_2^2=(X_0,X_0)=\|GB\|_2^2=(GB,GB) \tag{2-80}$$

$$\|GB+(I-GA)C\|_2^2=(GB+(I-GA)C,GB+(I-GA)C) \tag{2-81}$$

将式(2-81)右端展开，即

$$\|GB+(I-GA)C\|_2^2=(GB,GB)+2(GB,(I-GA)C)+((I-GA)C,(I-GA)C) \tag{2-82}$$

如此，式(2-79)等价于

$$(GB,GB)\leqslant(GB,GB)+2(GB,(I-GA)C)+((I-GA)C,(I-GA)C) \tag{2-83}$$

要使式(2-83)成立，必有

$$0\leqslant 2(GB,(I-GA)C)+((I-GA)C,(I-GA)C) \tag{2-84}$$

由于上式右端第二项恒大于等于零，因此，要使式(2-83)成立的充分必要条件是式(2-84)右端第一项等于零，即

$$2(GB,(I-GA)C)=0 \tag{2-85}$$

将 $B=AX_0$ 代入，并根据矩阵内积运算法则，有

$$\begin{aligned}(GB,(I-GA)C)&=(GAX_0,(I-GA)C)\\&=(GAX_0)^{\mathrm{T}}(I-GA)C\\&=X_0^{\mathrm{T}}(GA)^{\mathrm{T}}(I-GA)C)\\&=(X_0,(GA)^{\mathrm{T}}(I-GA)C)\end{aligned}$$

由于 X_0 和 C 的任意性，只有当 $(GA)^{\mathrm{T}}(I-GA)=0$ 时，才能保证式(2-85)成立。这样，使 $X=GB$ 为方程组最小范数解的充要条件，是 G 要满足

$$(GA)^{\mathrm{T}}(I-GA)=0 \tag{2-86}$$

即

$$(GA)^{\mathrm{T}}=(GA)^{\mathrm{T}}GA$$

上式两边转置，则有

$$GA=(GA)^{\mathrm{T}}GA$$

对比可知 $(GA)^{\mathrm{T}}=GA$。

可见，求相容线性方程组最小范数解的关键是找到一个满足 $(GA)^{\mathrm{T}}=GA$ 的 A 的 g 逆 G，通常用 A_m^- 表示，最小范数 g 逆 A_m^- 一般不唯一，但是相容线性方程组的最小范数解是唯一的。

设 A_m^- 是 A 的一最小范数 g 逆，对于适当阶数的矩阵 U，则 A 的任何另一个最小范数 g 逆可表示成

$$G=A_m^-+U(I-AA_m^-) \tag{2-87}$$

现在证明 A 的最小范数 g 逆是非唯一的。

(1) G 满足 $AGA=A$

证：

$$\begin{aligned}AGA&=A(A_m^-+U(I-AA_m^-))A\\&=AA_m^-A+AU(A-AA_m^-A)\\&=A+AU(A-A)\\&=A\end{aligned}$$

(2) G 满足 $(GA)^{\mathrm{T}}=GA$

证：

$$\begin{aligned}(GA)^{\mathrm{T}}&=[(A_m^-+U(I-AA_m^-))A]^{\mathrm{T}}\\&=[A_m^-A+U(A-AA_m^-A)]^{\mathrm{T}}\\&=(A_m^-A)^{\mathrm{T}}\\&=A_m^-A+U(A-AA_m^{-1}A)\\&=[A_m^-+U(I-AA_m^-)]A\\&=GA\end{aligned}$$

再来证明相容线性方程组最小范数解的唯一性。

(1)设 GB 为方程 $AX=B$ 的一个最小范数解，对任何解

$$X=GB+(I-GA)C$$

我们有

$$\| X \|_2^2=\| GB+(I-GA)C \|_2^2$$

这里 C 为适当阶数的任意矩阵。考虑到式(2-85)，于是有

$$\| X \|_2^2=\| GB \|_2^2+\| (I-GA)C \|_2^2$$

即

$$\| X \|_2^2 \geqslant \| GB \|_2^2$$

(2)若 G_1、G_2 分别为 A 的最小范数 g 逆，则有

$$\begin{aligned} X &=G_1B \\ &=G_2B+U(I-AG_2)B \end{aligned}$$

由于 $X=G_2B$ 是方程 $AX=B$ 的解，所以有 $U(I-AG_2)B=U(B-AX)=0$，即

$$G_1B=G_2B$$

可见，相容线性方程组 $AX=B$ 的最小范数解是唯一的。

对于相容方程组最小范数解的唯一性，下面来看看两个例子。

例 1 对于方程组

$$\begin{cases} x_1+2x_2-x_3=1 \\ -x_2+2x_3=2 \end{cases}$$

有 $AX=B$，即

$$A=\begin{bmatrix} 1 & 2 & -1 \\ 0 & -1 & 2 \end{bmatrix}, B=\begin{bmatrix} 1 \\ 2 \end{bmatrix}, X=\begin{bmatrix} x_1 \\ x_2 \\ x_3 \end{bmatrix}$$

显然，A 的最小范数 g 逆为

$$A_m^-=A_R^{-1}=\frac{1}{14}\begin{bmatrix} 5 & 4 \\ 6 & 2 \\ 3 & 8 \end{bmatrix}$$

方程组的最小范数解为

$$X=A_m^-B=\frac{1}{14}\begin{bmatrix} 13 \\ 10 \\ 19 \end{bmatrix}$$

其范数为

$$\| X \|_2=(x_1^2+x_2^2+x_3^2)^{1/2}=\frac{1}{14}\sqrt{630}$$

再考查方程组的通解

$$X'=A_m^-B+(I-A_m^-A)C$$

$$X'=\frac{1}{14}\begin{bmatrix} 13+9C_1-6C_2-3C_3 \\ 10-6C_1+4C_2+2C_3 \\ 19-3C_1+2C_2+C_3 \end{bmatrix}$$

它的范数为

$$\begin{aligned} \| X' \|_2 &=(x_1'^2+x_2'^2+x_3'^2)^{1/2} \\ &=\frac{1}{14}[(13+9C_1-6C_2-3C_3)^2 \end{aligned}$$

$$+(10-6C_1+4C_2+2C_3)^2+(19-3C_1+2C_2+C_3)^2]^{1/2}$$

可以证明，对于任意一组 C_1、C_2、C_3，都有

$$\| X \|_2 \leqslant \| X' \|_2$$

且仅当 $C_1=C_2=C_3$ 时，等号才成立，此时

$$X'=\frac{1}{14}\begin{bmatrix}13\\10\\19\end{bmatrix}$$

例 2 设方程组

$$\begin{cases}x_1+2x_2+3x_3=1\\x_1+x_3=0\\2x_1+2x_3=0\\2x_1+4x_2+6x_3=2\end{cases}$$

令

$$A=\begin{bmatrix}1&2&3\\1&0&1\\2&0&2\\2&4&6\end{bmatrix},B=\begin{bmatrix}1\\0\\0\\2\end{bmatrix},X=\begin{bmatrix}x_1\\x_2\\x_3\end{bmatrix}$$

由于 $\mathrm{rank}(A)=\mathrm{rank}(A,B)=2<\min\{4,3\}$，用满秩分解来求 A_m^-。

令 $$A=CD$$

其中，C 为列满秩 4×2 阶矩阵，D 为行满秩 2×3 阶矩阵。对 A 进行初等变换后可得

$$C=\begin{bmatrix}1&2\\1&0\\2&0\\2&4\end{bmatrix},D=\begin{bmatrix}1&0&1\\0&1&1\end{bmatrix}$$

则 C 和 D 的左逆和右逆分别为

$$C_L^{-1}=(C^{\mathrm{T}}C)^{-1}C^{\mathrm{T}}$$
$$=\frac{1}{10}\begin{bmatrix}0&2&4&0\\1&-1&-2&2\end{bmatrix}$$

$$D_R^{-1}=\frac{1}{3}\begin{bmatrix}2&-1\\-1&2\\1&1\end{bmatrix}$$

即有 $$A_m^-=D_R^{-1}C_L^{-1}$$
$$=\frac{1}{30}\begin{bmatrix}-1&5&10&-2\\2&-4&-8&4\\1&1&2&2\end{bmatrix}$$

故待求方程组最小范数解为

$$X=A_m^-B=\begin{bmatrix}-\frac{1}{6}\\\frac{1}{3}\\\frac{1}{6}\end{bmatrix}$$

而矩阵 A 的最小范数 g 逆不唯一，其一般式为

$$G=A_m^-+U(I-AA_m^-)$$

其中，U 为适当阶数的任意矩阵，为了便于计算，这里假设

$$U=\begin{bmatrix}1&0&0&0\\0&1&0&0\\0&0&1&0\end{bmatrix}$$

则

$$G=\frac{1}{30}\begin{bmatrix}-1&5&10&-2\\2&-4&-8&4\\1&1&2&2\end{bmatrix}+\begin{bmatrix}1&0&0&0\\0&1&0&0\\0&0&1&0\end{bmatrix}\cdot$$

$$\left(\begin{bmatrix}1&0&0&0\\0&1&0&0\\0&0&1&0\\0&0&0&1\end{bmatrix}-\begin{bmatrix}1&2&3\\1&0&1\\2&0&2\\2&4&6\end{bmatrix}\cdot\frac{1}{30}\begin{bmatrix}-1&5&10&-2\\2&-4&-8&4\\1&1&2&2\end{bmatrix}\right)$$

$$=\frac{1}{30}\begin{bmatrix}-1&5&10&-2\\2&-4&-8&4\\1&1&2&2\end{bmatrix}+\frac{1}{30}\begin{bmatrix}24&0&0&-12\\0&24&-12&0\\0&-12&6&0\end{bmatrix}$$

$$=\frac{1}{30}\begin{bmatrix}23&5&10&-14\\2&20&-20&4\\1&-11&8&2\end{bmatrix}$$

显然 $A_m^-\neq G$，然而

$$X=GB=\frac{1}{30}\begin{bmatrix}23&5&10&-14\\2&20&-20&4\\1&-11&8&2\end{bmatrix}\begin{bmatrix}1\\0\\0\\2\end{bmatrix}=\begin{bmatrix}-\frac{1}{6}\\ \frac{1}{3}\\ \frac{1}{6}\end{bmatrix}=A_m^-B$$

可见，对于不同的矩阵 U，可以找出 A 的不同最小范数 g 逆，但方程组的最小范数解是唯一的。

2.3.2.2　*矛盾方程组求解问题*

矛盾方程组是指当方程数目 m 大于未知数数目 n 的情形，即 $m>n\geqslant \mathrm{rank}(A)$。对于这种方程组，一般意义下是无解的。但可以求得方程组的近似解。这种情况称为超定问题。如果能找到一向量 X，便得范数 $\|AX-B\|_2^2$ 达到最小，即

$$\|AX-B\|_2^2=\min$$

则称 X 为矛盾方程组的最小二乘解。

现在的问题是，如何找到一个矩阵 G，它不必是 A 的 g 逆，但对于向量 B，使得 $X=GB$ 为方程组 $AX=B$ 的最小二乘解。

假设存在矩阵 G，使得 $\hat{X}=GB$ 为方程组 $AX=B$ 的最小二乘解，则对于所有的 X，有

$$\|A\hat{X}-B\|_2^2\leqslant\|AX-B\|_2^2$$

或

$$\|AGB-B\|_2^2\leqslant\|AX-B\|_2^2 \tag{2-88}$$

将式(2-88)右端写成

$$\|AX-B\|_2^2=\|AGB-B+AX-AGB\|_2^2$$

$$=(AGB-B,AGB-B)+(AX-AGB,AX-AGB)$$

$$+2(AGB-B, AX-AGB)$$

$$=\|AGB-B\|_2^2+\|A(X-GB)\|_2^2$$

$$+2((AG-I)B, A(X-GB))$$

如同证明最小范数解存在的充要条件一样，要使不等式(2-88)成立的充要条件是

$$((AG-I)B, A(X-GB))$$

$$=(B,(AG-I)^{\mathrm{T}}A(X-GB))=0 \tag{2-89}$$

式中，B 为任意向量，不恒为零，而对于矛盾方程组而言，$(X-GB)$ 一般也不为零，要使式(2-89)成立，只有

$$(AG-I)A=0$$

则

$$(AG)^{\mathrm{T}}A=A$$

两端同右乘 G 得

$$(AG)^{\mathrm{T}}AG=AG$$

两端同时转置得

$$(AG)^{\mathrm{T}}AG=(AG)^{\mathrm{T}}$$

由此可得

$$(AG)^{\mathrm{T}}=AG \tag{2-90}$$

所以，就 A 的 g 逆 G 来说，式(2-90)是使得 $X=GB$ 为矛盾方程组 $AX=B$ 最小二乘解的充分必要条件。

如果 GB 是矛盾方程组的一个最小二乘解，则这个方程组最小二乘解的通式可写成

$$\hat{X}=GB+(I-GA)C \tag{2-91}$$

式中，C 为与 X 同维的任意向量。由于 C 的任意性，所以最小二乘解并不是唯一，但是，解的最小二乘误差 $\|A\hat{X}-B\|_2$ 是唯一的。

下面证明：

因为 GB 为最小二乘解，所以 $\|AGB-B\|_2^2$ 为最小。对于一般的最小二乘解 $\hat{X}=GB+(I-GA)C$，有

$$\|A(GB+(I-GA)C)-B\|_2^2=\|AGB+AC-AGAC-B\|_2^2$$

$$=\|AGB+AC-AC-B\|_2^2$$

$$=\|AGB-B\|_2^2$$

因而式(2-91)是方程组的最小二乘解，且具有相同的二乘误差 $\|A\hat{X}-B\|_2^2=\|AGB-B\|_2^2$。

我们把满足 $(AG)^{\mathrm{T}}=AG$ 和 $AGA=A$ 的矩阵 C 称为 A 的最小二乘 g 逆，用 A_l^- 表示。若 A_l^- 是 A 的一个最小二乘 g 逆，则任何一个最小二乘 g 逆可表示成

$$G=A_l^-+(I-A_l^-A)U \tag{2-92}$$

式中，U 为适当阶数的任意矩阵。由于 U 的任意性，最小二乘 g 逆显然也不是唯一的。只有当 A 为列满秩矩阵时，其最小二乘 g 逆才是唯一的，而且方程 $AX=B$ 才有唯一的最小二乘解。读者可仿照最小范数 g 逆及最小范数解的证明过程，自行验证。

例 3 求解方程组

$$\begin{cases}x_1+2x_2+3x_3=1\\ x_1+x_3=0\\ 2x_1+2x_3=1\\ 2x_1+4x_2+6x_3=3\end{cases}$$

最小二乘解。

由方程可知

$$A=\begin{bmatrix}1&2&3\\1&0&1\\2&0&2\\2&4&6\end{bmatrix},B=\begin{bmatrix}1\\0\\1\\3\end{bmatrix},X=\begin{bmatrix}x_1\\x_2\\x_3\end{bmatrix}$$

于是 rank$(A)=2$,rank$(A,B)=3$,故此方程组为矛盾方程组。利用例 2 中的结果,A 可分解为由行满秩矩阵 D 和列满秩矩阵 C 的乘积,即

$$A=CD$$

且有

$$A_l^-=D_R^{-1}C_L^{-1}=\frac{1}{30}\begin{bmatrix}-1&5&10&-2\\2&-4&-8&4\\1&1&2&2\end{bmatrix}$$

则最小二乘解为

$$X=A_l^-B=\frac{1}{30}\begin{bmatrix}-1&5&10&-2\\2&-4&-8&4\\1&1&2&2\end{bmatrix}\begin{bmatrix}1\\0\\1\\3\end{bmatrix}=\frac{1}{10}\begin{bmatrix}1\\2\\3\end{bmatrix}$$

根据式(2-91),我们有方程组最小二乘解的通式

$$\begin{aligned}X'&=A_l^-B+(I-A_l^-A)C\\&=\frac{1}{10}\begin{bmatrix}1\\2\\3\end{bmatrix}+\left(\begin{bmatrix}1&0&0\\0&1&0\\0&0&1\end{bmatrix}-\frac{1}{30}\begin{bmatrix}-1&5&10&-2\\2&-4&-8&4\\1&1&2&2\end{bmatrix}\begin{bmatrix}1&2&3\\1&0&1\\2&0&2\\2&4&6\end{bmatrix}\right)\begin{bmatrix}C_1\\C_2\\C_3\end{bmatrix}\\&=\begin{bmatrix}\frac{1}{10}+C_1+C_2-C_3\\\frac{2}{10}+C_1+C_2-C_3\\\frac{3}{10}-C_1-C_2+C_3\end{bmatrix}\end{aligned}$$

对于任意一组 C_1、C_2、C_3,都找到一组解 x_1、x_2、x_3。然而 X 与 X' 具有相同的最小二乘误差,即

$$\begin{aligned}\|AX-B\|_2^2&=\left[\left(\frac{4}{10}-1\right)^2+\left(\frac{4}{10}-0\right)^2+\left(\frac{8}{10}-1\right)^2+\left(\frac{28}{10}-3\right)^2\right]\\&=\frac{10}{25}\end{aligned}$$

$$\begin{aligned}\|AX'-B\|_2^2=&\left[\frac{4}{10}+(C_1+C_2-C_3+2C_1+2C_2-2C_3-3C_1-3C_2+3C_3)-1\right]^2\\&+\left[\frac{4}{10}+(C_1+C_2-C_3-C_1-C_2+C_3)-0\right]^2\\&+\left[\frac{8}{10}+2(C_1+C_2-C_3-C_1-C_2+C_3)-1\right]^2\\&+\left[\frac{28}{10}+(2C_1+2C_2-2C_3+4C_1+4C_2-4C_3-6C_1-6C_2+6C_3)-3\right]^2\end{aligned}$$

$$=\frac{10}{25}$$

则

$$\| AX-B \|_2^2=\| AX'-B \|_2^2$$

依据式(2-92)，我们有任意最小二乘 g 逆

$$G=A_l^-+(I-A_l^-A)U$$

令

$$U=\begin{bmatrix}1&0&0&0\\0&1&0&0\\0&0&1&0\end{bmatrix}$$

则

$$G=\frac{1}{30}\begin{bmatrix}-1&5&10&-2\\2&-4&-8&4\\1&1&2&2\end{bmatrix}$$

$$+\left(\begin{bmatrix}1&0&0\\0&1&0\\0&0&1\end{bmatrix}-\frac{1}{30}\begin{bmatrix}20&-10&10\\-10&20&10\\10&10&20\end{bmatrix}\right)\cdot\begin{bmatrix}1&0&0&0\\0&1&0&0\\0&0&1&0\end{bmatrix}$$

$$=\frac{1}{30}\begin{bmatrix}-1&5&10&-2\\2&-4&-8&4\\1&1&2&2\end{bmatrix}+\frac{1}{30}\begin{bmatrix}10&10&-10&0\\10&10&-10&0\\-10&-10&10&0\end{bmatrix}$$

$$=\frac{1}{30}\begin{bmatrix}9&15&0&-2\\12&6&-18&4\\-9&-9&12&2\end{bmatrix}$$

因而

$$X'=GB$$

$$=\frac{1}{30}\begin{bmatrix}9&15&0&-2\\12&6&-18&4\\-9&-9&12&2\end{bmatrix}\begin{bmatrix}1\\0\\1\\3\end{bmatrix}=\frac{1}{10}\begin{bmatrix}1\\2\\3\end{bmatrix}$$

$$=X$$

即对不同的最小二乘 g 逆，可以有相同的解。

2.3.2.3 线性方程组的最小二乘最小范数解与广义逆 A^+

我们知道，对于一般的矛盾方程组

$$AX=B \tag{2-93}$$

的最小二乘解可以表示成

$$X=A_l^-B+(I-A_l^-A)C$$

其中 C 是适当阶数的任意矩阵，而且有

$$\begin{aligned}AX&=AA_l^-B+(A-AA_l^-A)C\\&=AA_l^-B\end{aligned}$$

这说明，对任何向量 B，矛盾方程组(2-93)的所有最小二乘解都是方程组

$$AX=AA_l^-B \tag{2-94}$$

的解。显然，方程组(2-94)是相容的。对于相容方程组，我们可在所有解中找出一个范数最小

的，即最小范数解。由方程组(2-94)可知，其最小范数解为

$$X=A_m^-(AA_l^-B) \tag{2-95}$$

因而式(2-95)被称为方程组(2-93)的最小二乘最小范数解。由广义逆 G 来表示，即为

$$X=GB=A_m^-AA_l^-B$$

则

$$G=A_m^-AA_l^- \tag{2-96}$$

现在证明，上述逆矩阵 G 满足 Moore-Penrose 广义逆 A^+ 的四个条件：

(1) $AGA=A$

证：
$$AGA=AA_m^-AA_l^-A=(AA_m^-A)A_l^-A=AA_l^-A=A$$

(2) $GAG=G$

证：
$$\begin{aligned}GAG&=A_m^-AA_l^-AA_m^-AA_l^-=A_m^-(AA_l^-A)A_m^-AA_l^-\\&=A_m^-AA_m^-AA_l^-=A_m^-(AA_m^-A)A_l^-=A_m^-AA_l^-=G\end{aligned}$$

(3) $(GA)^{\mathrm{T}}=GA$

证：
$$\begin{aligned}(GA)^{\mathrm{T}}&=(A_m^-AA_l^-A)^{\mathrm{T}}=(A_m^-A)^{\mathrm{T}}=A_m^-A=A_m^-AA_l^-A\\&=GA\end{aligned}$$

(4) $(AG)^{\mathrm{T}}=AG$

证：
$$\begin{aligned}(AG)^{\mathrm{T}}&=(AA_m^-AA_l^-)^{\mathrm{T}}=(AA_l^-)^{\mathrm{T}}=AA_l^-=AA_m^-AA_l^-\\&=AG\end{aligned}$$

可见，A 的最小二乘最小范数广义逆 $A_m^-AA_l^-$ 为广义逆 A^+，前面已经证明过，对任意非零矩阵 A，其广义逆 A^+ 是唯一的。而且，由于式(2-95)是方程组(2-94)的最小范数解，所以

$$X=A^+B \tag{2-97}$$

为方程组 $AX=B$ 的唯一解。

分析一下，对于给定的方程组 $AX=B$，在各种情况下，$X=A^+B$ 意味着什么呢？若 A 为行满秩情况，$X=A^+B$ 给出的是方程组的最小范数解，是唯一的；若 A 为列满秩情况，则 $X=A^+B$ 给出的最小二乘解，其亦唯一；若 A 为非满秩矩阵，$X=A^+B$ 给出了方程组最小二乘最小范数解，是既满足 $\|AX-B\|$ 最小，也满足 $\|X\|_2$ 最小的解，且是唯一的解。

求方程组

$$\begin{cases}x_1+2x_2+3x_3=1\\x_1+x_3=0\\2x_1+2x_3=1\\2x_1+4x_2+6x_3=3\end{cases}$$

的最小二乘最小范数解。由例 2、例 3 的结论可知：

$$A_m^-=A_l^-$$

则

$$A^+=A_m^-AA_l^-=A_m^-AA_m^-=\frac{1}{30}\begin{bmatrix}-1&5&10&-2\\2&-4&-8&4\\1&1&2&2\end{bmatrix}$$

即

$$X=A^{+}B=\frac{1}{30}\begin{bmatrix}-1 & 5 & 10 & -2\\ 2 & -4 & -8 & 4\\ 1 & 1 & 2 & 2\end{bmatrix}\begin{bmatrix}1\\0\\1\\3\end{bmatrix}=\frac{1}{10}\begin{bmatrix}1\\2\\3\end{bmatrix}$$

注意，这时 $\|AX-B\|_2=\frac{\sqrt{2}}{5}$，$\|X\|_2=\frac{\sqrt{14}}{10}$ 均为最小。

2.3.3 奇异值分解

在求解地球物理反演问题时，在描述问题的线性方程组建立之后，通常只要确定了方程组系数矩阵的逆矩阵，即可解出方程。但是，许多地球物理问题特殊性使得这些方程组具有“病态”的性质，或者说系数矩阵的条件数很差。因此，如何构造系数矩阵的广义逆，使其具有良好的分辨能力和信息密度，从而得到理想的反演问题的解，成为问题的关键。

在矩阵理论中，矩阵的分解是实现矩阵计算的重要途径。在我们讨论过的广义逆的求解方法中，提到了满秩分解，其实除了满秩分解以外，还有许多分解方法可以用于计算广义逆矩阵，其中奇异值分解是最有效的方法之一。奇异值分解在求解线性方程组、广义逆和最小二乘问题上有着广泛的应用。

2.3.3.1 奇异值分解定理

对于任意 $M\times N$ 阶矩阵 A，设 $A^{T}A$ 有 r 个大于零的特征值 $\lambda_i(i=1,2,\cdots,r)$，则 $\sigma_i=\sqrt{\lambda_i}\ (i=1,2,\cdots,r)$ 称为 A 的 r 个奇异值，且 $\sigma_1\geqslant\sigma_2\geqslant\cdots\geqslant\delta_r$。

1. Penrose 奇异值分解定理

设 A 为任意 $M\times N$ 阶矩阵，且 $\operatorname{rank}(A)=r$，则必然存在一个 $M\times M$ 阶正交矩阵 U 和一个 $N\times N$ 阶正交矩阵 V，使得

$$U^{T}AV=\wedge \text{ 或 } A=U\wedge V^{T} \tag{2-98}$$

其中 V 为 $M\times N$ 阶对角阵，即

$$\wedge=\begin{bmatrix}\Sigma & 0\\ 0 & 0\end{bmatrix}_{M\times N},\Sigma=\begin{bmatrix}\sigma_1 & & 0\\ & \sigma_2 & \\ & & \ddots \\ 0 & & \sigma_r\end{bmatrix}_{r\times r}$$

这里 $\sigma_i(i=1,2,\cdots,r)$ 为 A 的 r 个奇异值。式(2-98)被称为矩阵 A 的奇异值分解。应当指出，这里 $\{\sigma_i\}$ 是一个非增序列，是奇异值分解的一个重要特征。

由上述奇异值分解，我们可以得矩阵 A 的广义逆 G。因为 U 与 V 均为正交矩阵，即有

$$U^{T}U=UU^{T}=I,V^{T}V=VV^{T}=I$$

$$U^{-1}=U^{T},V^{-1}=V^{T}$$

所以，G 可表示成

$$G=V\wedge^{-}U^{T} \tag{2-99}$$

而对于方程 $AX=B$，其解可以表示成

$$X=GB=V\wedge^{-}U^{T}B \tag{2-100}$$

式中

$$\wedge^{-}=\begin{bmatrix}\Sigma^{-1} & 0\\ 0 & 0\end{bmatrix},\Sigma^{-1}=\begin{bmatrix}\frac{1}{\sigma_1} & & & \\ & \frac{1}{\sigma_2} & & \\ & & \ddots & \\ & & & \frac{1}{\sigma_r}\end{bmatrix}$$

2. Lanczos 奇异值分解定理

设 $\boldsymbol{A}$ 为 $M\times N$ 阶任意矩阵，且 $\operatorname{rank}(\boldsymbol{A})=r$，则 $\boldsymbol{A}$ 可分解为

$$\boldsymbol{A}=\boldsymbol{U}_P\wedge_P\boldsymbol{V}_P^{\mathrm{T}} \tag{2-101}$$

式中 $\boldsymbol{U}_P$ 为 $\boldsymbol{A}^{\mathrm{T}}\boldsymbol{A}$ 的 $P(P\leqslant r)$ 个最大特征值对应的特征向量组成的 $M\times P$ 阶半正交矩阵，$\boldsymbol{V}_P$ 为 $\boldsymbol{A}^{\mathrm{T}}\boldsymbol{A}$ 的 P 个最大特征值对应的特征向量组成的 $N\times P$ 阶半正交矩阵，$\wedge_P$ 为对角矩阵，其元素为由大到小依次排列的 $\boldsymbol{A}^{\mathrm{T}}\boldsymbol{A}$ 的 P 个最大特征值之平方根。

由 Lanczos 分解可以得到 $\boldsymbol{A}$ 的广义逆

$$\boldsymbol{G}=\boldsymbol{V}_P\wedge_P^{-}\boldsymbol{U}_P^{\mathrm{T}} \tag{2-102}$$

因而方程 $\boldsymbol{AX}=\boldsymbol{B}$ 的解可表示为

$$\boldsymbol{X}=\boldsymbol{V}_P\wedge_P^{-}\boldsymbol{U}_P^{\mathrm{T}}\boldsymbol{B} \tag{2-103}$$

式中

$$\wedge_P^{-}=\begin{bmatrix}\frac{1}{\sigma_1} & & & \\ & \frac{1}{\sigma_2} & & \\ & & \ddots & \\ & & & \frac{1}{\sigma_P}\end{bmatrix}=\operatorname{diag}\left(\frac{1}{\sigma_1},\frac{1}{\sigma_2},\cdots,\frac{1}{\sigma_P}\right)$$

比较 Penrose 分解与 Lanczos 分解，不难看出，后者是将 $\boldsymbol{U}$、$\boldsymbol{V}$ 和 $\wedge$ 分成两部分，假设 $\boldsymbol{A}^{\mathrm{T}}\boldsymbol{A}$ 有 P 个非零特征值，则

$$\boldsymbol{U}=[\boldsymbol{U}_P\quad \boldsymbol{U}_0]$$
$$\boldsymbol{V}=[\boldsymbol{V}_P\quad \boldsymbol{V}_0]$$
$$\wedge=\begin{bmatrix}\wedge_P & 0\\ 0 & 0\end{bmatrix}$$

这时 $\boldsymbol{U}_0$ 和 $\boldsymbol{V}_0$ 是与零特征值对应的特征向量组成的矩阵，而 $\boldsymbol{U}_P$ 和 $\boldsymbol{V}_P$ 是 $\boldsymbol{U}$ 和 $\boldsymbol{V}$ 的一个部分，它们已不再是正交矩阵，而是半正交矩阵，即满足

$$\boldsymbol{U}_P^{\mathrm{T}}\boldsymbol{U}_P=\boldsymbol{I},\boldsymbol{U}_P\boldsymbol{U}_P^{\mathrm{T}}\neq\boldsymbol{I}$$
$$\boldsymbol{V}_P^{\mathrm{T}}\boldsymbol{V}_P=\boldsymbol{I},\boldsymbol{V}_P\boldsymbol{V}_P^{\mathrm{T}}\neq\boldsymbol{I}$$

从而有

$$\boldsymbol{A}=[\boldsymbol{U}_P\quad \boldsymbol{U}_0]\begin{bmatrix}\wedge_P & 0\\ 0 & 0\end{bmatrix}\begin{bmatrix}\boldsymbol{V}_P^{\mathrm{T}}\\ \boldsymbol{V}_0^{\mathrm{T}}\end{bmatrix}=\boldsymbol{U}_P\wedge_P\boldsymbol{V}_P^{\mathrm{T}}$$

上式表明，只要用 $\boldsymbol{U}_P$、$\boldsymbol{V}_P$ 空间就能构成 $\boldsymbol{A}$，Lanczos 形象地称 $\boldsymbol{U}_0$、$\boldsymbol{V}_0$ 为“盲点”，它未被算子 $\boldsymbol{A}$ “照亮”。

Lanczos 奇异值分解定理为我们在实际计算中对于很小的奇异值进行处理，提供了重要的依据。

2.3.3.2 奇异值分解与广义逆 A^+

利用奇异值分解,可以得到任意矩阵 A 的广义逆。现在证明,由奇异值分解得到的广义逆满足 Moore-Penrose 广义逆的四个条件。

(1) $AGA=A$

证:
$$\begin{aligned} AGA &= A(V\Lambda^- U^T)A=(U\Lambda V^T)V\Lambda^- U^T(U\Lambda V^T) \\ &= U\Lambda\Lambda^-\Lambda V^T=U\Lambda V^T=A \end{aligned}$$

(2) $GAG=G$

证:
$$\begin{aligned} GAG &= (V\Lambda^- U^T)(U\Lambda V^T)(V\Lambda^- U^T) \\ &= V\Lambda^-(U^TU)\Lambda(V^TV)\Lambda^- U^T=V\Lambda^-\Lambda\Lambda^- U^T \\ &= V\Lambda^- U^T=G \end{aligned}$$

(3) $(GA)^T=GA$

证:
$$\begin{aligned} (GA)^T &= (V\Lambda^- U^TU\Lambda V^T)^T=(V\Lambda^-\Lambda V^T)^T \\ &= (VV^T)^T=VV^T=V\Lambda^- U^TU\Lambda V^T \\ &= GA \end{aligned}$$

(4) $(AG)^T=AG$

证:
$$\begin{aligned} (AG)^T &= (U\Lambda V^TV\Lambda^- U^T)^T=(U\Lambda\Lambda^- U^T)^T \\ &= (UU^T)^T=UU^T=U\Lambda V^TV\Lambda^- U^T=AG \end{aligned}$$

由此说明,用奇异值分解计算得到的广义逆是广义逆 A^+,即它是唯一的。根据前一节讨论的内容,对于方程组 $AX=B$,用广义逆 $G=V\Lambda^- U^T$ 确定的解 $X=V\Lambda^- U^TB$ 是唯一解。

2.3.3.3 奇异值的特征及奇异值分解的稳定性

1. 奇异值与矩阵 A 的范数

由矩阵范数的定义可知,矩阵 A 的 L_2 范数为

$$\|A\|_2=\sqrt{\lambda_{\max}} \tag{2-104}$$

式中,$\lambda_{\max}$ 为 A^TA 的最大特征值,即 A 的 L_2 范数为 A^TA 各特征值平方根所表征的谱之最大半径。因此,有

$$\sigma_{\max}=\sqrt{\lambda_{\max}}=\|A\|_2 \tag{2-105}$$

即矩阵 A 的 L_2 范数为 A 的最大奇异值。

2. 奇异值与矩阵条件数

由 $\sigma_i=\lambda_i(i=1,2,\cdots,r)$ 可得,对矩阵 A,有

$$\operatorname{cond}(A)=\frac{\sigma_{\max}}{\sigma_{\min}} \tag{2-106}$$

3. 奇异值分解的稳定性

考查奇异值分解的稳定性,只需看看在矩阵 A 发生一定扰动之后,奇异值变化的程度。

对于 $M\times N$ 阶矩阵 A 和 B,设分别有奇异值

$$\sigma_1\geqslant\sigma_2\geqslant\cdots\geqslant\sigma_r>\sigma_{r+1}=\cdots=\sigma_n=0$$
$$\tau_1\geqslant\tau_2\geqslant\cdots\geqslant\tau_r>\tau_{r+1}=\cdots=\tau_n=0$$

则有

$$|\sigma_i-\tau_i|\leqslant\|\boldsymbol{A}-\boldsymbol{B}\|_2 \qquad (i=1,2,\cdots,r) \tag{2-107}$$

对于 $i=1$,即有

$$|\sigma_1-\tau_1|\leqslant\|\boldsymbol{A}-\boldsymbol{B}\|_2$$

显然是成立的,因为,由式(2-105)可知 $\|\boldsymbol{A}\|_2=\sigma_1$ 及 $\|\boldsymbol{B}\|_2=\tau_1$,所以

$$|\sigma_1-\tau_1|=|\,\|\boldsymbol{A}\|_2-\|\boldsymbol{B}\|_2|\leqslant\|\boldsymbol{A}-\boldsymbol{B}\|_2$$

又因

$$\sigma_i\leqslant\|\boldsymbol{A}\|_2,\tau_i\leqslant\|\boldsymbol{B}\|_2 \quad (i=2,3,\cdots,n)$$

因此,有

$$|\sigma_i-\tau_i|\leqslant|\,\|\boldsymbol{A}\|_2-\|\boldsymbol{B}\|_2|\leqslant\|\boldsymbol{A}-\boldsymbol{B}\|_2$$

如果把矩阵 $\boldsymbol{B}$ 看作是矩阵 $\boldsymbol{A}$ 经过扰动后的结果,扰动量矩阵 $\boldsymbol{E}=\boldsymbol{A}-\boldsymbol{B}$,奇异值的变化量为 δ_i,则有

$$|\delta_i|\leqslant\|\boldsymbol{E}\|_2 \tag{2-108}$$

式(2-108)说明,当某个矩阵存在一个扰动量 $\boldsymbol{E}$ 时,其奇异值变化不会超过矩阵($\boldsymbol{E}^{\mathrm{T}}\boldsymbol{E}$)的最大特征值之平方根。可见,奇异值分解是一种十分稳定的数值方法。

2.3.3.4 奇异值分解与阻尼最小二乘

我们知道,对于矛盾方程组 $\boldsymbol{AX}=\boldsymbol{B}$,可以通过求得方程系数矩阵 $\boldsymbol{A}$ 的最小二乘 g 逆 $\boldsymbol{A}_l$ 来获得方程的一个最小二乘解,且当 $\boldsymbol{A}$ 为列满秩时,其最小二乘解是唯一的。

然而,在实际问题中,尤其是一些地球物理问题,由于观测空间的限制,尽管可以构造出足够数量的方程,但模型参数之间存在着相当程度的相关性,这必然导致方程"病态"。这种"病态"在系数矩阵上表现为某些特征值很小。方程的病态程度可以用条件数

$$\mathrm{cond}(\boldsymbol{A})=\frac{\sigma_{\max}}{\sigma_{\min}}$$

来描述。而最小二乘解相当于矛盾方程组正则化后

$$\boldsymbol{A}^{\mathrm{T}}\boldsymbol{AX}=\boldsymbol{A}^{\mathrm{T}}\boldsymbol{B} \tag{2-109}$$

的解,这样,上述方程系数矩阵($\boldsymbol{A}^{\mathrm{T}}\boldsymbol{A}$)的条件数为

$$\mathrm{cond}(\boldsymbol{A}^{\mathrm{T}}\boldsymbol{A})=[\mathrm{cond}(\boldsymbol{A})]^2 \tag{2-110}$$

显然加剧了方程的病态程度。马奎特提出的改善正则化后方程系数矩阵条件数的方法是在其对角线元素上加一个阻尼因子 θ,即方程变为

$$(\boldsymbol{A}^{\mathrm{T}}\boldsymbol{A}+\theta\boldsymbol{I})\boldsymbol{X}=\boldsymbol{A}^{\mathrm{T}}\boldsymbol{B} \tag{2-111}$$

其中 θ 为正数。因而条件数变成

$$\mathrm{cond}(\boldsymbol{A}^{\mathrm{T}}\boldsymbol{A}+\theta\boldsymbol{I})=\frac{\lambda_{\max}+\theta}{\lambda_{\min}+\theta} \tag{2-112}$$

其中 $\lambda_{\max}$和 $\lambda_{\min}$为($\boldsymbol{A}^{\mathrm{T}}\boldsymbol{A}$)的最大和最小特征值,且 $\lambda_{\max}=\sigma_{\max}^2$,$\lambda_{\min}=\sigma_{\min}^2$。可见,当 θ 适当大时,条件数可以得到很好地改善。这时方程(2-111)的解为

$$\boldsymbol{X}=(\boldsymbol{A}^{\mathrm{T}}\boldsymbol{A}+\theta\boldsymbol{I})^{-1}\boldsymbol{A}^{\mathrm{T}}\boldsymbol{B} \tag{2-113}$$

对于式(2-111),用奇异值分解法写出,则有

$$\begin{aligned}\boldsymbol{A}^{\mathrm{T}}\boldsymbol{A}&=(\boldsymbol{U}\wedge\boldsymbol{V}^{\mathrm{T}})^{\mathrm{T}}(\boldsymbol{U}\wedge\boldsymbol{V}^{\mathrm{T}})\\&=\boldsymbol{V}\wedge^{\mathrm{T}}\boldsymbol{U}^{\mathrm{T}}\boldsymbol{U}\wedge\boldsymbol{V}^{\mathrm{T}}\\&=\boldsymbol{V}\wedge^{\mathrm{T}}\wedge\boldsymbol{V}^{\mathrm{T}}\end{aligned}$$

因为 $\wedge_{n\times m}^{\mathrm{T}}\wedge_{m\times n}=\wedge_{n\times n}^2$,所以

$$A^TA=V\wedge_{n\times n}^2V^T \qquad (\text{记}\wedge_{n\times n}\text{为}\wedge_n)$$

而

$$(A^TA+\theta I)=V\wedge_n^2V^T+\theta IVV^T$$
$$=V(\wedge_n^2+\theta I)V^T \tag{2-114}$$

则

$$(A^TA)^{-1}=V\wedge_n^{-2}V^T$$
$$(A^TA+\theta I)^{-1}=V(\wedge_n^2+\theta I)^{-1}V^T$$
$$=V\left(\mathrm{diag}\,\frac{1}{\sigma_j^2+\theta}\right)V^T \tag{2-115}$$

其中，$(\wedge_n^2+\theta I)^{-1}$为对角矩阵，即

$$(\wedge_n^2+\theta I)^{-1}=\begin{bmatrix}\frac{1}{\sigma_1^2+\theta} & 0 & \cdots & 0\\ 0 & \frac{1}{\sigma_2^2+\theta} & \cdots & 0\\ \vdots & \vdots & \vdots & \vdots\\ 0 & 0 & \cdots & \frac{1}{\sigma_n^2+\theta}\end{bmatrix}$$

用奇异值分解法表示方程(2-111)的解，即

$$X=(A^TA+\theta I)^{-1}A^TB$$
$$=V(\wedge_n^2+\theta I)^{-1}V^TV\wedge_{n\times m}U^TB$$
$$=V(\wedge_n^2+\theta I)^{-1}\wedge_{n\times m}U^TB$$

令　　$S_{n\times m}^-=(\wedge_n^2+\theta I)^{-1}\wedge_{n\times m}$，则

$$X=VS^-U^TB \tag{2-116}$$

其中

$$S^-=\begin{bmatrix}\frac{\sigma_1}{\sigma_1^2+\theta} & & 0 & \cdots & 0\\ & \frac{\sigma_2}{\sigma_2^2+\theta} & & & 0\\ & & \ddots & & \vdots\\ 0 & & \frac{\sigma_n}{\sigma_n^2+\theta} & \cdots & 0\end{bmatrix}_{n\times m}$$

对比式(2-116)和式(2-100)可以看出，用S^-中的$\sigma_j/(\sigma_j^2+\theta)$代替$\wedge^-$中的$\sigma_j$，就能把最小二乘法的奇异值分解转换成阻尼最小二乘法的奇异值分解。现在情况变得很清楚，所加的阻尼因子θ，遇到$\sigma_j\to 0$的情况，当观测数据B出现误差时，式(2-100)给出的解将出现不稳定，而式(2-116)给出的解将能有效地抑制这种解的振荡。

2.3.3.5　截断小奇异值的应用

Wiggins(1972)曾用截断一些小特征值的方法来减小解的方法，以取得与阻尼最小二乘法相类似的效果。

在奇异值分解法中，Lanczos 分解定理为截断奇异值提出了理论依据，即用矩阵A^TA的P个最大特征值对应的矩阵U、V部分对A进行分解。由此截去了较小的奇异值，使条件数得到改善，以致能得到方程稳定解。

什么样的奇异值应当截除是奇异值截断法应用中的主要困难。从理论上说，应当截除零奇

异值,但实际上,奇异值的分解是通过数值计算实现的,一般不会有精确的零奇异值,因此存在着如何合理地确定 A 的秩的问题,事实上广义逆的精确性依赖于对秩的估计。理论上分析,把比矩阵元素误差还要小的奇异常取作零是合理的。

2.3.4 线性反演问题的广义逆特征

2.3.4.1 反演问题的解与算子

对于一个线性反演问题,其模型参数估计值与观测数据之间的关系可以表示成 $\boldsymbol{m}^{\text{est}}=\boldsymbol{U}\boldsymbol{d}+\boldsymbol{v}$,其中 $\boldsymbol{U}$ 和 $\boldsymbol{v}$ 分别是矩阵和向量,且两者不依赖于数据。这一方程表明模型参数的估计值是由矩阵 $\boldsymbol{U}$ 控制的。因而我们把注意力集中在算子矩阵 $\boldsymbol{U}$ 上,而不再是 $\boldsymbol{m}^{\text{est}}$ 上,并且期望对算子矩阵 $\boldsymbol{U}$ 的研究能够了解更多的有关反演问题的性质。因为矩阵 $\boldsymbol{U}$ 相当于问题 $\boldsymbol{G}\boldsymbol{m}=\boldsymbol{d}$ 中 $\boldsymbol{G}$ 的逆矩阵,所以它又被称为广义逆,在这里我们用符号 $\boldsymbol{G}^{-g}$表示。广义逆的具体形式取决于要处理的问题。超定最小二乘问题的广义逆为 $\boldsymbol{G}^{-g}=(\boldsymbol{G}^{\text{T}}\boldsymbol{G})^{-1}\boldsymbol{G}^{\text{T}}$,而对于欠定解来说,广义逆为 $\boldsymbol{G}^{-g}=\boldsymbol{G}^{\text{T}}[\boldsymbol{G}\boldsymbol{G}^{\text{T}}]^{-1}$。

注意,在某些方面,广义逆类似于普通矩阵的逆,方阵方程(适定的)$Ax=y$ 的解为 $x=A^{-1}y$,而反问题 $\boldsymbol{G}\boldsymbol{m}=\boldsymbol{d}$ 的解为 $\boldsymbol{m}^{\text{est}}=\boldsymbol{G}^{-g}\boldsymbol{d}$(可能会加上某一向量)。不过,这种相似性是非常有限的。在通常意义下,广义逆并不就是矩阵的逆。它不是方阵,并且既不要求 $\boldsymbol{G}^{-g}\boldsymbol{G}$ 也不要求 $\boldsymbol{G}\boldsymbol{G}^{-g}$等于一个单位矩阵。

2.3.4.2 观测数据分辨矩阵

假定已经找到一个在某种意义下能够求解反问题 $\boldsymbol{G}\boldsymbol{m}=\boldsymbol{d}$ 的广义逆,这样就得到模型参数的一个估计值 $\boldsymbol{m}^{\text{est}}=\boldsymbol{G}^{-g}\boldsymbol{d}$(为了简单起见,假定不存在一个附加向量)。然而我们会反问,这一模型参数估计值对数据的拟合程度如何。把该估计值代入方程 $\boldsymbol{G}\boldsymbol{m}=\boldsymbol{d}$,则得

$$\boldsymbol{d}^{\text{pre}}=\boldsymbol{G}\boldsymbol{m}^{\text{est}}=\boldsymbol{G}[\boldsymbol{G}^{-g}\boldsymbol{d}^{\text{obs}}]=[\boldsymbol{G}\boldsymbol{G}^{-g}]\boldsymbol{d}^{\text{obs}}=\boldsymbol{N}\boldsymbol{d}^{\text{obs}} \tag{2-117}$$

这里上标“pre”和“obs”分别表示预测值和观测值。$M\times M$ 阶方阵 $\boldsymbol{N}=\boldsymbol{G}\boldsymbol{G}^{-g}$称为数据分辨矩阵(data resolution matrix)。它描述了预测值与数据的拟合程度。如果 $\boldsymbol{N}=\boldsymbol{I}$,则 $\boldsymbol{d}^{\text{pre}}=\boldsymbol{d}^{\text{obs}}$,因而预测误差等于零。反之,如果 $\boldsymbol{N}\neq\boldsymbol{I}$,那么预测误差就不等于零。

如果数据向量 $\boldsymbol{d}$ 的元素具有自然顺序关系(natural ordering),那么数据分辨矩阵就具有一个简单的解释。例如,考虑用直线拟合数据点$(z,\boldsymbol{d})$的问题,其中数据是按辅助变量 z 的值排列的。如果 $\boldsymbol{N}$ 不是一个单位矩阵,但是接近于一个单位矩阵(在其最大元素靠近主对角线的意义下),那么从该矩阵的构形就可以看出,能够预测出相邻数据的平均值,却不能预测出单个数据。考虑 $\boldsymbol{N}$ 的第 i 行,如果该行中除了第 i 列上的元素不为零而其余全为零,那么就有可能准确地预测出 $\boldsymbol{d}_i$。反之,假定该行的元素为

$$[\cdots\ 0\ 0\ 0\ 0.1\ 0.8\ 0.1\ 0\ 0\ 0\ \cdots] \tag{2-118}$$

式中的 0.8 位于第 i 列上。则第 i 个数据为

$$\boldsymbol{d}_i^{\text{pre}}=\sum_{j=1}^{M}\boldsymbol{N}_{ij}\boldsymbol{d}_j^{\text{obs}}=0.1\boldsymbol{d}_{i-1}^{\text{obs}}+0.8\boldsymbol{d}_i^{\text{obs}}+0.1\boldsymbol{d}_{i+1}^{\text{obs}} \tag{2-119}$$

该预测值是三个相邻的观测数据的加权平均值。如果真实数据随辅助变量缓慢地变化,那么该平均值可能产生一个接近于观测值的合理估计值。

数据分辨矩阵 $\boldsymbol{N}$ 的每一行描述了相邻数据能被独立地预测或分辨的难易程度。如果数据具有自然顺序关系,则 $\boldsymbol{N}$ 的行元素随列下标变化的图像反映了分辨率的清晰度(图 2-5)。如果这些图像具有一个尖锐的极大值,并且其中心在主对角线上,那么数据就得到很好地分辨。如

果这些图像非常宽阔，那么数据就得不到很好地分辨。甚至在数据不具有自然顺序关系时，分辨矩阵仍然能给出每个观测值对预测值所产生的影响。这样较大的非对角线元素靠近还是远离主对角线就没有什么特殊意义了。

因为数据分辨矩阵的对角线元素表示数据在其自身的预测中具有很大的权，所以经常把这些对角线元素挑选出来并称之为数据的重要性(importance)n：

$$n=\operatorname{diag}(\boldsymbol{N}) \tag{2-120}$$

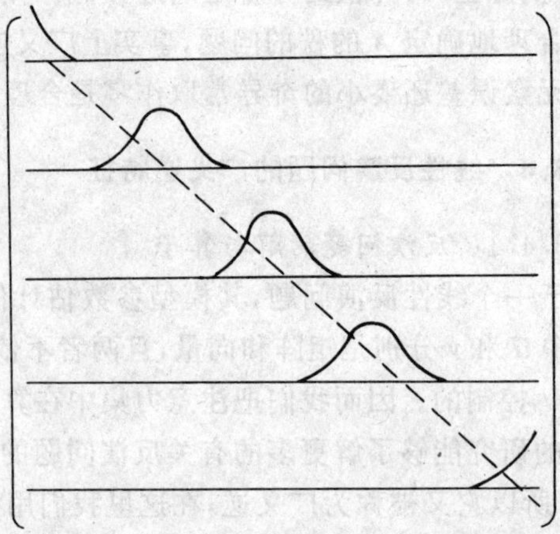

图 2-5 数据分辨矩阵 $\boldsymbol{U}$ 的行元素的几何图像指示出数据能够被预测的难易程度。在矩阵的主对角线(虚线)附近出现窄峰表示分辨率是良好的

数据分辨矩阵不是数据的函数，而仅仅是数据核 $\boldsymbol{G}$(它体现了模型及实验的几何特征)以及对问题所施加的任何先验信息的函数。这样不用真正进行实验就能计算和研究数据分辨率矩阵，因而数据分辨矩阵可以作为实验设计的重要工具。

2.3.4.3 模型分辨矩阵

数据分辨矩阵表征了数据是否能被独立地预测或分辨。对模型参数也能够提出相同的问题。为了探索这一问题，我们想象存在一个真实的、但未知的满足 $\boldsymbol{G}\boldsymbol{m}^{true}=\boldsymbol{d}^{obs}$ 的模型参数向量 $\boldsymbol{m}^{true}$。那么现在要问，该模型参数的某一特定估计值 $\boldsymbol{m}^{est}$ 与这一真实解的逼近程度如何。把观测数据的表达式 $\boldsymbol{G}\boldsymbol{m}^{true}=\boldsymbol{d}^{obs}$ 代入估计的模型参数表达式 $\boldsymbol{m}^{est}=\boldsymbol{G}^{-g}\boldsymbol{d}^{obs}$ 中，得到

$$\boldsymbol{m}^{est}=\boldsymbol{G}^{-g}\boldsymbol{d}^{obs}=\boldsymbol{G}^{-g}(\boldsymbol{G}\boldsymbol{m}^{true})=(\boldsymbol{G}^{-g}\boldsymbol{G})\boldsymbol{m}^{true}=\boldsymbol{R}\boldsymbol{m}^{true} \tag{2-121}$$

式中的 $\boldsymbol{R}$ 是 $N\times N$ 阶的模型分辨矩阵(model resolution matrix)。如果 $\boldsymbol{R}$ 不是一个单位矩阵，则模型参数的估计值就是真实模型参数的加权平均值。假如模型参数具有自然顺序关系(当它们代表一个连续函数的离散形式时，它们就具有这种关系)，则分辨矩阵的每一行的图像可用来确定模型中多大尺度的特征确实能够被分辨出来(图 2-6)。与数据分辨矩阵一样，模型分辨率也只是数据核和对问题所附加的先验信息的函数，它与数据的真实值无关，因而它可以作为实验设计中的又一个重要工具。

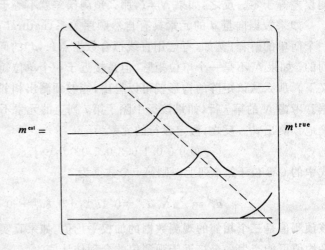

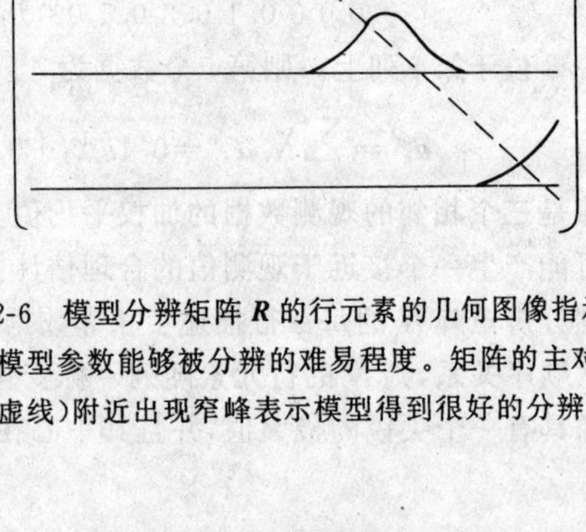

图 2-6 模型分辨矩阵 $\boldsymbol{R}$ 的行元素的几何图像指示出真实模型参数能够被分辨的难易程度。矩阵的主对角线(虚线)附近出现窄峰表示模型得到很好的分辨

2.3.4.4 分辨率与协方差的关系

模型参数的协方差取决于数据

的协方差以及由数据误差映射成模型参数误差的方式。其映射只是数据核和其广义逆的函数，而与数据本身无关。因而为了描述映射中误差的放大程度，定义一个单位协方差矩阵(unit covariance matrix)是非常有用的。如果假定数据是相关的，并且所有的数据具有相同的方差 σ^2，那么单位协方差矩阵为

$$(\mathrm{cov}_u \boldsymbol{m}) = \sigma^{-2}\boldsymbol{G}^{-g}(\mathrm{cov}_u \boldsymbol{d})\boldsymbol{G}^{-g^{\mathrm{T}}} = \boldsymbol{G}^{-g}\boldsymbol{G}^{-g^{\mathrm{T}}} \tag{2-122}$$

甚至当数据是相关的，也常常能找到数据协方差矩阵的某种归一化，这样就能定义一个与模型协方差矩阵有关的单位数据协方差矩阵(unit data covariance matrix)$[\mathrm{cov}_u \boldsymbol{d}]$，其关系式为

$$(\mathrm{cov}_u \boldsymbol{m}) = \boldsymbol{G}^{-g}(\mathrm{cov}_u \boldsymbol{d})\boldsymbol{G}^{-g^{\mathrm{T}}} \tag{2-123}$$

因为单位协方差矩阵也像数据和模型分辨矩阵一样，与数据的真值和方差无关，所以它也是实验设计中的有用工具。

作为一个例子，重新考虑用直线拟合数据(z,d)的问题。截距 $\boldsymbol{m}_1$ 和斜率 $\boldsymbol{m}_2$ 的单位协方差矩阵为

$$(\mathrm{cov}_u \boldsymbol{m}) = \frac{1}{M\Sigma z_i^2 - (\Sigma z_i)^2}\begin{bmatrix} M & -\Sigma z_i \\ -\Sigma z_i & \Sigma z_i^2 \end{bmatrix} \tag{2-124}$$

注意，仅当数据的中心位于 $z=0$ 时，其截距和斜率的估计值才是不相关的。整个方差的大小是由分数的分母决定的。如果所有的 z 近于相等，那么该分数的分母就比较小，但是其截距和斜率的方差却比较大(图 2-7a)。反之，如果 z 的分散性较大，那么该分数的分母就比较大而方差却比较小(图 2-7b)。

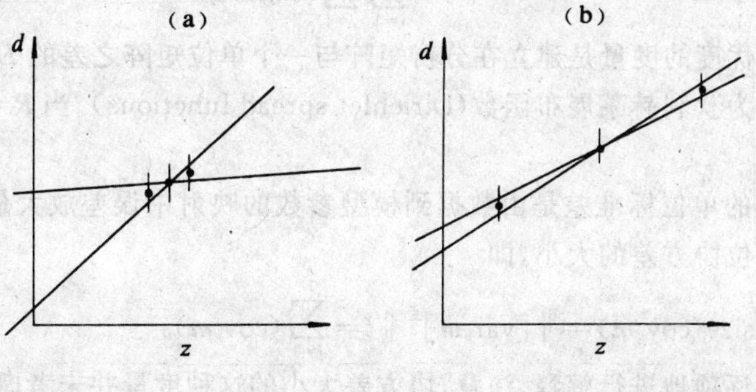

图 2-7 (a)利用最小二乘法对一组具有一致方差的不相关数据进行直线拟合。竖直短线段表示误差的大小。因为数据沿 z 没有很好地分开，所以截距和斜率的方差都比较大(由两条不同的直线表示)。(b)除了数据沿 z 很好地分开外，其他与(a)中的相同，尽管数据的方差与(a)中的相同，但是直线的截距和斜率的方差却比(a)中的小得多

数据和模型的分辨矩阵及单位协方差矩阵描述了反问题解的许多有意义的性质。因而我们来计算几个较为简单的广义逆的数据和模型分辨以及单位协方差矩阵($[\mathrm{cov}_u \boldsymbol{d}]=1$)。

(1)最小二乘广义逆

$$\begin{aligned}
&\boldsymbol{G}^{-g} = (\boldsymbol{G}^{\mathrm{T}}\boldsymbol{G})^{-1}\boldsymbol{G}^{\mathrm{T}} \\
&\boldsymbol{N} = \boldsymbol{G}\boldsymbol{G}^{-g} = \boldsymbol{G}(\boldsymbol{G}^{\mathrm{T}}\boldsymbol{G})^{-1}\boldsymbol{G}^{\mathrm{T}} \\
&\boldsymbol{R} = \boldsymbol{G}^{-g}\boldsymbol{G} = (\boldsymbol{G}^{\mathrm{T}}\boldsymbol{G})^{-1}\boldsymbol{G}^{\mathrm{T}}\boldsymbol{G} = 1 \\
&\mathrm{cov}_u \boldsymbol{m} = \boldsymbol{G}^{-g}\boldsymbol{G}^{-g^{\mathrm{T}}} = (\boldsymbol{G}^{\mathrm{T}}\boldsymbol{G})^{-1}\boldsymbol{G}^{\mathrm{T}}\boldsymbol{G}(\boldsymbol{G}^{\mathrm{T}}\boldsymbol{G})^{-1} = (\boldsymbol{G}^{\mathrm{T}}\boldsymbol{G})^{-1}
\end{aligned} \tag{2-125}$$

(2)最小长度广义逆

$$G^{-g}=G^{\mathrm{T}}(GG^{\mathrm{T}})^{-1}$$
$$R=G^{-g}G=G^{\mathrm{T}}(GG^{\mathrm{T}})^{-1}G$$
$$\mathrm{cov}_u m=G^{-g}G^{-g^{\mathrm{T}}}=G^{\mathrm{T}}(GG^{\mathrm{T}})^{-1}(GG^{\mathrm{T}})^{-1}G=G^{\mathrm{T}}(GG^{\mathrm{T}})^{-2}G \tag{2-126}$$

(3)阻尼最小二乘广义逆

$$G^{-g}=(G^{\mathrm{T}}G+\varepsilon^2 I)^{-1}G^{\mathrm{T}}$$
$$N=GG^{-g}=G(G^{\mathrm{T}}G+\varepsilon^2 I)^{-1}G^{\mathrm{T}}$$
$$R=G^{-g}G=(G^{\mathrm{T}}G+\varepsilon^2 I)^{-1}G^{\mathrm{T}}G$$
$$\mathrm{cov}_u m=G^{-g}G^{-g^{\mathrm{T}}}=G(G^{\mathrm{T}}G+\varepsilon^2 I)^{-1}G^{\mathrm{T}}G(G^{\mathrm{T}}G+\varepsilon^2 I)^{-1} \tag{2-127}$$

可以看出，最小二乘解和最小长度解之间存在许多对称性。最小二乘求解完全超定的问题，并且具有完好的模型分辨率；最小长度求解完全欠定的问题，并且具有完好的数据分辨率。而混定问题的广义逆的数据和模型分辨率则介于这两种极端之间。

2.3.4.5 *分辨率与协方差优度评价*

正如能通过度量模型参数的总预测误差和简单性来定量表示模型参数的好坏一样，我们将导出几种方法来定量表示数据和模型参数的分辨矩阵以及单位协方差矩阵的优度(goodness)。因为当分辨矩阵是一个单位矩阵时，其分辨率最高，所以可以根据非对角元素的大小或展布(spread)对分辨率进行评价。

$$\mathrm{spread}(N)=\|N-I\|_2^2=\sum_{i=1}^{M}\sum_{j=1}^{M}(N_{ij}-I_{ij})^2$$
$$\mathrm{spread}(R)=\|R-I\|_2^2=\sum_{i=1}^{N}\sum_{j=1}^{N}(R_{ij}-I_{ij})^2 \tag{2-128}$$

分辨率展布的优度的度量是建立在分辨矩阵与一个单位矩阵之差的 L_2 范数基础之上的。有时把这些展布称为狄利赫莱展布函数(Dirichlet spread functions)。当 $R=I$ 时，$\mathrm{spread}(R)=0$。

因为模型参数的单位标准差是由数据到模型参数的映射中误差放大量的一种度量，所以可以用它来估计单位协方差的大小，即

$$\mathrm{size}(\mathrm{cov}_u m)=\|[\mathrm{var}_u m]^{\frac{1}{2}}\|_2^2=\sum_{i=1}^{N}(\mathrm{cov}_u m)_{ii} \tag{2-129}$$

式中的平方根可以逐项地进行解释。注意，协方差大小的这种度量并未考虑单位协方差矩阵中非对角元素的大小。

我们已经找到了一种方法来定量地评价某一广义逆的分辨率和协方差的优度，现在我们来考虑是否有可能把这些度量准则作为指导原则来推导广义逆。其步骤与第三章中的类似，首先是定义解的预测误差和简单性的度量，然后利用这些度量推导模型参数的最小二乘和最小长度估计。

1. 超定情形

假定方程 $Gm=d$ 为一个超定方程，前面已经知道超定方程最小二乘解具有极好的模型分辨率，因此这里我们试图通过对数据分辨率的展布取极小来确定其逆算子。

令

$$\Phi=\mathrm{spread}(N)=(N-I)^{\mathrm{T}}(N-I)$$
$$=N^{\mathrm{T}}N-IN-N^{\mathrm{T}}I+I^2 \tag{2-130}$$

将 $N=GG^{-g}$ 代入上式，并就 Φ 对 G^{-g} 中每个元素求偏导且令其等于零。可以证明，其矩阵形式

为

$$G^{T}GG^{-g}-G^{T}=0 \tag{2-131}$$

可见由此得到的逆算子 $G^{-g}=(G^{T}G)^{-1}G^{T}$，与最小二乘广义逆完全一样。于是可以把最小二乘广义逆解释成使预测误差的 L_2 范数极小的广义逆矩阵，也可以解释成使数据分辨率的狄利赫莱展布极小的广义逆矩阵。

2．欠定情形

在一个纯欠定问题中，数据能够得到精确地满足。因而其数据分辨矩阵是一个单位矩阵，这样其展布就等于零。于是就有可能通过求模型分辨矩阵的展布对广义逆矩阵的每个元素的极小来导出该问题的广义逆。由该方程所得到的广义逆刚好是最小长度广义逆 $G^{-g}=G^{T}(GG^{T})^{-1}$。因而既可以把最小长度广义逆解释成使最小长度解的 L_2 范数极小的广义逆矩阵，又可以解释成使模型分辨率的狄利赫莱展布为极小的广义逆矩阵。这是最小二乘解和最小长度解之间的对称关系的另一个方面。

3．混定情形

有时要寻找使分辨率的展布的狄利赫莱度量与协方差大小的加权和为极小的广义逆 G^{-g}，即求

$$\alpha_1\text{spread}(N)+\alpha_2\text{spread}(R)+\alpha_3\text{size}(\text{cov}_u m) \tag{2-132}$$

的极小。式中，α_1、α_2、α_3 是任意加权因子。用与前面同样的方法可以得到一个广义逆方程：

$$\alpha_1(G^{T}G)G^{-g}+G^{-g}[\alpha_2 GG^{T}+\alpha_3(\text{cov}_u d)]-(\alpha_1+\alpha_2)G^{T}=0 \tag{2-133}$$

从矩阵的代数函数角度来讲，从该方程中得不到 G^{-g} 的显式解。然而，对于大量特殊选择的加权因子，却能够写出其显式解。例如，当 $\alpha_1=1,\alpha_2=\alpha_3=0$ 时，就又回到最小二乘解；而当 $\alpha_1=0$，$\alpha_2=1,\alpha_3=0$ 时，就又回到最小长度解。更为有趣的情形是 $\alpha_1=1,\alpha_2=0,\alpha_3$ 等于某一个常数（比方说 ε^2）及 $[\text{cov}_u d]=I$，这时广义逆为

$$G^{-g}=(G^{T}G+\varepsilon^2 I)^{-1}G^{T} \tag{2-134}$$

此式刚好就是阻尼最小二乘广义逆，在前面是通过使预测误差和解长度的某一组合取极小来导出这一公式的。阻尼最小二乘广义逆也可以解释成使数据的展布与协方差大小的加权组合为极小的广义逆矩阵。

注意，这些广义逆极可能具有包含负的非对角元素的分辨矩阵。假如要把分辨矩阵的每一行解释成局部化平均值，这是不适宜的。从客观上讲，如果局部化平均值中只包含正的加权因子时，那么它也许更有意义。从原则上讲，如果通过使展布函数极小来选择广义逆，那么就有可能把包含非负的加权因子作为一种约束。然而，实际上从来就没有利用过这种约束，因为它会使广义逆的计算变得非常困难。

2.3.4.6 *分辨率与协方差之间的折衷*

在地球物理反演问题中，许多问题属于混定形式，即矩阵 G 的条件数很坏。在这种情况下，既要保证模型参数的高分辨率，又要得到很小的模型协方差是不可能的，两者不可兼得，只有采取折衷的办法。

现在通过选择一个使分辨率展布与方差大小加权之和取极小的广义逆来研究这一问题：

$$\alpha\text{spread}(R)+(1-\alpha)\text{size}(\text{cov}_u m) \tag{2-135}$$

如果令加权参数 α 接近 1，那么广义逆的模型分辨矩阵将具有很小的展布，但是模型参数将具有很大的方差。而如果令 α 接近 0，那么模型参数将具有相对较小的方差，但是其分辨率将具有很大的展布。使 α 在区间[0,1]内变化就可以确定一条折衷曲线（图 2-8）。如果要选择一个

在模型分辨率和方差之间具有最佳折衷的广义逆，那么这样的曲线是相当有用的(由适合于当前研究的问题的准则来判断)。

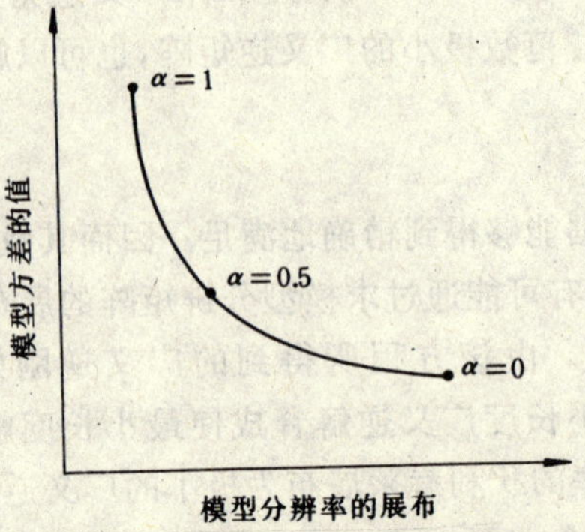

图 2-8　某一连续函数在一给定的离散化下的方差和分辨率之间的折衷曲线。α越大，在求广义逆时，对分辨率加的权就越大(相对于方差)。折衷曲线的详细特征是由参数化的形式决定的。分辨率不会好到分辨出比参数化中最小的单元还小的特征，但是也不会差到分辨不出比所有单元的总和还大的特征

思考题与习题

1. 试述地球物理反演中的适定问题、超定问题、欠定问题和混定问题。
2. 说明求解反演问题中模型构造中加权的意义。
3. 广义逆 A^- 与 A^+ 有何性质上的区别?
4. 说明研究广义逆数据分辨矩阵和模型分辨矩阵的作用和意义。
5. 用最小二乘 g 逆求解矛盾线性方程组，其解是否唯一，为什么?
6. 说明用奇异值分解求解出任意阶矩阵的逆矩阵之性质。

第三章　非线性反演问题的线性化解法

实际上，相当多的地球物理问题并不是线性的，也就是说观测数据与模型参数之间不存在线性关系。对于非线性问题，能否利用线性反演理论呢？回答是肯定的，关键是能否解决非线性问题的线性化。

本章重点介绍几种经典的非线性问题线性化解法——最优方法，并将在§3.9节中介绍广义逆算法在非线性反演问题中的应用。

§3.1　非线性问题的线性化

3.1.1　参数代换法

所谓参数代换法，就是将数学物理方程中的待定模型参数置换成新的参数，新参数与原参数之间具有一定的数学关系，使得观测数据与新参数之间成为一种线性关系。

例如，若方程为 $\boldsymbol{d}_i=\boldsymbol{m}_1\exp(x_i\boldsymbol{m}_2)(i=1,2,3,\cdots,M)$，显然数据$(\boldsymbol{d}_i,x_i)$与参数 $\boldsymbol{m}_1$、$\boldsymbol{m}_2$ 为非线性关系，假设用两个新参数 $\boldsymbol{m}_1'$、$\boldsymbol{m}_2'$ 代换 $\boldsymbol{m}_1$、$\boldsymbol{m}_2$，即令

$$\boldsymbol{m}_1'=\ln(\boldsymbol{m}_1)$$

$$\boldsymbol{m}_2'=\boldsymbol{m}_2 \tag{3-1}$$

又 $$\boldsymbol{d}_i=\ln\boldsymbol{d}_i$$

则方程为

$$\boldsymbol{d}_i'=\boldsymbol{m}_1'+\boldsymbol{m}_2'x_i \quad (i=1,2,3,\cdots,M) \tag{3-2}$$

由此变成线性方程。这个方程可以用简单最小二乘法求解。

但是，使用线性化变换时必须十分小心。譬如，如果对于所有的 $\boldsymbol{m}_2<0$，指数函数均随 z 值处0值附近的分散放大，因此，$\boldsymbol{d}'_i$ 具有一致方差的假设就意味着数据 $\boldsymbol{d}$ 的测量精度随 z 的增大而增加(图3-1)。这一假设正与实验事实相矛盾。

3.1.2　泰勒级数展开法

假设

$$\boldsymbol{d}_i=f_i(\boldsymbol{m},\zeta) \qquad (i=1,2,3,\cdots,M) \tag{3-3}$$

为一个非线性函数，若给定一个初值模型参数 $\boldsymbol{m}^{(0)}$，使得

$$\boldsymbol{d}_i^{(0)}=f_i(\boldsymbol{m}^{(0)},\zeta) \quad 或 \quad \boldsymbol{d}_i^{(0)}=f_i^{(0)}(\boldsymbol{m},\zeta) \tag{3-4}$$

式中，ζ 为参变量，$\boldsymbol{d}_i^{(0)}$ 为由方程(3-3)得到的预测数据，若模型参数 $\boldsymbol{m}$ 为 N 维参数，则方程(3-3)可用泰勒级数展开式表示成

$$\boldsymbol{d}_i=\boldsymbol{d}_i^{(0)}+\sum_{j=1}^{N}\left(\frac{\partial f_i}{\partial \boldsymbol{m}_j}\right)_0(\boldsymbol{m}_j-\boldsymbol{m}_j^{(0)})+\frac{1}{2!}\sum_{k=1}^{N}\sum_{l=1}^{N}\left(\frac{\partial f_i^2}{\partial \boldsymbol{m}_k\partial \boldsymbol{m}_l}\right)_0(\boldsymbol{m}_k-\boldsymbol{m}_k^{(0)})\cdot(\boldsymbol{m}_l-\boldsymbol{m}_l^{(0)})$$

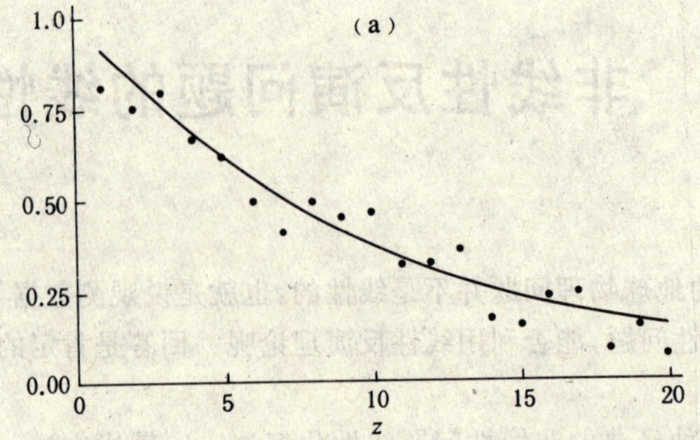

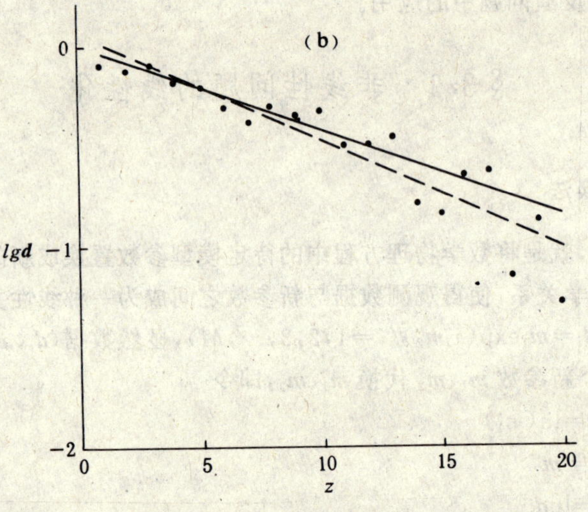

图 3-1(a) 数据(z,$\boldsymbol{d}$)(点)的最佳拟合指数曲线(实线)。(b)取自(a)的最优拟合曲线(实线)与在(z,lg$\boldsymbol{d}$)域中数据的最佳拟合直线(虚线)不相同。请注意,(a)中数据的散布与 z 无关,而(b)中随 z 增加

(3-5)

省略二次以上的高次项,并令 $\Delta \boldsymbol{m}_j=\boldsymbol{m}_j-\boldsymbol{m}_j^{(0)}$,$\Delta \boldsymbol{d}_i=\boldsymbol{d}_i-\boldsymbol{d}_i^{(0)}$,式(3-5)可近似地写成

$$\Delta \boldsymbol{d}_i=\sum_{j=1}^{N}\left(\frac{\partial f_i}{\partial \boldsymbol{m}_j}\right)_0 \Delta \boldsymbol{m}_j \tag{3-6}$$

写成矩阵形式为

$$\Delta \boldsymbol{d}=\boldsymbol{G}\Delta \boldsymbol{m} \tag{3-7}$$

式中

$$\Delta \boldsymbol{d}=\begin{bmatrix}\Delta d_1\\ \Delta d_2\\ \vdots\\ d_M\end{bmatrix},\quad \Delta \boldsymbol{m}=\begin{bmatrix}\Delta m_1\\ \Delta m_2\\ \vdots\\ \Delta m_N\end{bmatrix}$$

$$
\boldsymbol{G}=\begin{bmatrix}
\left(\frac{\partial f_1}{\partial m_1}\right)_0 & \left(\frac{\partial f_1}{\partial m_2}\right)_0 & \cdots & \left(\frac{\partial f_1}{\partial m_N}\right)_0 \\
\left(\frac{\partial f_2}{\partial m_1}\right)_0 & \left(\frac{\partial f_2}{\partial m_2}\right)_0 & \cdots & \left(\frac{\partial f_2}{\partial m_N}\right)_0 \\
\vdots & \vdots & & \vdots \\
\left(\frac{\partial f_M}{\partial m_1}\right)_0 & \left(\frac{\partial f_M}{\partial m_2}\right)_0 & \cdots & \left(\frac{\partial f_M}{\partial m_N}\right)_0
\end{bmatrix} \tag{3-8}
$$

显然，方程(3-7)是一个线性方程组的矩阵形式。这样，非线性方程(3-3)即变为线性方程。应该指出，由于线性方程(3-7)的解 $\Delta \boldsymbol{m}$ 是模型参数初始值 $\boldsymbol{m}^{(0)}$ 附近的一个增量，其问题的解 $\boldsymbol{m}^{(0)}+\Delta \boldsymbol{m}$ 与真实解 $\boldsymbol{m}$ 之间的近似程度与 $\boldsymbol{m}^{(0)}$ 的选取关系极大。当两者相差甚远且 $\Delta \boldsymbol{m}$ 又不能有效地取向于最佳解方向时，一次性求解方程(3-7)所获得的反演问题的解 $\boldsymbol{m}^{(0)}+\Delta \boldsymbol{m}$ 是很难满足要求的，故需要进行重复迭代，将每一次求解结果作为下一次迭代求解的初始参数，不断改变 $\Delta \boldsymbol{d}$、$\Delta \boldsymbol{m}$ 和 $\boldsymbol{G}$，从而达到求得最佳解的目的。有关这方面的内容，我们将在后面作详细讨论。

§3.2 最优化的基本概念

3.2.1 最优化算法

在求解地球物理反演问题中，通常是通过设置目标函数来进行。所谓最优化算法，就是寻求目标函数极小点或极大点所对应的变量(问题的解)之数学实现过程。我们所遇到的最优化问题，多是确定一个多元函数的非线性极值问题。

3.2.2 多元函数极值问题

1. 多元函数的泰勒展开

假设对于变量 $\boldsymbol{b}=[b_1,b_2,b_3,\cdots,b_N]$，若函数 $\Phi(\boldsymbol{b})$ 在欧氏空间中有定义，且至少存在二次导数，则在 $\boldsymbol{b}^{(0)}$ 附近邻域内可将其表示成

$$
\Phi(\boldsymbol{b})=\Phi(\boldsymbol{b}^{(0)})+\nabla\Phi(\boldsymbol{b}^{(0)})^{\mathrm{T}}(\boldsymbol{b}-\boldsymbol{b}^{(0)})+\frac{1}{2}(\boldsymbol{b}-\boldsymbol{b}^{(0)})^{\mathrm{T}}\nabla^2\Phi(\boldsymbol{b}^{(0)})\cdot(\boldsymbol{b}-\boldsymbol{b}^{(0)}) \tag{3-9}
$$

式中

$$
\nabla\Phi(\boldsymbol{b}^{(0)})=\left[\frac{\partial\Phi}{\partial b_1},\frac{\partial\Phi}{\partial b_2},\cdots,\frac{\partial\Phi}{\partial b_N}\right]^{\mathrm{T}}_{b=b^{(0)}} \tag{3-10}
$$

$$
\nabla^2\Phi(\boldsymbol{b}^{(0)})=\begin{bmatrix}
\frac{\partial^2\Phi}{\partial b_1\partial b_1} & \frac{\partial^2\Phi}{\partial b_1\partial b_2} & \cdots & \frac{\partial^2\Phi}{\partial b_1\partial b_N} \\
\frac{\partial^2\Phi}{\partial b_2\partial b_1} & \frac{\partial^2\Phi}{\partial b_2\partial b_2} & \cdots & \frac{\partial^2\Phi}{\partial b_2\partial b_N} \\
\vdots & \vdots & & \vdots \\
\frac{\partial^2\Phi}{\partial b_N\partial b_1} & \frac{\partial^2\Phi}{\partial b_N\partial b_2} & \cdots & \frac{\partial^2\Phi}{\partial b_N\partial b_N}
\end{bmatrix}_{b=b^{(0)}} \tag{3-11}
$$

显然，$\nabla\Phi(\boldsymbol{b}^{(0)})$ 为 $\Phi(\boldsymbol{b})$ 在 $\boldsymbol{b}^{(0)}$ 处的梯度；$\nabla^2\Phi$ 称为 $\Phi(\boldsymbol{b})$ 的海森(Hessian)矩阵。由数学场论知识可知，$\nabla\Phi$ 的方向是 Φ 增加最快的方向，而 $-\nabla\Phi$ 方向则是 Φ 减小最快的方向，因此称

为“最速下降方向”。此外，由微分学知识可知，海森矩阵为对称矩阵。

若忽略式(3-9)中一次以上的项，则式(3-9)可近似写成

$$\Phi(\boldsymbol{b})\approx\Phi(\boldsymbol{b}^{(0)})+\nabla\Phi(\boldsymbol{b}^{(0)})^{\mathrm{T}}(\boldsymbol{b}-\boldsymbol{b}^{(0)}) \tag{3-12}$$

这是将函数 $\Phi(\boldsymbol{b})$ 线性化的结果。若忽略二次以上项，则有

$$\Phi(\boldsymbol{b})\approx\Phi(\boldsymbol{b}^{(0)})+\nabla\Phi(\boldsymbol{b}^{(0)})^{\mathrm{T}}(\boldsymbol{b}-\boldsymbol{b}^{(0)})+\frac{1}{2}(\boldsymbol{b}-\boldsymbol{b}^{(0)})^{\mathrm{T}}\nabla^{2}\Phi(\boldsymbol{b}^{(0)})(\boldsymbol{b}-\boldsymbol{b}^{(0)}) \tag{3-13}$$

此时函数 $\Phi(\boldsymbol{b})$ 为一个二次型函数。

2. 多元函数极小值及最优性条件

如果把寻求问题的最佳解归结为求取目标函数的极小值问题，那么目标函数极小值的存在与性质，就是我们所必须关注的问题。在数学上，多元函数的极小值有不同的形式，即

(1)对于 $\boldsymbol{b}\in\boldsymbol{E}_N$，有 $\Phi(\boldsymbol{b})>\Phi(\boldsymbol{b}^*)$，且 $\boldsymbol{b}\neq\boldsymbol{b}^*$，则称 $\boldsymbol{b}^*$ 为 $\Phi(\boldsymbol{b})$ 的全局严格极小点；

(2)对于 $\boldsymbol{b}\in\boldsymbol{E}_N$，有 $\Phi(\boldsymbol{b})\geqslant\Phi(\boldsymbol{b}^*)$，则称 $\boldsymbol{b}^*$ 为 $\Phi(\boldsymbol{b})$ 的全局非严格极小点；

(3)对于 $\boldsymbol{b}\in(\boldsymbol{b}\mid\|\boldsymbol{b}-\boldsymbol{b}^*\|_2<\varepsilon)$，有 $\Phi(\boldsymbol{b})>\Phi(\boldsymbol{b}^*)$，且 $\boldsymbol{b}\neq\boldsymbol{b}^*$，则称 $\boldsymbol{b}^*$ 为 $\Phi(\boldsymbol{b})$ 的严格局部极小点，其中 ε 为任意小正数；

(4)对于 $\boldsymbol{b}\in(\boldsymbol{b}\mid\|\boldsymbol{b}-\boldsymbol{b}^*\|_2<\varepsilon)$，有 $\Phi(\boldsymbol{b})\geqslant\Phi(\boldsymbol{b}^*)$，则称 $\boldsymbol{b}^*$ 为 $\Phi(\boldsymbol{b})$ 的非严格局部极小点，其中 ε 亦为任意小正数。

一般来说，函数 $\Phi(\boldsymbol{b})$ 的局部极值与全局极值点不同，除非它在其定义域上只有唯一的极值。目前，我们所用于求解最优化问题中函数极值的方法，几乎都是求局部极小的方法，而不是求全局极值的方法。然而地球物理反演问题要求求解全局意义上的最佳解，而不是局部最佳解。因此，对反演的最优化问题，需要附加一些其他条件，或合理地选择目标函数，使得局部极小成为全局极小。

最优化问题目标函数的极小值存在的条件也称为最优性条件，是微分学中函数极值判定准则。多元函数 $\Phi(\boldsymbol{b})$ 在 $\boldsymbol{b}^*$ 处存在局部极小的必要条件是

$$\nabla\Phi(\boldsymbol{b}^*)=0 \tag{3-14}$$

而充分条件是 $\nabla^2\Phi(\boldsymbol{b}^*)$（海森矩阵）为正定的。有关它们的证明，有兴趣的读者可参阅有关书籍。

3.2.3 迭代算法及收敛性

在求解最优化问题中，由于变量 $\boldsymbol{b}$ 是未知的，用解析法直接求解目标函数的极值点是不太可能的，然而在给定一个初始点 $\boldsymbol{b}^0$ 之后，按照一定的规则产生一个新的点 $\boldsymbol{b}^{(1)}$，如此迭代产生第 k 个点 $\boldsymbol{b}^{(k)}$，从而形成一个序列 $\{\boldsymbol{b}^{(k)}\}$，并使 $\boldsymbol{b}^{(k)}$ 不断逼近极值点 $\boldsymbol{b}^*$，最终得到最优化问题的解。这种方法称为迭代算法。迭代算法是求解最优化问题的最基本算法。对于寻求目标函数极小的最优化问题，迭代算法所产生的序列 $\{\boldsymbol{b}^{(k)}\}$ 称为极小化序列。

对于迭代算法来说，最主要的问题是极小化序列 $\{\boldsymbol{b}^{(k)}\}$ 是否收敛，通常找到这样一个序列并不容易。就某方法而言，只有当初始点 $\boldsymbol{b}^{(0)}$ 充分接近极小点 $\boldsymbol{b}^*$ 时，$\{\boldsymbol{b}^{(k)}\}$ 才能收敛，这样的算法称为局部收敛算法。而对于任意初始点 $\boldsymbol{b}^{(0)}$，序列 $\{\boldsymbol{b}^{(k)}\}$ 都能收敛于 $\boldsymbol{b}^*$，则称为全局收敛算法。只有全局收敛算法具有实用意义，但对于算法的局部收敛性分析，在理论上是重要的，因为它是全局收敛性分析的基础。

一个同样重要的问题是算法收敛速率问题。虽然极小化序列 $\{\boldsymbol{b}^{(k)}\}$ 收敛于 $\boldsymbol{b}^*$，但收敛得太

"慢",即需要迭代次数太多,以致在计算机允许的时间内仍得不到满意的结果,那么在实践中就不能认为它是收敛的。

设序列$\{b^{(k)}\}$收敛于极限b^*,我们用

$$e(b)=\|b-b^*\|_2 \tag{3-15}$$

来度量收敛速度,则有$e(b)\geqslant 0$。

设

$$\lim_{k\to\infty}\frac{e(b^{(k+1)})}{[e(b^{(k)})]^p}=\beta \tag{3-16}$$

式中$p>0$其上界为收敛级,β为收敛比。若序列收敛级为p,则为p级收敛。若$p=1,0<\beta<1$,则称序列为线性收敛;若$p=1,\beta=0$,则称为超线性收敛;若$p=1,\beta=1$,则称为次线性收敛。次线性收敛是我们所不希望的。

在实际应用中,我们并不指望$b^{(k)}$无限地接近b^*,因为这样可能会导致迭代无休止地进行。通常需要规定一个迭代终止准则。当迭代结果满足这个准则时,我们认为此时的$b^{(k)}$已充分接近最优解b^*,即停止迭代。常用的收敛准则为

(1)自变量的改正量充分小时,即

$$\|b^{(k+1)}-b^{(k)}\|_2<\varepsilon$$

或

$$\frac{\|b^{(k+1)}-b^{(k)}\|_2}{\|b^{(k)}\|_2}<\varepsilon$$

(2)当目标函数值下降量充分小时,即

$$\|\Phi(b^{(k+1)})-\Phi(b^{(k)})\|_2<\varepsilon$$

或

$$\frac{\|\Phi(b^{(k+1)})-\Phi(b^{(k)})\|_2}{\|\Phi(b^{(k)})\|_2}<\varepsilon$$

(3)当目标函数梯度充分接近于零时,即

$$\|\nabla\Phi(b^{(k)})\|_2<\varepsilon$$

以上各式中ε为一个充分小的正数,称为迭代精度。

最优化算法可分为无约束与有约束最优化算法两大类。本章将根据地球物理反演问题的特点,着重介绍几种常用的算法。

§3.3 最速下降法

人们在处理求解目标函数$\Phi(b)$极小值这类问题时,总是希望能尽快地搜索到极小点,沿着目标函数$\Phi(b)$梯度下降最快的方向去搜索正是基于这种愿望。最速下降法是法国数学家Cauchy(1847)提出的,它对其他算法的研究具有启发作用,因此在最优化算法中占有重要地位。

3.3.1 下降算法

在讨论最速下降算法之前,首先看看下降算法的一般思想。考虑到某一迭代点$b^{(k)}$,要产生新的点$b^{(k+1)}$,使

$$\Phi(b^{(k+1)})<\Phi(b^{(k)}) \quad 或 \quad \Phi^{(k+1)}<\Phi^{(k)}$$

若令

$$b^{(k+1)}-b^{(k)}=\delta^{(k)} \quad \text{且} \quad \delta^{(k)}=t^{(k)}p^{(k)} \quad (t^{(k)}>0) \tag{3-17}$$

式中，$p^{(k)}$为一向量，称为方向；$t^{(k)}$为一正数，称为步长。显然，要使$\Phi^{(k+1)}<\Phi^{(k)}$成立，需要找到方向$p^{(k)}$和步长$t^{(k)}$。对于多元函数$\Phi(b)$，只要$\Phi^{(k)}$不是全局极小，且在b定义域上$\Phi(b)$的一阶导数不恒为零，总能找到$\Phi(b^{(k)})$的局部下降方向$p^{(k)}$，即可产生一个极小化序列$\{b^{(k)}\}$，其对应的函数值$\Phi(b^{(k)})$为单调递减。若$\Phi(b^{(k)})$有下界，则必有极限存在。在给定初始点$b^{(0)}$之后，通过逐步确定下降方向$p^{(k)}$和步长$t^{(k)}$（$k=1,2,3,\cdots$），使得$\Phi(b^{(k)})$逐步趋于极小点，此过程就是下降法的一般步骤。

3.3.2 最速下降方向与最速下降算法

从前面的讨论可知，函数$\Phi(b)$的最速下降方向为它的负梯度方向$-\nabla\Phi$。当下降方向$p^{(k)}$接近正交于$-\nabla\Phi(b^{(k)})$时，其下降的速率是很低的，只有下降方向与函数负梯度方向一致，才能保证序列$\{\Phi^{(k)}\}$以最快的速率下降，依此建立的下降算法称为最速下降算法或最优梯度算法。

最速下降方向确定之后，如何选择下降步长同样是一个重要问题。我们可以把这一问题归结为求函数

$$\varphi(t)=\Phi(b^{(k)}+tp^{(k)}) \quad (t>0) \tag{3-18}$$

的极小点的问题，即一个求一元函数沿直线$b^{(k)}+tp^{(k)}$搜索极小点的问题，也称为一维搜索或线性搜索。当$\varphi(t)$达到极小值时，才能使$\Phi^{(k+1)}$得到充分下降。

使$\Phi(b^{(k)}+tp^{(k)})$在$b^{(k)}$附近以$tp^{(k)}$为增量作泰勒展开，并忽略二次以上的项，即有

$$\varphi(t)=\Phi(b^{(k)})+tp^{(k)^{\mathrm{T}}}\nabla\Phi(b^{(k)})+\frac{t^2}{2}p^{(k)^{\mathrm{T}}}\nabla^2\Phi(b^{(k)})p^{(k)}$$

令$\varphi'(t)=0$，则

$$\varphi'(t)=p^{(k)^{\mathrm{T}}}\nabla\Phi(b^{(k)})+tp^{(k)^{\mathrm{T}}}\nabla^2\Phi(b^{(k)})p^{(k)}=0$$

由于$p^{(k)}=-\nabla\Phi(b^{(k)})$，则搜索步长为

$$t^{(k)}=\frac{p^{(k)^{\mathrm{T}}}p^{(k)}}{p^{(k)^{\mathrm{T}}}\nabla^2\Phi(b^{(k)})p^{(k)}} \tag{3-19}$$

最速下降法的迭代步骤可描述为：

(1)给下初始值$b^{(0)}$，允许误差$\varepsilon>0$，置$k=0$；

(2)计算搜索方向$p^{(k)}=-\nabla\Phi(b^{(k)})$；

(3)确定搜索步长$t^{(k)}$，使

$$\Phi(b^{(k)}+t^{(k)}p^{(k)})=\min_{t\geqslant0}\Phi(b^{(k)}+tp^{(k)})$$

(4)令$b^{(k+1)}=b^{(k)}+t^{(k)}p^{(k)}$，若$\|b^{(k+1)}-b^{(k)}\|_2<\varepsilon$，即停止迭代，得最优解$b^*=b^{(k+1)}$，否则，令$k=k+1$，返回步骤(2)。

3.3.3 最速下降法的收敛性

最速下降方向反映了目标函数的一种局部性质，从局部上看，最速下降方向确是函数下降最速的方向，运用线性搜索，的确能生成极小化序列$\{b^{(k)}\}$，然而最速下降算法的收敛速率却不能令人满意，它产生的序列是线性收敛。若$\Phi(b)$存在连续二阶偏导数，则最速下降法收敛性与极小点处海森矩阵$\nabla^2\Phi(b^*)$的特征值有关。若海森矩阵的最小特征值为$\lambda_{\min}$和最大特征值为$\lambda_{\max}$，可以证明

$$0\leqslant\lim_{k\to\infty}\frac{\Phi^{(k+1)}}{\Phi^{(k)}}\leqslant\left(\frac{\lambda_{\max}-\lambda_{\min}}{\lambda_{\max}+\lambda_{\min}}\right)<1 \tag{3-20}$$

若令 $r=\dfrac{\lambda_{\max}}{\lambda_{\min}}$,则

$$\left(\frac{\lambda_{\max}-\lambda_{\min}}{\lambda_{\max}+\lambda_{\min}}\right)=\left(\frac{r-1}{r+1}\right) \tag{3-21}$$

可见条件数 r 越小,收敛越快;条件数越大,收敛越慢。

从最速下降法搜索目标函数极小的路径来看,相邻两个搜索方向彼此正交,即令

$$\varphi'(t^{(k)})=\nabla\Phi(\boldsymbol{b}^{(k)}+t^{(k)}\boldsymbol{p}^{(k)})^{\mathrm{T}}\cdot\boldsymbol{p}^{(k)}=0 \tag{3-22}$$

式中

$$\boldsymbol{p}^{(k)}=-\nabla\Phi(\boldsymbol{b}^{(k)})$$

$$\nabla\Phi(\boldsymbol{b}^{(k)}+t^{(k)}\boldsymbol{p}^{(k)})=\nabla\Phi(\boldsymbol{b}^{(k+1)})=-\boldsymbol{p}^{(k+1)}$$

故 $\boldsymbol{p}^{(k)}$ 与 $\boldsymbol{p}^{(k+1)}$ 正交,使搜索路线呈锯齿状。在极小点附近,目标函数一般可近似用二次函数近似,其等值面可形象地视为一个多维椭球面,其长轴与短轴分别位于 $\nabla^2\Phi(\boldsymbol{b}^*)$ 的最小特征值与最大特征值所对应的特征向量方向。条件数越大,长短轴比也越大,可能造成的搜索路径也越长(图 3-2)。

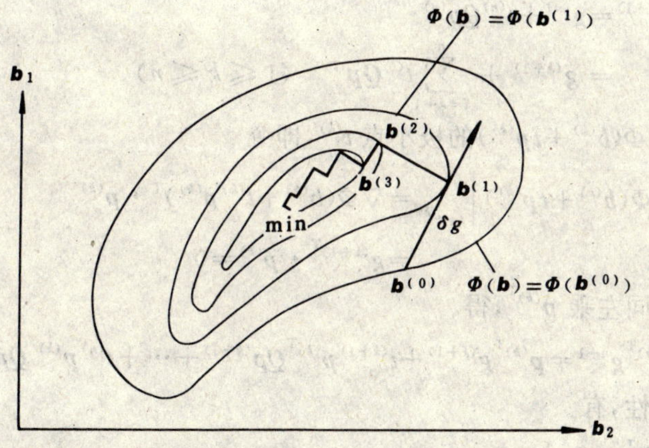

图 3-2 最速下降法收敛过程示意图

综上所述,最速下降法能够保证收敛,但收敛速率比较慢。

§3.4 共轭梯度法

最速下降方向从局部上看是目标函数值下降最快的方向,但从全局上看就未必是最好的方向,由此可能造成搜索路线来回摆动,使得收敛缓慢。为了加快收敛速度,需要改进其搜索方向。下面我们介绍一种基于共轭方向的一种算法——共轭梯度法。

3.4.1 共轭方向

设矩阵 A 为正定,若 $xAy=0$,则称向量 x 与 y 是关于 A 共轭的,或称 x、y 是关于 A 正交的。特别当 $A=I$ 时,x 与 y 是一般正交关系。我们不妨用目标函数最典型的形式——二次函数

来讨论。

设目标函数

$$\Phi(\boldsymbol{b})=a+\boldsymbol{q}^{\mathrm{T}}\boldsymbol{b}+\frac{1}{2}\boldsymbol{b}^{\mathrm{T}}\boldsymbol{Q}\boldsymbol{b} \tag{3-23}$$

式中 a 为常参数，$\boldsymbol{q}$ 为与 $\boldsymbol{b}$ 无关的参数向量，$\boldsymbol{Q}$ 为 N 阶对称正定矩阵，$\boldsymbol{Q}^{\mathrm{T}}=\boldsymbol{Q}>0$。若存在 n 个关于 $\boldsymbol{Q}$ 互相共轭的非零向量 $\boldsymbol{p}^{(1)},\boldsymbol{p}^{(2)},\cdots,\boldsymbol{p}^{(n)}$，则从任意初始点 $\boldsymbol{b}^{(0)}$ 开始，依次沿 $\boldsymbol{p}^{(k)}$ 方向求函数 Φ 的极小，至多 n 步便可收敛到 Φ 的极小点。

对于式(3-23)，我们令

$$\boldsymbol{b}^{(k+1)}=\boldsymbol{b}^{(k)}+t^{(k)}\boldsymbol{p}^{(k)}$$

$$\boldsymbol{g}(\boldsymbol{b})=\nabla\Phi(\boldsymbol{b})=\boldsymbol{q}+\boldsymbol{Q}\boldsymbol{b} \tag{3-24}$$

则

$$\boldsymbol{g}(\boldsymbol{b}^{(k)})=\boldsymbol{g}^{(k)}=\boldsymbol{q}+\boldsymbol{Q}\boldsymbol{b}^{(k)}$$

$$\boldsymbol{g}(\boldsymbol{b}^{(k+1)})=\boldsymbol{g}^{(k+1)}=\boldsymbol{q}+\boldsymbol{Q}\boldsymbol{b}^{(k+1)} \tag{3-25}$$

上述两式相减，得

$$\boldsymbol{g}^{(k+1)}-\boldsymbol{g}^{(k)}=\boldsymbol{Q}\boldsymbol{b}^{(k+1)}-\boldsymbol{Q}\boldsymbol{b}^{(k)}=t^{(k)}\boldsymbol{Q}\boldsymbol{p}^{(k)}\quad(k=1,2,\cdots,n) \tag{3-26}$$

依据式(3-26)，有

$$\begin{aligned}\boldsymbol{g}^{(n+1)}&=\boldsymbol{g}^{(n)}+t^{(n)}\boldsymbol{Q}\boldsymbol{p}^{(n)}\\&=\boldsymbol{g}^{(k+1)}+\sum_{l=k+1}^{n}t^{(l)}\boldsymbol{Q}\boldsymbol{p}^{(l)}\quad(1\leqslant k\leqslant n)\end{aligned} \tag{3-27}$$

按一维搜索探测函数 $\Phi(\boldsymbol{b}^{(k)}+t\boldsymbol{p}^{(k)})$ 的极小点 $t^{(k)}$，即令

$$\begin{aligned}\frac{\mathrm{d}}{\mathrm{d}t}\Phi(\boldsymbol{b}^{(k)}+t\boldsymbol{p}^{(k)})\bigg|_{t=t^{(k)}}&=\nabla\Phi(\boldsymbol{b}^{(k)}+t^{(k)}\boldsymbol{p}^{(k)})^{\mathrm{T}}\cdot\boldsymbol{p}^{(k)}\\&=\boldsymbol{g}^{(k+1)^{\mathrm{T}}}\cdot\boldsymbol{p}^{(k)}=0\end{aligned} \tag{3-28}$$

将式(3-27)两边同左乘 $\boldsymbol{p}^{(k)^{\mathrm{T}}}$，得

$$\boldsymbol{p}^{(k)^{\mathrm{T}}}\boldsymbol{g}^{n+1}=\boldsymbol{p}^{(k)^{\mathrm{T}}}\boldsymbol{g}^{(k+1)}+t^{(k+1)}\boldsymbol{p}^{(k)^{\mathrm{T}}}\boldsymbol{Q}\boldsymbol{p}^{(k+1)}+\cdots+t^{(n)}\boldsymbol{p}^{(k)^{\mathrm{T}}}\boldsymbol{Q}\boldsymbol{p}^{(n)}$$

根据式(3-28)及共轭性，有

$$\boldsymbol{p}^{(k)^{\mathrm{T}}}\boldsymbol{g}^{n+1}=0\qquad(k=1,2,\cdots,n) \tag{3-29}$$

由于 $\boldsymbol{p}^{(k)}$ 为非零，即

$$\boldsymbol{g}^{(n+1)}=\nabla\Phi(\boldsymbol{b}^{(n+1)})=0 \tag{3-30}$$

$\boldsymbol{b}^{(n+1)}$ 为极小点。依此得到的算法具有二次终止性。

3.4.2 共轭梯度算法

对于形如式(3-23)的二次型函数，采用共轭方向去搜索极小点，必须在第一步搜索时取最速下降方向，否则就不能在有限的迭代中达到极小点。共轭梯度法正是基于这种思想对函数极小点进行逐步探测的。每次迭代的共轭方向 $\boldsymbol{p}^{(k)}$ 通常不是预先给定的，而是在迭代过程中逐步确定产生的。下面来看一下如何构造一组共轭方向。

设 $\boldsymbol{b}^{(0)}$ 为任意给定的初始点，在 $\boldsymbol{b}^{(0)}$ 处我们取 $\Phi(\boldsymbol{b})$ 的梯度 $\boldsymbol{g}^{(0)}$，即第一次搜索向量

$$\boldsymbol{p}^{(0)}=-\boldsymbol{g}^{(0)}$$

再从 $\boldsymbol{b}^{(0)}$ 出发，沿 $\boldsymbol{p}^{(0)}$ 方向找出 $\Phi(x)$ 的极小点

$$\boldsymbol{b}^{(1)}=\boldsymbol{b}^{(0)}+t^{(0)}\boldsymbol{p}^{(0)}$$

设 $\Phi(\boldsymbol{b})$ 在 $\boldsymbol{b}^{(1)}$ 的梯度为 $\boldsymbol{g}^{(1)}$，显然有 $\boldsymbol{g}^{(1)^{\mathrm{T}}}\boldsymbol{g}^{(0)}=0$。利用 $\boldsymbol{g}^{(1)}$ 和 $\boldsymbol{p}^{(0)}$ 构造第二次搜索方向

$$\boldsymbol{p}^{(1)}=-\boldsymbol{g}^{(1)}+\beta_0\boldsymbol{p}^{(0)} \tag{3-31}$$

这里要求 $\boldsymbol{p}^{(1)}$ 与 $\boldsymbol{p}^{(0)}$ 是关于 $\boldsymbol{Q}$ 共轭的，即 $\boldsymbol{p}^{(1)^{\mathrm{T}}}\boldsymbol{Q}\boldsymbol{p}^{(0)}=0$，用 $\boldsymbol{Q}\boldsymbol{p}^{(0)}$ 右乘式(3-31)转置后的两边，得

$$\boldsymbol{p}^{(1)^{\mathrm{T}}}\boldsymbol{Q}\boldsymbol{p}^{(0)}=-\boldsymbol{g}^{(1)^{\mathrm{T}}}\boldsymbol{Q}\boldsymbol{p}^{(0)}+\beta_0\boldsymbol{p}^{(0)^{\mathrm{T}}}\boldsymbol{Q}\boldsymbol{p}^{(0)}=0 \tag{3-32}$$

则有

$$\beta_0=\frac{\boldsymbol{g}^{(1)^{\mathrm{T}}}\boldsymbol{Q}\boldsymbol{p}^{(0)}}{\boldsymbol{p}^{(0)^{\mathrm{T}}}\boldsymbol{Q}\boldsymbol{p}^{(0)}} \tag{3-33}$$

如此我们可以寻找到 $\boldsymbol{p}^{(k)}$。从 $\boldsymbol{p}^{(k)}$ 点出发，沿 $\boldsymbol{p}^{(k)}$ 方向找出 $\Phi(\boldsymbol{b})$ 的极小点

$$\boldsymbol{b}^{(k+1)}=\boldsymbol{b}^{(k)}+t^{(k)}\boldsymbol{b}^{(k)}$$

进一步取 $\boldsymbol{p}^{(k+1)}$ 为

$$\boldsymbol{p}^{(k+1)}=-\boldsymbol{g}^{(k+1)}+\beta_k\boldsymbol{p}^{(k)} \tag{3-34}$$

当

$$\beta_k=\frac{\boldsymbol{g}^{(k+1)^{\mathrm{T}}}\boldsymbol{Q}\boldsymbol{p}^{(k)}}{\boldsymbol{p}^{(k)^{\mathrm{T}}}\boldsymbol{Q}\boldsymbol{p}^{(k)}}\quad(k=0,2,\cdots,n-1) \tag{3-35}$$

时，即构造出 n 个共轭向量 $\boldsymbol{p}^{(0)}$、$\boldsymbol{p}^{(1)}$、…、$\boldsymbol{p}^{(n-1)}$。可以证明，对 $\boldsymbol{Q}$ 为正定的极小问题，有

$$\beta_k=\frac{\boldsymbol{g}^{(k+1)^{\mathrm{T}}}\boldsymbol{g}^{(k+1)}}{\boldsymbol{g}^{(k)^{\mathrm{T}}}\boldsymbol{g}^{(k)}}=\frac{\|\boldsymbol{g}^{(k+1)}\|_2^2}{\|\boldsymbol{g}^{(k)}\|_2^2} \tag{3-36}$$

$$t^{(k)}=\frac{\boldsymbol{g}^{(k)^{\mathrm{T}}}\boldsymbol{g}^{(k)}}{\boldsymbol{p}^{(k)^{\mathrm{T}}}\boldsymbol{Q}\boldsymbol{p}^{(k)}} \tag{3-37}$$

共轭梯度法的计算步骤：

(1)给定初始点 $\boldsymbol{p}^{(0)}$，允许误差 $\varepsilon>0$，令 $k=0$；

(2)计算 $\boldsymbol{g}^{(k)}=\nabla\Phi[\boldsymbol{b}^{(k)}]$，若 $\|\boldsymbol{g}^{(k)}\|_2<\varepsilon$ 则停止计算，得点 $\boldsymbol{b}^*=\boldsymbol{b}^{(k)}$，否则进行下一步；

(3)构造搜索方向，令

$$\boldsymbol{p}^{(k)}=-\boldsymbol{g}^{(k)}+\beta_{k-1}\boldsymbol{p}^{(k-1)}$$

其中，当 $k=1$ 时，$\beta_{k-1}=0$，$\beta_k=\beta_0$，当 $k>0$ 时，有

$$\beta_k=\frac{\|\boldsymbol{g}^{(k)}\|_2^2}{\|\boldsymbol{g}^{(k)}\|_2^2}$$

(4)$\boldsymbol{b}^{(k+1)}=\boldsymbol{b}^{(k)}+t^{(k)}\boldsymbol{p}^{(k)}$，求出步长

$$t^{(k)}=\frac{\|\boldsymbol{g}^{(k)}\|_2^2}{\boldsymbol{p}^{(k)^{\mathrm{T}}}\boldsymbol{Q}\boldsymbol{p}^{(k)}}$$

并确定新点 $\boldsymbol{b}^{(k+1)}$，返回第(2)步。

3.4.3 共轭梯度法的收敛性

从前面的讨论可以知道，共轭梯度法的基本思想是把共轭性与最速下降方法相结合，利用已知点处的梯度构造一组共轭方向，沿着这组方向而不是负梯度方向去搜索目标函数极小点，根据共轭方向的性质，共轭梯度法具有二次终止性。

理论上对于二次正定函数共轭梯度法经有限步迭代必达到极小点。但对于一般函数，尤其是通过泰勒级数展开后得到近似二次型函数，通过有限次迭代不一定能达到极小点。此外，每当用到矩阵 $\boldsymbol{Q}$ 之处，需要用当前点处的海森短矩阵 $\nabla^2\Phi[\boldsymbol{b}^{(0)}]$。这些因素都将影响其收敛性。通常对于 n 次迭代不能收敛的情况，采用“重开始”的办法，即令第 n 步迭代结果为新的初始点重新开始，以使其最终达到收敛。

§3.5 牛顿法

设 $f(\boldsymbol{b})$ 为二次可微函数，将其在 $\boldsymbol{b}^{(0)}$ 附近展成泰勒级数，并取二阶近似，得

$$f(\boldsymbol{b}) \approx f[\boldsymbol{b}^{(0)}] + \nabla f[\boldsymbol{b}^{(0)}]^{\mathrm{T}}[\boldsymbol{b}-\boldsymbol{b}^{(0)}] + \frac{1}{2}[\boldsymbol{b}-\boldsymbol{b}^{(0)}]^{T}\nabla^2 f[\boldsymbol{b}^{(0)}][\boldsymbol{b}-\boldsymbol{b}^{(0)}]$$

令 $\Phi(\boldsymbol{b})=f(\boldsymbol{b})$。显然，为求目标函数 $\Phi(\boldsymbol{b})$ 的极小点，则令

$$\nabla \Phi[\boldsymbol{b}]=0$$

即

$$\nabla f[\boldsymbol{b}^{(0)}] + \nabla^2 f[\boldsymbol{b}^{(0)}][\boldsymbol{b}-\boldsymbol{b}^{(0)}]=0 \tag{3-38}$$

若以 $\boldsymbol{b}^{(k)}$ 为初始点，并设 $\nabla^2 f[\boldsymbol{b}^{(k)}]$ 可逆，即有迭代公式

$$\boldsymbol{b}^{(k+1)}=\boldsymbol{b}^{(k)}-[\nabla^2 f(\boldsymbol{b}^{(k)})]^{-1}\nabla f(\boldsymbol{b}^{(k)}) \tag{3-39}$$

其中 $[\nabla^2 f(\boldsymbol{b}^{(k)})]^{-1}$ 为海森矩阵 $\nabla^2 f(\boldsymbol{b}^{(k)})$ 的逆矩阵。可见牛顿法的搜索方向为

$$\boldsymbol{p}^{(k)}=-[\nabla^2 f(\boldsymbol{b}^{(k)})]^{-1}\nabla f(\boldsymbol{b}^{(k)}) \tag{3-40}$$

牛顿法收敛的速度是很快的，对形如

$$f(\boldsymbol{b})=\frac{1}{2}\boldsymbol{b}^{\mathrm{T}}\boldsymbol{Q}\boldsymbol{b} \quad (\boldsymbol{Q}\text{ 为对称正定矩阵})$$

的函数，经 1 次迭代就可达到极小点。但牛顿法的收敛性不稳定，只有当海森矩阵正定，且初始点满足 $\boldsymbol{b}\in\{\boldsymbol{b}\,|\,\Phi(\boldsymbol{b})\leqslant\Phi(\boldsymbol{b}^{(0)})\}$ 时，才能保证收敛。

对牛顿法的改进有两种途径。一种是在牛顿方向上增加一维搜索，即将式(3-39)改为

$$\begin{aligned}\boldsymbol{b}^{(k+1)}&=\boldsymbol{b}^{(k)}+t^{(k)}-[\boldsymbol{I}\nabla^2 f^{(k)}]^{-1}\nabla f^{(k)}\\&=\boldsymbol{b}^{(k)}+t^{(k)}\boldsymbol{p}^{(k)}\end{aligned} \tag{3-41}$$

其中 $t^{(k)}$ 为满足

$$f(\boldsymbol{b}^{(k)}+t^{(k)}\boldsymbol{p}^{(k)})=\min f(\boldsymbol{b}^{(k)}+t\boldsymbol{p}^{(k)})$$

的最优步长。另一种改进方法是将病态或非正定海森矩阵 $\nabla^2 f(\boldsymbol{b}^{(k)})$ 进行改造，构造一个正定矩阵 $\boldsymbol{G}^{(k)}$ 取代 $\nabla^2 f(\boldsymbol{b}^{(k)})$。一种简单的办法是令

$$\boldsymbol{G}^{(k)}=\nabla^2 f(\boldsymbol{b}^{(k)})+\lambda_k\boldsymbol{I} \tag{3-42}$$

其中 $\boldsymbol{I}$ 为单位矩阵，λ_k 是一个适当的正数。若 α_k 为 $\nabla^2 f(\boldsymbol{b}^{(k)})$ 的特征值，则 $\alpha_k+\lambda_k$ 就为 $\boldsymbol{G}^{(k)}$ 的特征值。只要 λ_k 充分大，就可使 $\boldsymbol{G}^{(k)}$ 的特征值均大于零，且改善其条件数，从而使 $\boldsymbol{G}^{(k)}$ 的正定性和可逆性得到保证。

§3.6 变尺度法(拟牛顿法)

牛顿法突出的特点就是收敛速度很快，但却要不断计算目标函数的海森矩阵的逆矩阵，而当海森矩阵非正定或高度病态时，则牛顿法不能保证收敛。因此，人们考虑不直接去计算海森矩阵的逆，而是去近似地构造海森矩阵的逆矩阵，因而出现了拟牛顿法。

3.6.1 拟牛顿条件

用牛顿法迭代，在点 $\boldsymbol{b}^{(k)}$ 处的牛顿方向为

$$\boldsymbol{p}^{(k)}=-\nabla^2 f^{(k)-1}\nabla f^{(k)}$$

为了构造出 $\nabla^2 f^{(k)-1}$ 的近似矩阵 $\boldsymbol{H}_k$，先分析 $\nabla^2 f^{(k)-1}$ 与一阶导数的关系。

设在第 k 次迭代后得到的新点为 $\boldsymbol{b}^{(k+1)}$，我们将函数 $f(\boldsymbol{b})$ 在 $\boldsymbol{b}^{(k+1)}$ 处展开成泰勒级数，并

取二阶近似，得

$$f(\boldsymbol{b})\approx f(\boldsymbol{b}^{(k+1)})+\nabla f(\boldsymbol{b}^{(k+1)})^{\mathrm{T}}(\boldsymbol{b}-\boldsymbol{b}^{(k+1)})+\frac{1}{2}(\boldsymbol{b}-\boldsymbol{b}^{(k+1)})^{\mathrm{T}}\nabla^2 f(\boldsymbol{b}^{(k+1)})(\boldsymbol{b}-\boldsymbol{b}^{(k+1)}) \tag{3-43}$$

由此可知，在 $\boldsymbol{b}^{(k+1)}$ 附近，有

$$\nabla f(\boldsymbol{b})\approx\nabla f(\boldsymbol{b}^{(k+1)})+\nabla^2 f(\boldsymbol{b}^{(k+1)})(\boldsymbol{b}-\boldsymbol{b}^{(k+1)}) \tag{3-44}$$

即

$$\boldsymbol{b}^{(k+1)}-\boldsymbol{b}\approx\nabla^2 f(\boldsymbol{b}^{(k+1)})^{-1}(\nabla f(\boldsymbol{b}^{(k+1)})-\nabla f(\boldsymbol{b})) \tag{3-45}$$

若 $\boldsymbol{b}$ 已知，则可依据 $\nabla f(\boldsymbol{b}^{(k+1)})$、$\nabla f(\boldsymbol{b})$ 以及 $\boldsymbol{b}^{(k+1)}$ 估计出 $\nabla^2 f(\boldsymbol{b}^{(k+1)})^{-1}$。令 $\boldsymbol{b}=\boldsymbol{b}^{(k)}$，并记

$$\boldsymbol{b}^{(k+1)}-\boldsymbol{b}^{(k)}=\boldsymbol{S}^{(k)}$$

$$\nabla f(\boldsymbol{b}^{(k+1)})-\nabla f(\boldsymbol{b}^{(k)})=r^{(k)}$$

让矩阵 $\boldsymbol{H}_{k+1}$ 满足

$$\boldsymbol{S}^{(k)}=\boldsymbol{H}_{k+1}r^{(k)} \tag{3-46}$$

上式称为拟牛顿条件。可见 $\boldsymbol{H}_{k+1}$ 应为对称正定矩阵。构造这样一个矩阵，通常的做法是选择 $\boldsymbol{H}_0$ 为一个单位矩阵，然后通过修改 $\boldsymbol{H}_k$ 得到 $\boldsymbol{H}_{k+1}$，即

$$\boldsymbol{H}_{k+1}=\boldsymbol{H}_k+\Delta\boldsymbol{H}_k \tag{3-47}$$

确定 $\Delta\boldsymbol{H}$ 有不同的方法，下面我们介绍一种称为“变尺度法”的算法。

3.6.2 变尺度(DFP)法

变尺度法最早由 Daridon 提出，后来由 Fletcher 和 Powell 改进，故又称为 DFP 算法。

我们把式(3-46)写成

$$\boldsymbol{S}^{(k)}=(\boldsymbol{H}_k+\Delta\boldsymbol{H}_k)r^{(k)}=\boldsymbol{H}_k r^{(k)}+\Delta\boldsymbol{H}_k r^{(k)} \tag{3-48}$$

即有

$$\Delta\boldsymbol{H}_k r^{(k)}=\boldsymbol{S}^{(k)}-\boldsymbol{H}_k r^{(k)}$$

令

$$\Delta\boldsymbol{H}_k=\boldsymbol{S}^{(k)}\boldsymbol{u}^{\mathrm{T}}-\boldsymbol{H}_k r^{(k)}\boldsymbol{v}^{\mathrm{T}} \tag{3-49}$$

其中，$\boldsymbol{u}$ 与 $\boldsymbol{v}$ 为满足条件 $\boldsymbol{u}^{\mathrm{T}}r^{(k)}=1$，$\boldsymbol{v}^{\mathrm{T}}r^{(k)}=1$ 的向量。可以证明

$$\boldsymbol{u}=\frac{\boldsymbol{S}^{(k)}}{\boldsymbol{S}^{(k)\mathrm{T}}r^{(k)}},\boldsymbol{v}=\frac{\boldsymbol{H}_k r^{(k)}}{r^{(k)\mathrm{T}}\boldsymbol{H}_k r^{(k)}} \tag{3-50}$$

将式(3-50)代入式(3-49)，得

$$\Delta\boldsymbol{H}_k=\frac{\boldsymbol{S}^{(k)}\boldsymbol{S}^{(k)\mathrm{T}}}{\boldsymbol{S}^{(k)\mathrm{T}}r^{(k)}}-\frac{\boldsymbol{H}_k r^{(k)}r^{(k)\mathrm{T}}\boldsymbol{H}_k^{\mathrm{T}}}{r^{(k)\mathrm{T}}\boldsymbol{H}_k r^{(k)}} \tag{3-51}$$

方法的计算步骤如下：

(1)给定初始点 $\boldsymbol{b}^{(0)}$，允许误差 $\varepsilon>0$，$k=0$；

(2)置 $\boldsymbol{H}_k=\boldsymbol{I}$，计算出 $\boldsymbol{b}^{(k)}$ 处的梯度 $\nabla f(\boldsymbol{b}^{(k)})$；

(3)从 $\boldsymbol{b}^{(k)}$ 出发，沿方向

$$\boldsymbol{p}^{(k)}=-\boldsymbol{H}_k\nabla f^{(k)}$$

求出最优步长 $t^{(k)}$；并令 $\boldsymbol{b}^{(k+1)}=\boldsymbol{b}^{(k)}+t^{(k)}\boldsymbol{p}^{(k)}$；

(4)检验是否满足收敛，若

$$\|f(\boldsymbol{b}^{(k+1)})\|_2\leqslant\boldsymbol{\varepsilon}$$

则停止，$\boldsymbol{b}^*=\boldsymbol{b}^{(k+1)}$，否则继续做下一步；

(5)若 $k=n$,则令 $b^{(0)}=b^{(n+1)}$,$k=0$,返回(2),否则进行下一步;

(6)令 $S^{(k)}=b^{(k+1)}-b^{(k)}$,$r^{(k)}=\nabla f^{(k+1)}-\nabla f^{(k)}$,计算

$$H_{k+1}=H_k+\Delta H_k$$

置 $k=k+1$;返回(3)。

3.6.3 变尺度法的收敛性

从拟牛顿条件可以看到,保证算法的收敛性的条件是 H_k 总为正定矩阵。我们用归纳法简单证明对于所有 $k(k=0,1,2,\cdots,n)$,H_k 总是正定的。

由于 $H_0=I$ 为正定,假设 H_k 为正定,现证明 H_{k+1}亦为正定矩阵。对于任意非零向量 x,有

$$x^{\mathrm{T}}H_{k+1}x=x^{\mathrm{T}}H_kx+\frac{x^{\mathrm{T}}S^{(k)}S^{(k)^{\mathrm{T}}}x}{S^{(k)^{\mathrm{T}}}r^{(k)}}-\frac{x^{\mathrm{T}}H_kr^{(k)}r^{(k)^{\mathrm{T}}}H_kx}{r^{(k)^{\mathrm{T}}}H_kr^{(k)}} \tag{3-52}$$

由于 H_k 正定,可表示成

$$H_k=B_k^{\mathrm{T}}B_k$$

其中,B_k 为对称正定矩阵,令

$$B_kx=u,\quad B_kr^{(k)}=v$$

代入式(3-52)中的右端,并有第一、三项之和

$$x^{\mathrm{T}}H_kx-\frac{x^{\mathrm{T}}H_kr^{(k)}r^{(k)^{\mathrm{T}}}H_kx}{r^{(k)^{\mathrm{T}}}H_kr^{(k)}}=u^{\mathrm{T}}u-\frac{u^{\mathrm{T}}vv^{\mathrm{T}}u}{v^{\mathrm{T}}v}=\frac{(u^{\mathrm{T}}u)(v^{\mathrm{T}}v)-(u^{\mathrm{T}}v)^2}{v^{\mathrm{T}}v}$$

根据 Schwartz 不等式,有 $(u^{\mathrm{T}}u)(v^{\mathrm{T}}u)\geqslant(u^{\mathrm{T}}v)^2$,则

$$\frac{(u^{\mathrm{T}}u)(v^{\mathrm{T}}v)-(u^{\mathrm{T}}v)^2}{v^{\mathrm{T}}v}\geqslant 0$$

由最优步长原则,$b^{(k+1)}$是 $S^{(k)}$方向上的极小点,即有

$$\nabla f(b^{(0)})^{\mathrm{T}}S^{(k)}=S^{(k)^{\mathrm{T}}}\nabla f(b^{(k+1)})=0,\quad S^{(k)}=t^{(k)}p^{(k)}=-t^{(k)}H_k\nabla f(b^{(k)})$$

由此有

$$\begin{aligned}S^{(k)^{\mathrm{T}}}r^{(k)}&=-S^{(k)^{\mathrm{T}}}\nabla f(b^{(k)})\\&=-(-t^{(k)}H_k\nabla f(b^{(k)}))^{\mathrm{T}}\nabla f(b^{(k)})\\&=t^{(k)}\nabla f(b^{(k)})^{\mathrm{T}}H_k\nabla f(b^{(k)})>0\end{aligned}$$

则式(3-52)右端第二项为

$$\frac{(x^{\mathrm{T}}S^{(k)})^2}{t^{(k)}\nabla f(b^{(k)})^{\mathrm{T}}H_k\nabla f(b^{(k)})}>0$$

即证明 $x^{\mathrm{T}}H_{k+1}x>0$,因此 H_{k+1}是正定的。

变尺度法对二次函数 $\Phi(b)=\frac{1}{2}b^{\mathrm{T}}Qb$ 具有二次终止性,即通过 n 次迭代,有 $H_{n+1}=Q^{-1}$。由于 $S^{(k)}$向量组关于 Q 是共轭的,它对于二次函数具有二阶收敛速率。

牛顿法可以被看成尺度为 $b^{\mathrm{T}}Q^{-1}b$ 的梯度法,而 DFP 法中 H 在不断改变,所以称为变尺度法。

§3.7 最小二乘算法

最优化问题中,某些问题的目标函数由若干个函数的平方和构成,一般可以写成

$$\Phi(\boldsymbol{b}) = \sum_{i=1}^{M} f_i^2(\boldsymbol{b}) \quad (\boldsymbol{b} = [b_1, b_2, \cdots, b_N]^{\mathrm{T}}) \tag{3-53}$$

假设 $M \geqslant N$(超定或正定问题),其极小化问题

$$\min \Phi(\boldsymbol{b}) = \sum_{i=1}^{M} f_i^2(\boldsymbol{b})$$

称为最小二乘问题。当 $f_i(\boldsymbol{b})$为 $\boldsymbol{b}$ 的线性函数时,称线性最小二乘问题。当 $f_i(\boldsymbol{b})$为 $\boldsymbol{b}$ 的非线性函数时,称为非线性最小二乘问题。

由于目标函数 $\Phi(\boldsymbol{b})$具有若干个函数平方和这种特殊形式,因此给问题的求解带来某些方便。对于这类问题,除了能够运用前面介绍的方法求解,还可以用一些更为简便有效的解法。下面我们针对函数 $f_i(\boldsymbol{b})$的线性与非线性情形,介绍最小二乘方法。

3.7.1 线性最小二乘问题解法

假设

$$f_i(\boldsymbol{b}) = \boldsymbol{A}_i^{\mathrm{T}}\boldsymbol{b} - \boldsymbol{d}_i \qquad (i=1,2,\cdots,M) \tag{3-54}$$

这里 $\boldsymbol{A}_i$ 为 N 维向量,$\boldsymbol{d}_i$ 为已知观测数据。我们可以用矩阵形式表达式(3-54),令

$$\boldsymbol{A} = \begin{bmatrix} A_1^{\mathrm{T}} \\ A_2^{\mathrm{T}} \\ \vdots \\ A_M^{\mathrm{T}} \end{bmatrix}, \quad \boldsymbol{d} = \begin{bmatrix} d_1 \\ d_2 \\ \vdots \\ d_M \end{bmatrix}$$

$\boldsymbol{A}$ 是 $M \times N$ 阶矩阵,$\boldsymbol{d}$ 为 M 维向量,则

$$\Phi(\boldsymbol{b}) = \sum_{i=1}^{M} f_i^2(\boldsymbol{b}) = (\boldsymbol{A}\boldsymbol{b} - \boldsymbol{d})^{\mathrm{T}}(\boldsymbol{A}\boldsymbol{b} - \boldsymbol{d}) = \boldsymbol{b}^{\mathrm{T}}\boldsymbol{A}^{\mathrm{T}}\boldsymbol{A}\boldsymbol{b} - 2\boldsymbol{b}^{\mathrm{T}}\boldsymbol{A}^{\mathrm{T}}\boldsymbol{d} + \boldsymbol{d}^{\mathrm{T}}\boldsymbol{d} \tag{3-55}$$

令

$$\nabla \Phi = 2\boldsymbol{A}^{\mathrm{T}}\boldsymbol{A}\boldsymbol{b} - 2\boldsymbol{A}^{\mathrm{T}}\boldsymbol{d} = 0 \tag{3-56}$$

即极小点 $\Phi(\boldsymbol{b}^*)$满足

$$\boldsymbol{A}^{\mathrm{T}}\boldsymbol{A}\boldsymbol{b} = \boldsymbol{A}^{\mathrm{T}}\boldsymbol{d} \tag{3-57}$$

若 $\boldsymbol{A}$ 是满秩,$\boldsymbol{A}^{\mathrm{T}}\boldsymbol{A}$ 为对称正定矩阵,则问题的解为

$$\boldsymbol{b}^* = (\boldsymbol{A}^{\mathrm{T}}\boldsymbol{A})^{-1}\boldsymbol{A}^{\mathrm{T}}\boldsymbol{b} \tag{3-58}$$

由于 $f_i(\boldsymbol{b})$为线性函数,只要$(\boldsymbol{A}^{\mathrm{T}}\boldsymbol{A})$非奇异,$\boldsymbol{b}^*$ 必为全局极小点。

3.7.2 非线性最小二乘问题解法

我们知道,非线性函数 $f(\boldsymbol{b})$可以通过线性化,将其变换或近似表示成线性函数,如将$f(\boldsymbol{b})$在某近似解 $\boldsymbol{b}^{(k)}$附近展开成泰勒级数,并略去一次以上的项,即

$$f(\boldsymbol{b}) \approx f(\boldsymbol{b}^{(k)}) + \nabla f(\boldsymbol{b}^{(k)})^{\mathrm{T}}(\boldsymbol{b} - \boldsymbol{b}^{(k)}) \tag{3-59}$$

由此确定进一步的近似解 $\boldsymbol{b}^{(k+1)}$。若以式(3-59)近似表示非线性函数 $f(\boldsymbol{b})$,则目标函数的极小问题可写成

$$\min \Phi(\boldsymbol{b}) = \sum_{i=1}^{M} [\nabla f_i(\boldsymbol{b}^{(k)})^{\mathrm{T}}\boldsymbol{b}^{(k)} - f_i(\boldsymbol{b}^{(k)})]^2 \tag{3-60}$$

令

$$A_k=\begin{bmatrix}\nabla f_1(\boldsymbol{b}^{(k)})^{\mathrm T}\\ \vdots\\ \nabla f_M(\boldsymbol{b}^{(k)})^{\mathrm T}\end{bmatrix},\boldsymbol{d}=\begin{bmatrix}\nabla f_1(\boldsymbol{b}^{(k)})\boldsymbol{b}^{(k)}-f_1(\boldsymbol{b}^{(k)})\\ \vdots\\ \nabla f_M(\boldsymbol{b}^{(k)})\boldsymbol{b}^{(k)}-f_M(\boldsymbol{b}^{(k)})\end{bmatrix}=A_k\boldsymbol{b}^{(k)}-f^{(k)}$$

式中

$$f^{(k)}=\begin{bmatrix}f_1(\boldsymbol{b}^{(k)})\\ \vdots\\ f_M(\boldsymbol{b}^{(k)})\end{bmatrix}$$

故目标函数表示成矩阵形式

$$\Phi(\boldsymbol{b})=(\boldsymbol{A}\boldsymbol{b}-\boldsymbol{d})^{\mathrm T}(\boldsymbol{A}\boldsymbol{b}-\boldsymbol{d})\tag{3-61}$$

显然,式(3-61)与线性问题式(3-55)具有同样的形式。但是,由于式(3-59)是非线性函数 $f(\boldsymbol{b})$ 的近似表达式,故我们不能指望通过一次求解得到 $\Phi(\boldsymbol{b})$ 极小点。如果 $\boldsymbol{A}$ 是满秩的,则 $\boldsymbol{A}^{\mathrm T}\boldsymbol{A}$ 为对称正定矩阵,因而 $(\boldsymbol{A}^{\mathrm T}\boldsymbol{A})^{-1}$ 存在。这时,由式(3-57)可知,$\Phi(\boldsymbol{b})$ 极小点的进一步近似 $\boldsymbol{b}^{(k+1)}$ 可由下式确定

$$\boldsymbol{A}^{\mathrm T}\boldsymbol{A}\boldsymbol{b}^{(k+1)}=\boldsymbol{A}^{\mathrm T}(\boldsymbol{A}\boldsymbol{b}^{(k)}-f^{(k)})\tag{3-62}$$

即

$$\boldsymbol{b}^{(k+1)}=\boldsymbol{b}^{(k)}-(\boldsymbol{A}^{\mathrm T}\boldsymbol{A})^{-1}\boldsymbol{A}^{\mathrm T}f^{(k)}\tag{3-63}$$

实际上,对于用式(3-59)线性化 $f_i(\boldsymbol{b})$ 的情况下,由于 $\nabla^2 f(\boldsymbol{b})=0$,$(\boldsymbol{A}_k^{\mathrm T}\boldsymbol{A}_k)$ 可视为目标函数 $\Phi(\boldsymbol{b})$ 的海森矩阵,记作

$$\boldsymbol{H}_k=\boldsymbol{A}_k^{\mathrm T}\boldsymbol{A}_k\tag{3-64}$$

而 $2\boldsymbol{A}_k^{\mathrm T}f^{(k)}$ 又可看作 $\Phi(\boldsymbol{b})$ 在 $\boldsymbol{b}^{(k)}$ 处的梯度,即

$$2\boldsymbol{A}_k^{\mathrm T}f^{(k)}=2\begin{bmatrix}\dfrac{\partial f_1(\boldsymbol{b}^{(k)})}{\partial \boldsymbol{b}_1},\cdots,\dfrac{\partial f_1(\boldsymbol{b}^{(k)})}{\partial \boldsymbol{b}_N}\\ \vdots \qquad\qquad \vdots\\ \dfrac{\partial f_M(\boldsymbol{b}^{(k)})}{\partial \boldsymbol{b}_1},\cdots,\dfrac{\partial f_M(\boldsymbol{b}^{(k)})}{\partial \boldsymbol{b}_N}\end{bmatrix}^{\mathrm T}\begin{bmatrix}f_1(\boldsymbol{b}^{(k)})\\ \vdots\\ f_M(\boldsymbol{b}^{(k)})\end{bmatrix}$$

$$=\begin{bmatrix}2\sum\limits_{i=1}^{M}\dfrac{\partial f_i(\boldsymbol{b}^{(k)})}{\partial \boldsymbol{b}_1}f_i(\boldsymbol{b}^{(k)})\\ \vdots\\ 2\sum\limits_{i=1}^{M}\dfrac{\partial f_i(\boldsymbol{b}^{(k)})}{\partial \boldsymbol{b}_N}f_i(\boldsymbol{b}^{(k)})\end{bmatrix}=\nabla\Phi(\boldsymbol{b}^{(k)})$$

因此,有

$$\boldsymbol{b}^{(k+1)}=\boldsymbol{b}^{(k)}-\boldsymbol{H}_k^{-1}\nabla\Phi(\boldsymbol{b}^{(k)})\tag{3-65}$$

显然,这是牛顿法的迭代形式,只是这里的 $\boldsymbol{H}_k^{-1}$ 为线性化后似近海森矩阵 $\nabla^2\Phi(\boldsymbol{b}^{(k)})$ 的逆矩阵。这种方法称为高斯-牛顿法。

前面曾讨论过,如果把 $\delta=-\boldsymbol{H}_k^{-1}\nabla\Phi(\boldsymbol{b}^{(k)})$ 直接作为 $\boldsymbol{b}^{(k)}$ 的修正量,这样迭代不一定保证收敛,尤其在当函数 $f_i(\boldsymbol{b})$ 高次项不能忽略的情形下。因此,可以把 $-\boldsymbol{H}_k^{-1}\nabla\Phi(\boldsymbol{b}^{(k)})$ 作为确定 $\boldsymbol{b}^{(k)}$ 的搜索方向

$$\boldsymbol{p}^{(k)}=-\boldsymbol{H}_k^{-1}\nabla\Phi(\boldsymbol{b}^{(k)})\tag{3-66}$$

沿这个方向进行一维搜索:

$$\min_t\Phi(\boldsymbol{b}^{(k)}+t^{(k)}\boldsymbol{p}^{(k)})$$

求出最优步长 $t^{(k)}$ 后,令

$$\boldsymbol{b}^{(k+1)}=\boldsymbol{b}^{(k)}+t^{(k)}\boldsymbol{p}^{(k)}$$

把 $b^{(k+1)}$ 作为第 $k+1$ 次近似解，直到满足要求为止。这种方法亦称为广义最小乘法。

计算步骤：

(1)给定初始点 $b^{(0)}$，允许误差 $\varepsilon>0$，令 $k=0$；

(2)计算函数值 $f_i(b^{(k)})$，$i=1,2,\cdots,M$，得向量

$$f^{(k)}=\begin{bmatrix} f_1(b^{(k)}) \\ \vdots \\ f_M(b^{(k)}) \end{bmatrix}$$

再计算一阶导数

$$a_{ij}=\frac{\partial f_i(b^{(k)})}{\partial b_j} \quad (i=1,2,\cdots,M;j=1,2,\cdots,N)$$

得 $M\times N$ 阶矩阵

$$A_k=\{a_{ij}\}_{M\times N}$$

(3)解方程组

$$A_k^{\mathrm{T}}A_kb^{(k)}=-A_k^{\mathrm{T}}f^{(k)}$$

得高斯-牛顿方向 $p^{(k)}$；

(4)从 $b^{(k)}$ 出发，沿方向 $p^{(k)}$ 作一维搜索，确定 $t^{(k)}$；

(5)若 $\|b^{(k+1)}-b^{(k)}\|<\varepsilon$，则停止计算，得 $b^*=b^{(k+1)}$，否则，令 $k=k+1$，返回(2)。

高斯-牛顿法的收敛不稳定。由于函数 $f_i(b)$ 线性化程度不同，以及海森矩阵的非正定性，在初始点选择不适宜时，其收敛不能保证。

§3.8 阻尼最小二乘法

针对最小二乘法所存在的问题，1963 年马奎特(Marguartt)对最小二乘法作了一次有成效的改进，在实际应用中取得了良好的效果。

我们知道，用最小二乘法进行迭代时，校正向量的步长较大，若初始值选择合适，能很快收敛，但其收敛性很不稳定，若初始值选择不合适，易于发散。最速下降法则相反，它沿最速下降方向搜索，可以保证收敛，但步长太小，收敛很慢。阻尼最小二乘法是在两种方法之间取某种折衷，力图以最大的步长，同时又靠近最速下降方向，以保证稳定收敛，并加快收敛速度。这种方法又称马奎特法。

3.8.1 阻尼最小二乘法基本思想

对于目标函数

$$\Phi(b)=\sum_{i=1}^{M}f_i^2(b), \quad b=[b_1,b_2,\cdots,b_N]^{\mathrm{T}}$$

的极小问题，最小二乘法将问题转变成求线性方程组

$$A\delta=g \tag{3-67}$$

式中，A 为 $M\times N$ 阶对称矩阵，$\delta=b^{(k+1)}-b^{(k)}$，g 为 N 维向量。A 与 g 都随着迭代的进行而变化。

阻尼最小二乘的做法是将式(3-67)改写成

$$(A+\lambda I)\delta=g \tag{3-68}$$

式中 I 为单位矩阵，λ 为选择用于控制方向和步长的正数，称为阻尼因子，显然，校正量 δ 为 λ

的函数，即 $\delta=\delta(\lambda)$，称为马奎特校正量。这样，阻尼最小二乘的迭代公式可定成

$$b^{(k+1)}=b^{(k)}+(A+\lambda I)^{-1}g \tag{3-69}$$

为什么加入阻尼因子后会改善收敛性呢？马奎特证明了下列三个定理。

定理 1：若对于任一个数 $\lambda\geqslant 0$，δ_0 满足方程

$$(A+\lambda I)\delta_0=g$$

则 δ_0 使得函数 Φ 在半径为 $\|\delta_0\|_2$ 的球面上取极小。

证明：设在 $b^{(0)}$ 附近，$f_i(b)$ 可写成

$$f_i(b^{(0)}+\delta)=f_i(b^{(0)})+p\delta$$

简记作 $f=f^{(0)}+p\delta$，于是

$$\begin{aligned}\Phi=f^{\mathrm T}f&=(f^{(0)}+p\delta)^{\mathrm T}(f^{(0)}+p\delta)\\&=f^{(0)\mathrm T}f^{(0)}+2f^{(0)\mathrm T}p\delta+\delta^{\mathrm T}p^{\mathrm T}p\delta\end{aligned}$$

若 Φ 在半径为 $\|\delta_0\|$ 球面上取极小，则相当于在条件 $(\delta^{\mathrm T}\delta-\delta_0^{\mathrm T}\delta_0)=0$ 下取极小。根据拉格朗日乘数法的原理，上述问题可转化为求函数

$$u(\delta,\lambda)=f^{(0)\mathrm T}f^{(0)}+2f^{(0)\mathrm T}p\delta+\delta^{\mathrm T}p^{\mathrm T}p\delta+\lambda(\delta^{\mathrm T}\delta-\delta_0^{\mathrm T}\delta_0)$$

的极小问题。$u(\delta,\lambda)$ 存在极小的必要条件是 δ 及 λ 应满足方程

$$\frac{\partial u}{\partial \delta_i}=0,\quad (i=1,2,\cdots,N)$$

即

$$2p^{\mathrm T}f^{(0)}+2p^{\mathrm T}p\delta+2\lambda\delta=0$$

则有

$$(p^{\mathrm T}p+\lambda I)\delta=-p^{\mathrm T}f^{(0)}$$

进而

$$(A+\lambda I)\delta=g$$

其中，$A=p^{\mathrm T}p$，$g=-p^{\mathrm T}f^{(0)}$。可见，当 $\lambda\geqslant 0$ 充分大时，可以保证 $(A+\lambda I)$ 正定，即方程 $(A+\lambda I)\delta=g$ 有唯一解，即当 $\delta=\delta_0$ 时，使 $u(\delta,\lambda)$ 达到极小。这个必要条件也是充分条件。

定理 2：若对于给定的 λ 和 $\delta=\delta(\lambda)$ 是方程(3-68)的解，则函数 $\|\delta(\lambda)\|_2$ 是 λ 的连续递减函数，并且

$$\lim_{\lambda\to\infty}\|\delta(\lambda)\|_2=0$$

证明：因为 A 为对称矩阵，则存在正交矩阵 S，使得

$$S^{\mathrm T}AS=D=\mathrm{diag}(d_1,d_2,\cdots,d_n)$$

于是 $A=(S^{\mathrm T})^{-1}DS^{-1}=SDS^{\mathrm T}$。设 $\delta=\delta(\lambda)$ 满足方程(3-68)，则有

$$\begin{aligned}\delta(\lambda)=(A+\lambda I)^{-1}g&=(SDS^{\mathrm T}+\lambda SS^{-1})^{-1}g\\&=[S(D+\lambda I)S^{\mathrm T}]^{-1}g\\&=S(D+\lambda I)^{-1}S^{\mathrm T}g\end{aligned}$$

所以

$$\begin{aligned}\|\delta(\lambda)\|_2^2&=\delta^{\mathrm T}(\lambda)\delta(\lambda)\\&=g^{\mathrm T}S(D+\lambda I)^{-1}S^{\mathrm T}S(D+\lambda I)^{-1}S^{\mathrm T}g\\&=g^{\mathrm T}S[(D+\lambda I)^2]^{-1}S^{\mathrm T}g\end{aligned}$$

记 $V=S^{\mathrm T}g$，则有

$$\| \delta(\lambda) \|_2 = \sum_{j=1}^{N} \frac{V_j^2}{(d_j + \lambda)^2}$$

显然，$\delta(\lambda)$是$\lambda \in [0, +\infty)$连续递减函数。当$\lambda \to \infty$时，$\| \delta(\lambda) \|_2 \to 0$。

定理 3：设υ是马奎特方向$\delta(\lambda)$与最速下降方向δ_g之间的夹角，则υ是λ的连续递减函数，且当$\lambda \to \infty$时，$\upsilon \to 0$，即$\delta(\lambda)$转向δ_g方向。

证明：由定义可知

$$\cos\upsilon = \frac{\delta^T \delta_g}{\| \delta \|_2 \| \delta_g \|_2}$$

由于δ_g为负梯度方向，即令$\delta_g = -\nabla \Phi(b) = g$，因而

$$\cos\upsilon = \frac{g^T S(D+\lambda I)^{-1} S^T g}{\left(\sum_{j=1}^{N} \frac{V_j^2}{((d_j+\lambda)^2)^{1/2} (g^T g)^{1/2}} \right)} = \frac{V^T (D+\lambda I)^{-1} V}{\left(\sum_{j=1}^{N} \frac{V_j^2}{((d_j+\lambda)^2)^{1/2} (g^T g)^{1/2}} \right)} = \frac{\sum_{j=1}^{N} \frac{V_j^2}{d_j+\lambda}}{\left[\sum_{j=1}^{N} \frac{V_j^2}{(d_j+\lambda)^2} \right]^{1/2} (g^T g)^{1/2}}$$

显然，当$\lambda \to \infty$时，有

$$\lim_{\lambda \to \infty} \cos\upsilon = \frac{\sum_{j=1}^{N} V_j^2}{\left(\sum_{j=1}^{N} V_j^2 \right)^{1/2} (g^T g)} = \frac{(V^T V)^{1/2}}{(g^T g)^{1/2}} = \frac{(g^T g)^{1/2}}{(g^T g)^{1/2}} = 1$$

即$\upsilon = 0$。考虑到

$$\frac{d\cos\upsilon}{d\lambda} > 0$$

即得证。

以上三个定理，描述了阻尼最小二乘法的三个重要性质。定性地说，当λ由零逐渐增大时，马奎特方向(δ)逐渐由高斯-牛顿方向转向最速下降方向(δ_g)，其校正量大小也由高斯-牛顿校正量逐渐减小，直至为零($\lambda \to 0$)。当要使迭代稳定收敛时，可以增大λ，当需要提高收敛速度时，又可以减小λ，因此λ起着促进平衡的作用。从方程$(A+\lambda I)\delta = g$角度来看，如果矩阵A是病态的或非正定的，只要当λ充分大，就能保证矩阵$(A+\lambda I)$正定，且矩阵的病态得以改善，记$\mu_{\max}$、$\mu_{\min}$分别为A的最大特征值与最小特征值，而$\mu_{\max}+\lambda$和$\mu_{\min}+\lambda$则分别为$(A+\lambda I)$的最大特征值与最小特征值，因而有条件数

$$\text{cond}(A+\lambda I) = \frac{\mu_{\max}+\lambda}{\mu_{\min}+\lambda}$$

当$\lambda = 0$时，$\text{cond}(A+\lambda I) = \frac{\mu_{\max}}{\mu_{\min}}$，当$\lambda \to \infty$时，$\text{cond}(A+\lambda I) \to 1$。显然，对于$\lambda > 0$，有

$$\text{cond}(A+\lambda I) < \text{cond}(A)$$

这便说明了阻尼最小二乘法为什么是优越的。

3.8.2 阻尼因子λ的选择

在实际计算中，λ不能取太大。因为这时步长$\| \delta_0 \|$太小，收敛太慢。仅当$\Phi^{(k+1)} > \Phi^{(k)}$时，

才被迫取较大的 λ 值。在马奎特阻尼最小二乘方法中 $\lambda^{(k)}$ 是依据迭代中 $\Phi^{(k+1)}$ 与 $\Phi^{(k)}$ 的大小来确定的，当 $\lambda^{(0)}$ 给定后，逐步尝试增加或减小。这种做法并不理想，有时为了确定一个合适的 $\lambda^{(k)}$ 值，需要多次尝试多次求解方程 $(\boldsymbol{A}+\lambda^{(k)}\boldsymbol{I})\delta=\boldsymbol{g}$，从而影响收敛速度。

弗雷切尔(Fletcher)建议，根据 $\Phi(\boldsymbol{b})$ 的非线性程度来确定增大或减小阻尼因子。所谓"非线性程度"是指函数 $\Phi(\boldsymbol{b})$ 在迭代中的实际减小量与用理想二次型函数表示 $\Phi(\boldsymbol{b})$ 的变化量之比，即

$$r^{(k)}=\frac{\Phi(\boldsymbol{b}^{(k+1)})-\Phi(\boldsymbol{b}^{(k)})}{\Phi(\boldsymbol{b}^{(k+1)})-\Phi(\boldsymbol{b}^{(k)})} \tag{3-70}$$

这里

$$\hat{\Phi}(\boldsymbol{b}^{(k+1)})-\Phi(\boldsymbol{b}^{(k)})=2\delta^{\mathrm{T}}\boldsymbol{g}+\boldsymbol{p}^{\mathrm{T}}A\delta \tag{3-71}$$

其中 $\delta=\boldsymbol{b}^{(k+1)}-\boldsymbol{b}^{(k)}$。

当 $r^{(k)}$ 越接近于 1 时，表明 $\Phi(\boldsymbol{b}^{(k+1)})$ 越接近于 $\hat{\Phi}(\boldsymbol{b}^{(k+1)})$，则称函数 $\Phi(\boldsymbol{b})$ 在 $\boldsymbol{b}^{(k)}$ 处"线性程度"较好，因而用高斯-牛顿法求解引起的误差较小，故可减小 λ 值，使马奎特方向偏向高斯-牛顿方向，对增大步长进行第 $(k+1)$ 次迭代。当 $r^{(k)}$ 接近于零时，表明 $\Phi(\boldsymbol{b})$ 在 $\boldsymbol{b}^{(k)}$ 处"线性程度"较差，即 $\Phi(\boldsymbol{b}^{(k+1)})$ 与 $\hat{\Phi}(\boldsymbol{b}^{(k+1)})$ 相差较大，应考虑增大 λ，使马奎特方向偏向最速下降方向，以减小步长，确保迭代收敛。

一般判别增加或减小 λ 的标准是设定 r 值的上、下限，如当

(1)当 $r^{(k)}<0.25$，增大 λ；

(2)当 $0.25<r^{(k)}<0.75$，保持 λ 不变；

(3)当 $r^{(k)}>0.75$，减小 λ。

增大与减小 λ 的办法，通常用一个正数乘子 $\beta(\beta>1)$，当需要增大 $\lambda^{(k)}$ 时，令 $\lambda^{(k+1)}=\beta\lambda^{(k)}$。当需要减小 $\lambda^{(k)}$ 时，则令 $\lambda^{(k+1)}=\lambda^{(k)}/\beta$。一般取 β 为 2～10 之间的正数。β 值同样可以通过下列式子给出

$$\beta^{(k)}=\frac{\Phi(\boldsymbol{b}^{(k+1)})-\Phi(\boldsymbol{b}^{(k)})}{(\boldsymbol{g}^{(k)^{\mathrm{T}}}\delta^{(k)})}+2 \tag{3-72}$$

3.8.3 阻尼最小二乘算法的迭代步骤

阻尼最小二乘(MF)算法的迭代步骤：

(1)给定 $\boldsymbol{b}^{(0)}$，允许误差 $\varepsilon>0$ 和初始阻尼因子 $\lambda^{(0)}>0$，并令 $k=0$；

(2)计算方程 $(\boldsymbol{A}_k+\lambda^{(k)}\boldsymbol{I})\delta^{(k)}=\boldsymbol{g}^{(k)}$ 中 $\boldsymbol{A}_k$ 和 $\boldsymbol{g}^{(k)}$；

(3)求解方程 $(\boldsymbol{A}_k+\lambda^{(k)}\boldsymbol{I})\delta^{(k)}=\boldsymbol{g}^{(k)}$，得到 $\delta^{(k)}$，若 $\|\delta^{(k)}\|<\varepsilon$，停止迭代，得最优解 $\boldsymbol{b}^{*}=\boldsymbol{b}^{(k-1)}+\delta^{(k)}$；

(4)令 $\boldsymbol{b}^{(k+1)}=\boldsymbol{b}^{(k)}+\delta^{(k)}$，求 $\Phi(\boldsymbol{b}^{(k+1)})$、$\Phi(\boldsymbol{b}^{(k)})$ 以及 $r^{(k)}$ 和 $\beta^{(k)}$；

(5)若 $r^{(k)}<0.25$，增大 $\lambda^{(k)}$，即 $\lambda^{(k+1)}=\beta^{k}\lambda^{(k)}$；

若 $0.25\leqslant r^{(k)}\leqslant 0.75$，$\lambda^{(k)}$ 保持不变，而 $\lambda^{(k+1)}=\lambda^{(k)}$；

若 $r^{(k)}>0.75$，减小 $\lambda^{(k)}$，即 $\lambda^{(k+1)}=\lambda^{(k)}/\beta^{(k)}$，当 $\lambda^{(k)}$ 减小到一定程度时，如 $\lambda^{(k)}$ 小于某一设定值 $\lambda_c(10^{-4})$ 时，令 $\lambda=0$；

(6)令 $k=k+1$，返回(2)。

§3.9 广义逆算法

3.9.1 广义逆求反演问题

第二章讨论的利用广义逆求解反演问题中，介绍了奇异值分解确定广义逆进而求解线性方程组的方法。对于地球物理反演问题，是依据一批观测数据 $\boldsymbol{d}_1,\boldsymbol{d}_2,\cdots,\boldsymbol{d}_m$，求解地质体模型参数 $\boldsymbol{b}_1,\boldsymbol{b}_2,\cdots,\boldsymbol{b}_n$。理论场函数 $f(\boldsymbol{b})$ 通常不是模型参数 $\boldsymbol{b}$ 的线性函数，因此需要对其进行线性化转换。一般的做法是按最优化方法的思想，将场数 $f(\boldsymbol{b})$ 在参数的某个初值 $\boldsymbol{b}^{(0)}$ 处作泰勒展开

$$f(\boldsymbol{b})\approx f(\boldsymbol{b}^{(0)})+A\delta \tag{3-73}$$

其中

$$\boldsymbol{\delta}=\boldsymbol{b}-\boldsymbol{b}^{(0)}$$

$$A=\begin{bmatrix}\dfrac{\partial f_1}{\partial b_1} & \cdots & \dfrac{\partial f_1}{\partial b_n}\\ \vdots & \vdots & \vdots\\ \dfrac{\partial f_m}{\partial b_1} & \cdots & \dfrac{\partial f_m}{\partial b_n}\end{bmatrix}$$，为 $f(\boldsymbol{b})$ 的雅可比矩阵。

这里 $f_i(\boldsymbol{b})$ 为对应 $\boldsymbol{d}$ 第 i 观测点处的理论场值。于是得到理论场值与观测场值之残差

$$\varepsilon(\boldsymbol{b})=\boldsymbol{d}-f(\boldsymbol{b})=\boldsymbol{d}-f(\boldsymbol{b}^{(0)})-A\delta \tag{3-74}$$

应当指出，此残差中包含了线性化的误差。记

$$\boldsymbol{Z}=\boldsymbol{d}-f(\boldsymbol{b}^{(0)}) \tag{3-75}$$

为观测值与给定初始模型的理论场值之差，是已知量，则式(3-74)可改写为

$$\boldsymbol{A\delta}=\boldsymbol{Z}-\varepsilon(\boldsymbol{b}) \tag{3-76}$$

略去上式中的 $\varepsilon(\boldsymbol{b})$，则相当于将线性化误差和观测数据与理论场值之差纳入模型参数改正量 δ 之中，即有

$$\boldsymbol{A\delta}=\boldsymbol{Z} \tag{3-77}$$

这是一个关于改正量 δ 的 $m\times n$ 阶线性方程组。解之，得到 $\boldsymbol{b}^{(0)}$ 的改正量 $\delta^{(0)}$，因它含有两方面的误差，故将其加到 $\boldsymbol{b}^{(0)}$ 上得到一个可能更好的模型参数 $\boldsymbol{b}^{(1)}$；重复上述步骤，可能最终得到一个符合实际的模型 $\boldsymbol{b}^{\mathrm{est}}$。每次迭代都从新的点出发对 $f(\boldsymbol{b})$ 做线性化，重新确定其雅可比矩阵，直到残差 $\varepsilon(\boldsymbol{b})$ 足够小为止。

对方程(3-77)中雅可比矩阵 $\boldsymbol{A}$ 作奇异值分解，可以得到 $\boldsymbol{A}$ 的最小范数最小二乘广义逆，从而保证了迭代过程的稳定性。实践证明，无论是广义逆迭代反演还是阻尼广义逆迭代反演，都优于传统的最优化方法。

3.9.2 广义逆算法评价

衡量一种算法的优劣，一般是用收敛性与收敛速度两方面来评价。这里，我们不作理论上的讨论，而是针对一个简单的模型采用广义逆算法、阻尼最小二乘(马奎特)法及变尺度法进行反演，对比它们的反演效果。

选用的模型为一个二维直立板状磁性体，利用给定的模型产生的磁异常，对下列六个自由参数：J_x(磁化强度水平分量)；J_z(磁化强度垂直分量)；x_0(板状体中心水平坐标)；$2b$(板状体厚度)；z_1(板顶深度)；z_2(板底深度)；进行反演。

我们以观测场值(预先给定的异常值)与理论计算场值之方差为目标函数值,以理论正演计算次数为迭代次数,其三种方法反演收敛速度如图 3-3 所示,广义逆算法与阻尼最小二乘法随着迭代次数的增加,目标函数值都能快速下降,但广义逆算法更为稳定;变尺度法则收敛较慢。

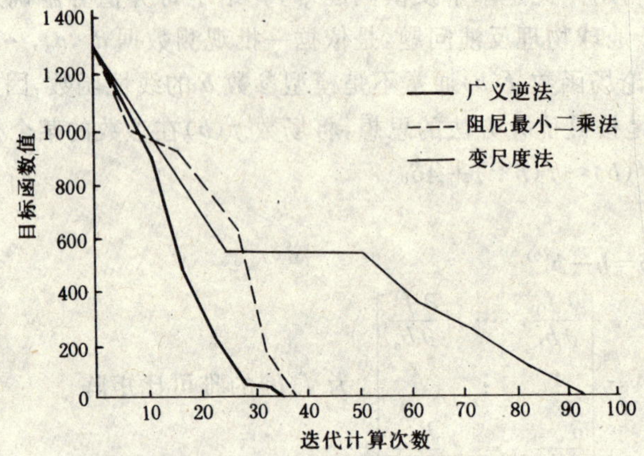

图 3-3 不同算法迭代次数对比

从反演问题解的稳定性来看(如表 3-1),在六个自由参数初值不好的情况下,阻尼最小二乘法迭代 48 次,模型的水平位置 x_0,宽度 $2b$,上顶及下底埋深 z_1、z_2 基本收敛,对目标函数的变化不敏感的磁化强度的大小及方向的参数 J_x、J_z 收敛不好。变尺度法迭代 49 次,能大致收敛,但收敛缓慢。而广义逆矩阵法迭代 21 次,各参数都完全收敛,实际上,它迭代 17 次的结果就比变尺度法迭代 49 次的结果好得多。

算法的稳定性还体现在对随机干扰影响的反应。当我们对任意四边形截面水平柱体模型的理论场值加上方差 $\sigma=5$ nT 及均值 $E=0$ 的随机干扰信号时,阻尼最小二乘法不稳定,模型中一角点“飞”出地面,不收敛。而广义逆算法的反演效果较好,中心点与截面形状基本上与真实模型吻合。

表 3-1 不同算法稳定性比较

	J_x (10^{-3}A/m)	J_z (10^{-3}A/m)	x_0(m)	$2b$(m)	z_1(m)	z_2(m)	迭代次数	目标函数值	函数计算次数
初值	866	500	22	3	6	10			
真值	500	866	16	4	3	6			
马奎特法	992.1	1 718.4	16.00	3.62	3.59	5.24	48	0.26×10^{-1}	
变尺度法	594.1	1 029.1	16.00	3.88	3.17	−5.76	49	0.40×10^{-2}	830
广义逆法	500.0	866.1	16.00	4.00	3.00	6.00	21	0.47×10^{-7}	162

通过以上对比,可以看出广义逆算法具有与阻尼最小二乘法相当的收敛速度,比变尺度法快;在反演稳定性方面,广义逆算法与变尺度法相当,而比阻尼最小二乘法好。

思考题与习题

1. 什么是最优化算法？最优化算法的一般过程是什么？
2. 最速下降法的优缺点是什么？
3. 如何理解共轭梯度法二次终止性？
4. 最小二乘法与最速下降法的区别是什么？
5. 分析阻尼最小二乘法解决反演问题的综合能力。

第四章　完全非线性反演初步

前面几章讨论了地球物理反演问题的线性反演方法。它们是理论最完整、应用最广泛、最为成熟的反演方法。但是，在现实工作中，绝大多数地球物理问题都是非线性问题。用线性反演方法处理非线性反演问题总显得"力不从心"。因此，研究、发展非线性反演方法是地球物理工作者刻不容缓的重要任务。与线性反演相比，非线性反演无论在理论上还是在处理方法上都要困难得多，故非线性反演理论、方法相对而言至今仍处于不太完善的状态。近年来，由于广大地球物理工作者的不懈努力，非线性反演方法得到了迅速发展，并在实际工作中得到了应用。

由于非线性反演相对于线性反演而言至今仍处于不太完善的状态，而且非线性反演较线性反演难度要大，故它常借鉴一些新兴学科的前沿理论作为基础，涉及的面较广，所需的基础知识较深较新。为使读者对非线性反演有一个初步的了解，本章仅简单地介绍若干最常用、最成熟的完全非线性反演方法。对非线性反演有兴趣的读者可阅读有关的参考资料。

如前所述，所谓地球物理非线性反演问题，是指观测数据 $\boldsymbol{d}$ 和模型参数 $\boldsymbol{m}$ 之间不存在简单的线性关系（包括线性函数、线性泛函），而是复杂的非线性关系。它们之间可能以隐式形式出现，如 $\mathrm{F}(\boldsymbol{d},\boldsymbol{m})=0$；也可能以显式形式出现，如 $\boldsymbol{d}=\mathrm{g}(\boldsymbol{m})$。

目前发展的大量非线性反演方法大体上可以分为两大类，一类为线性化方法；另一类为完全非线性反演方法。前一章已介绍了线性化方法，本章简单介绍完全非线性反演方法。

§4.1　线性化反演方法求解非线性反演问题的困难

由前所述可知，线性化反演方法求解非线性反演问题时强烈地依赖于初始模型。若初始模型选择得好，可以得到真实解，否则就可能得到错误的解。初始模型的选择显然需要对模型参数的先验了解，即先验知识和先验信息。若先验知识和信息丰富，则初始模型可以选择得较好，否则就难以选择。幸运的是，对于许多地球物理问题，我们已经有了不少先验知识和先验信息，可以方便地选择初始模型。这也就是为什么线性化反演方法能够解决许多地球物理非线性反演问题的原因。但是，还有很多地球物理问题，人们没有太多的先验知识和先验信息，难以正确地选择初始模型。为了解决这些问题，必须使用完全非线性反演方法。在介绍完全非线性反演方法之前，首先需要了解为什么线性化反演方法强烈地依赖于初始模型，即了解其困难所在。

由前一章可知，线性化方法在每一次迭代时，首先搜索在当前模型下目标函数的下降（或上升）方向，然后按此方向以一定步长前进，求得一个新的模型；以此新模型作为起点，再进行搜索，不断迭代，直至不能前进为止。当然，搜索的方法可以不同（或利用导数，或不利用导数），但其基本思想必为搜索下降（或上升）方向，如果没有下降（或上升）方向了，搜索也就停止。

由于线性化反演方法每一次迭代时均只朝目标函数值减小（或增大）的方向搜索，不可能向相反的方向搜索。当初始模型在真实模型附近时，这种搜索能达到最小值（或最大值）所对应的真实模型处。但当初始模型离真实模型较远，在某一局部极值所对应的模型附近时，这种搜索会到达局部极值为止，再也不可能改变了，即陷入了局部极值。显然，局部极值对应的模型不是真实模型，而是一个错误的模型。因此，我们说线性化方法强烈地依赖于初始模型；它求取的只是初始模型附近某一局部极值所对应的解。这种解虽然是所谓的满意解：因为它的目标函数值确实较大，且用这些方法在此初始模型下再也找不到更好的解了；但不一定是我们欲求的“最佳”解，其意义仅仅是指在初始模型附近的最好解。

线性反演问题的目标函数只有一个极值。非线性反演问题存在多个极值。多极值的存在使线性化反演求解非线性反演问题时，若初始模型选择不当会陷入局部极值，得到错误的解。这就是用线性化反演方法求解非线性问题的困难所在。解决的办法一是利用丰富的先验知识和先验信息选择较好的初始模型，二是发展不依赖于初始模型的完全非线性反演方法。

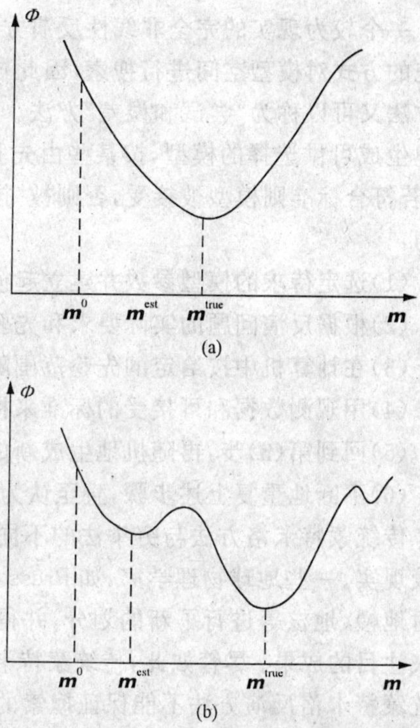

图 4-1　线性、非线性反演求解示意图

§4.2　传统完全非线性反演方法

鉴于线性化或拟线性反演方法的问题，广大地球物理工作者一直都在致力于完全非线性反演方法的研究。完全非线性反演方法不进行问题的局部线性近似，因此是解决非线性反演问题的根本方法。由于完全非线性反演方法的研究起步较晚，困难较大，故与线性化或拟线性反演方法相比还比较落后。目前发展出来的完全非线性反演方法种类不多，特别是能在实际工作中应用的方法更不多见。但是，完全非线性反演方法的研究代表了非线性反演研究的方向，也代表了反演研究的方向，是反演问题研究的最前沿课题。因此，完全非线性反演方法的研究一直受到地球物理学界的极大重视；一种实用的完全非线性反演方法只要出现，就会迅速流行开来。

最简单也最直接的完全非线性反演方法是彻底搜索法或称穷举法。即在一定约束条件下对模型参数的一切可能组合得到的模型均进行分析、比较，找到在某种可接受的标准下的满意解或解集。若可接受的标准是目标函数（或后验概率）取最大，则可以找到对应于目标函数（或后验概率）整体极大值的“最佳”解。这种方法相当于搜索模型空间中的所有点，即进行模型空间的彻底搜索，因此称之为彻底搜索法或穷举法。它的优点是只要模型空间中存在着满足条件的解，就必然能搜索到这些解。但是，它有一个致命的弱点，即彻底搜索在计算上是不现实的。只要模型空间稍微大一点，就不可能在一个现实的时间内完成搜索工作。假设一个模型有 M 个参数，每个参数可能取 N 个值，则潜在的可能模型就有 N^M 个，即要搜索 N^M 个模型才能完成彻底搜索任务。当 N 和 M 均很小时，问题还不算严重。只要 N 和 M 的值稍微大一点，计算就无法在可容许的时间内完成。例如，设 $M=20, N=10$，则 $N^M=10^{20}$。以每秒运行一亿次的 Cray 巨型计算机进行计算，每搜索一个模型只用 10^{-8}s，彻底搜索也需要 3 万年之久。这是一个天文数字，根本不可能实现。因此，穷举法只能是一种理论上存在的方法，在实际工作中它完全没有用处。

一个较为现实的完全非线性反演方法称为蒙特卡洛(Monte Carlo)方法。它以随机而不是系统的方式对模型空间进行搜索,因此较为现实,在实际工作中得到了应用。传统蒙特卡洛反演方法又可以称为“尝试和误差”方法。它是在计算机中按一定的先验信息给出的先验限制随机地生成可供选择的模型,按某些由先验信息给出的可接受的标准对随机生成的模型进行检验,若符合标准则模型被接受,否则被“排斥”并“遗忘”。因此,传统蒙特卡洛反演方法的主要步骤为:

(1)选定待求的模型参数并建立起模型参数与观测数据间的理论关系。

(2)根据反演问题的实际要求和先验信息,选定适当的可接受标准。

(3)在计算机中按给定的先验范围随机地生成模型。

(4)用观测数据和可接受的标准来检验生成的模型,舍弃“失败者”,保留“成功者”。

(5)回到第(3)步,再随机地生成新的模型,又进行检验。

(6)不断地重复上述步骤,直至认为满意、可以结束搜索了为止。

传统蒙特卡洛方法与穷举法的不同之处就在于它用随机抽样搜索代替了系统搜索,因而比较现实。一些地球物理学家,如Press,Anderson等,利用这一方法,根据天然地震资料,成功地对地幔、地核等进行了新的划分,并得到一系列关于地球内部物质分布的详细情况,取得了引人注目的成果。尽管如此,传统蒙特卡洛反演方法也有其致命的弱点。关键的一个弱点在于传统蒙特卡洛反演方法不能保证搜索的彻底性,在使用这种方法时的任何时刻均可以停止搜索或继续搜索,但谁也不能保证此时的搜索已达到足够的数量,所得到的结果就是对应着整体极大的“最佳”解,搜索可以停止了。因此,影响了它的广泛应用。

随着研究的不断深入和相关学科的不断发展进步,非线性反演方法也得到了明显的发展。发展的一个方向是改进常规蒙特卡洛方法。改进的主要思路是在蒙特卡洛反演中不再进行“盲目”的、完全随机的搜索,而进行在一定先验知识引导下的随机搜索。这就是所谓的启发式蒙特卡洛反演方法。根据“启发”的思想不同发展了多种方法。目前应用效果最好的两种启发式蒙特卡洛反演方法,是以统计物理学为基础的模拟退火法和以生物工程为基础的遗传算法。下面对它们作一简单的介绍。

§4.3 模拟退火法

模拟退火法(Simulated Annealing,简称SA)是一种启发式蒙特卡洛反演方法。它模拟退火的物理过程:物质先被熔化,然后逐渐冷却。在冷却过程中,有可能产生非晶体状的亚稳态玻璃体,也有可能产生稳态的晶体。晶体相应于该物理系统能量最小的基本状态;玻璃体相应于其能量达到次极小的亚稳态。把物理系统的能量模拟成反演问题的目标函数;把晶体的生成模拟成搜索到目标函数的整体极值;把玻璃体的形成模拟成错误地搜寻到局部极值,就形成能有效地求解非线性反演问题,得到相应于整体极值的某种意义下的“最佳”解的模拟退火法。

模拟退火法与线性化或拟线性反演方法不同。它不仅可以向目标函数(或后验概率)增大(或减小)的方向搜索,也能向目标函数(或后验概率)减小(或增大)的方向搜索,故可以从局部极值中爬出,不会陷在局部极值中。模拟退火法与传统蒙特卡洛反演方法也有不同,它不是盲目地进行随机搜索,而是在一定的理论指导下进行随机搜索,即“启发”式随机搜索,故能保证搜索效率高,能达到整体极值。

模拟退火法是 Kirkpatrick 等 1983 年首先提出的。自问世以来很快受到广大地球物理学家的密切注意。近年来，它在可靠性和有效性等方面都得到了很大的发展，成为一种十分受欢迎的非线性多参数联合反演方法。

统计物理学(或称统计力学)从物质是由大量微观粒子组成这一事实出发，认为物质的宏观性质是大量微观粒子热运动的平均结果，宏观量是微观量的统计平均。因此，它研究的是由大量微观粒子组成的宏观系统的统计特性。统计物理学的基本研究成果是得到一个处于平衡状态下的宏观系统的统计分布。其中最重要的一种分布是吉布斯(Gibbs)分布。它认为系统处于某一种状态 $\boldsymbol{x}$ 下的概率由下式确定

$$P(\boldsymbol{x})=\frac{1}{Z}\exp\left(\frac{-E(\boldsymbol{x})}{K_B T}\right) \tag{4-1}$$

式中 $E(\boldsymbol{x})$表示系统处于状态 $\boldsymbol{x}$ 下的能量，K_B 为玻尔兹曼(Boltzman)常数，T 为绝对温度，Z 为正规化常数

$$Z=\sum_{\boldsymbol{x}}\exp\left(\frac{-E(\boldsymbol{x})}{K_B T}\right) \tag{4-2}$$

对于平衡的系统，吉布斯分布函数描述了系统状态的期望扰动。这种扰动既可能增加系统能量，也可能减少能量。向增加能量方向扰动的可能性大还是向减少能量方向扰动的可能性大由吉布斯分布决定。应当注意的是，绝对温度 T 这一参数对吉布斯分布的影响很大，因而对期望扰动的影响很大。当系统温度 T 很高时，使系统能量增加的扰动与使系统能量减少的扰动都有差不多的可能性。但是，当系统温度变小时，吉布斯分布逐渐给低能量状态以较大的概率。在极限情况 $T\rightarrow 0$ 时，吉布斯分布只允许向能量减小方向的扰动，系统进入基态。基态相当于最规则的晶体状态。但是，为了达到基态，系统必须慢慢冷却。因为若冷却太快则可能形成非晶体状的亚稳态玻璃体。将晶体形成模拟成搜寻到整体极值，玻璃体形成模拟成搜寻到局部极值，就可以利用吉布斯分布指导随机搜索。搜索时缓慢降温，保持平衡就可以求出整体极值解。下面简单介绍一下 Kirkpatrick 提出的模拟退火法。

若一个地球模型由 M 个模型参数组成，则一个解(或一个模型)为一个 M 维随机向量，它描述了一个宏观系统的一种状态。假设该宏观系统处于平衡状态下时服从的统计规律为吉布斯分布，则我们可以在恒定的温度下，由吉布斯分布对问题进行随机采样，以模拟处于热平衡下系统的平均性质。具体计算的方法为：对于每个模型参数的当前值给予一随机的扰动，组成系统的一个新的状态，计算扰动造成的能量变化 ΔE(在非线性反演问题中，就是计算扰动造成的目标函数或后验概率的变化。应当注意的是，若希望求目标函数或后验概率的最大值，则应将它们乘以 -1，以变为求它们的最小值)；如果 $\Delta E\leqslant 0$(即能量减少)，则该扰动被接受；如果 $\Delta E>0$(即能量增加)，则该扰动被接受的概率为

$$P(\Delta E)=\exp\left(\frac{-\Delta E}{T}\right) \tag{4-3}$$

扰动若被接受，模型参数值就修改；否则仍然使用原模型参数值。按此规律随机地扰动模型参数，最终会使系统达到按吉布斯分布的平衡状态。因为算法的每一步均只取决于目前的状态而不是过去的状态，而每一步的搜索既有可能向 E 减小的方向进行，也有可能向 E 增大的方向进行(与线性化或拟线性反演方法只能向一个方向搜索不同)，从而有可能舍弃局部极值。故经过足够长时间后，系统特性已不受初始状态影响(即算法求得的当前解与初始模型猜测无关)。

模拟退火法反演的关键是在执行算法时应缓慢地降低温度。如果系统冷却得足够慢，平衡条件得以保持，则模型参数最终能收敛于最低能量的基态。否则(降温过快)则有可能陷入局部

极值。

由此可见，模拟退火法兼有传统蒙特卡洛法和线性化或拟线性反演法的功能：当温度 T 很高时，对任何一组新模型接受的可能性都大致相同，类似于传统蒙特卡洛法；在低温状态时，接受低能量模型的可能性十分大而接受高能量模型的可能性几乎没有，又类似于线性化或拟线性反演方法。关键是“温度”这个控制参数（其单位与目标函数相同）。即在高温下“熔化”系统，在低温下使系统“凝固”；系统的整体性质在高温下出现，而精细的细节在低温下发展。图 4-2 是模拟退火法一个典型的能量与温度关系图。由图可以看出，在温度 T_c 附近能量突然急剧变小，在这之前和之后能量的变化都不大。这个特征类似于熔化的物质冷却接近其凝点时晶体突然生长，称之为“临界现象”。这一温度称为“临界温度”。物理学上将液体变为固体时的温度称为“临界温度”。此时物质内部出现条理化即“相变”，其能量的变化情况十分类似于上述曲线中的突变，故 T_c 被称为“临界温度”。

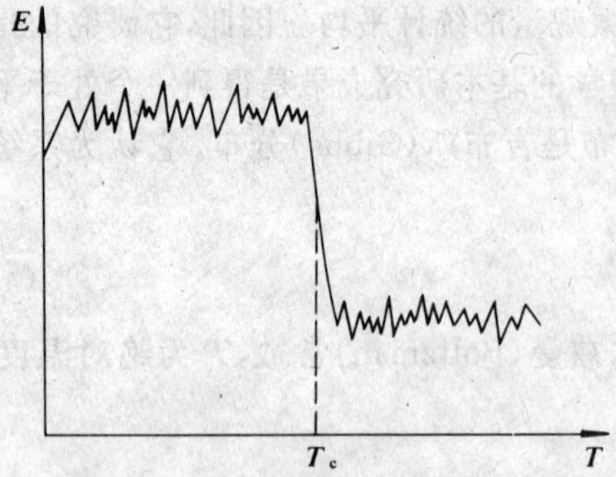

图 4-2　模拟退火法能量与温度关系示意图

Kirkpatrick 的模拟退火法已经在实际工作中使用。它在运行中必须缓慢降低温度。在每一温度下要达到平衡才可前进。故虽然它能搜索到目标函数（或后验概率）的整体极值，但计算效率比较低下。为了改进模拟退火法的工作效率，使之在实际应用中发挥更大的作用，许多地球物理学家对之进行了不同的研究，提出了许多改进的方法。有兴趣的读者可阅读有关的参考资料。

§4.4　遗传算法

与模拟退火法相似，遗传算法（Genetic Algorithm，简称 GA）也是一种启发式蒙特卡洛反演方法，即有指导地而不是盲目地随机搜索的方法。它可以解决复杂的大尺度、多变量非线性反演问题。与模拟退火法模拟物理系统的结晶过程不同，遗传算法基于生物系统的自然选择原理和自然遗传机制。它模拟自然界中的生命进化过程，在人工系统中解决复杂的、特定目标的非线性反演问题。

与模拟退火法在模型空间中从一点到另一点进行追踪、搜索不同，遗传算法对模型群体进行追踪、搜索。也就是说，遗传算法中的地球物理模型状态是通过模型群体传送的。因此，从某种意义上说，遗传算法具有更大的潜力，因为它具有比模拟退火法更大且更加复杂的“记忆”。

遗传算法的另一个特点是它用经二进制编码后的模型参数进行工作。模型参数经二进制编码后组成一个“串”，类似于生物遗传中的关键物质“染色体”。遗传算法模拟生物遗传中染色体遗传基因的变化来改变模型参数。

与模拟退火法一样，遗传算法针对问题本身的目标函数（或后验概率）进行求解而不需任何先决条件或辅助信息。通常，使用遗传算法求目标函数（或后验概率）的整体极大值对应的解。这一点并不影响方法的通用性。若某一反演问题需求整体极小值对应的解，只需对公式稍作改变即可。

算法从随机选择的一组模型群体开始。通过“选择”、“交换”和“变异”三个基本步骤组成的转移过程，得到新的模型群体（其中的许多成员可能与上一代群体中的成员相同）；简单地重复这一过程直至模型群体变得“一致”为止。所谓群体“一致”，意即群体目标函数（或后验概率）的方差或标准偏差很小，或者群体目标函数（或后验概率）的均值接近于群体中目标函数（或后验概率）的最大值。由于算法在模型空间中进行的是群体大范围跳跃式的搜索，搜索空间大，故只要适当地选择群体的大小以及选择、交换和变异的概率，就不会陷进目标函数（或后验概率）值不大的局部极值。

遗传算法的核心是由“选择”、“交换”和“变异”三步组成的转移过程。转移过程的细节变化相当广泛，由此形成算法的大量变种。但是，它们都有共同的要求和目的。图 4-3 是一个完整的遗传算法示意图。从参数编码、群体形成开始，经过选择、交换、变异等运算，然后以一定标准更新群体，实现一代遗传；反复迭代，不断更新，逐渐达到收敛，即可完成非线性反演的任务，求得所需要的解。下面将依次加以简介。

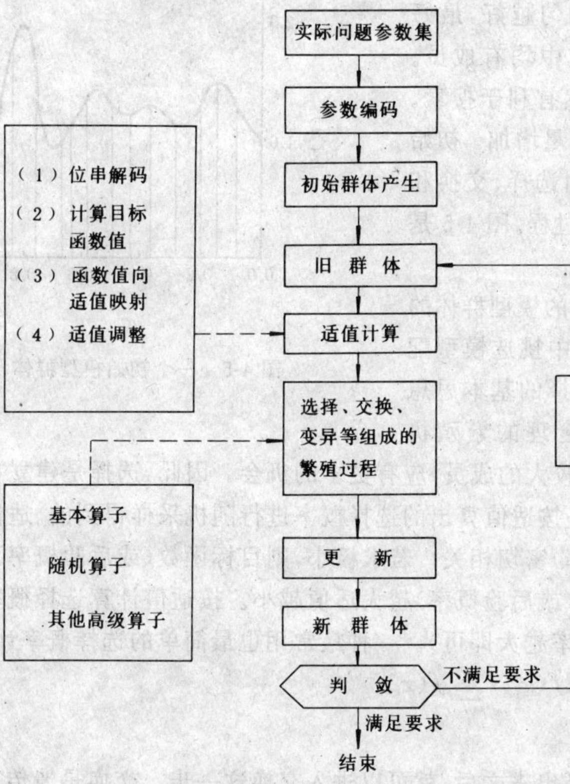

图 4-3　遗传算法工作流程示意图

(1)参数编码。通常遗传算法对模型参数的二进制编码进行工作，所以遗传算法的首要步骤是对模型参数进行二进制编码。按照遗传学的术语，这个二进制的“染色体”中的每一个二进制位称为一个“基因”，只能取 0 或 1 两个值。需要注意的是，参数编码并不意味着从十进制换算成二进制这种简单的变换。同一个参数可以编成不同的码，取决于参数的取值范围（最大值 max_{ij}，最小值 min_{ij}）和要求的精度 Δm_{ij}。如图 4-4 所示，全 0 对应着 min_{ij}，全 1 对应着 max_{ij}，最低一位二进制的 1 对应一个 Δm_{ij}，其余值可类推得到。

$m_{ij}=$	0	0	0	0	0	0	0	min
$m_{ij}=$	0	0	0	0	0	0	1	$\min+1\Delta m_{ij}$
$m_{ij}=$	0	0	0	0	0	1	0	$\min+2\Delta m_{ij}$
	⋮	⋮					⋮	
$m_{ij}=$	1	1	1	1	1	1	1	max

图 4-4　第 i 个模型的第 j 个参数编码示意图

(2)初始模型群体产生。初始模型群体是随机产生的。显然,初始模型群体中的个体在模型空间中分布得越均匀越好,最好是模型空间中的各代表区域中均有成员。因此,初始模型群体较大显然有利于搜索。但是,群体太大会使计算工作量增加。初始群体选出之后,就可以进入由选择、交换和变异等步骤组成的迭代运算过程。图 4-5 是一个选取的初始群体的例子。

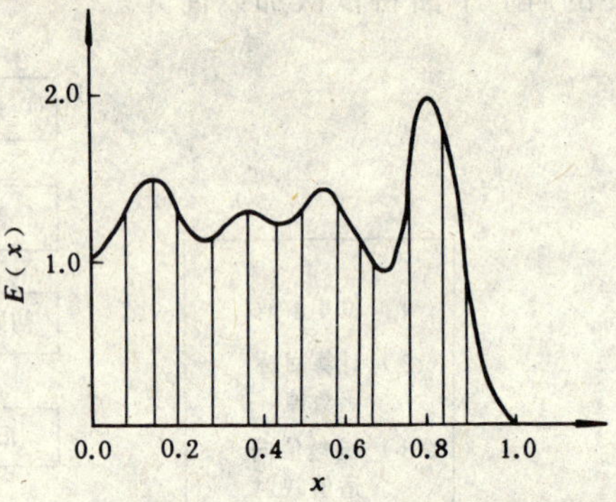

图 4-5　一个初始模型群体示意图

(3)选择。选择是产生新的模型群体的过程中的第一步。它从群体中挑选模型配成对(亲本)以进行交换。选择的基本思想为群体中的每个成员都有合理的繁殖机会,但较优秀的成员(即适值较大的成员)应有更多的机会。因此,选择是建立在群体中各模型适值大小的基础上进行的,是按适值算出的选择概率进行随机采样得到的。适值的大小与模型对应的目标函数(或后验概率)密切相关。若求极小,则目标函数(或后验概率)越小适值越大;反之,若求极大,则目标函数(或后验概率)越大适值越小。按适值计算选择概率可以有多种方法(只要能保证适值越大,概率越大即可)。一种最常用也最简单的选择概率计算公式为

$$P_S(x_i)=f(x_i)/\sum_i f(x_i) \tag{4-4}$$

式中 $f(x_i)$为模型 x_i 的适值。

(4)交换。一旦亲本选择出来之后,就可以进入交换这一步。交换是遗传算法的“繁殖”过程,是遗传算法的内在力。交换为亲本模型的重组,即将两个亲本模型拷贝的片段剪接在一起构成后代子本模型。显然,这种交换完全模拟遗传过程中两个染色体遗传基因的交换过程。

最基本也最简单的交换方式为一点交换。如图 4-6 所示。在染色体内部随机地选择一个交换点(图中为第 2、3 位之间);将一个亲本染色体在此点前的第一段与另一个亲本染色体在此点后的第二段结合在一起构成子本后代染色体,从而得到两个子本后代。实际上,还有很多其他方式的交换,这里就不一一赘述了。

因为交换的实质是在模型空间中进行大范围的搜索,搜索的空间区域很可能与原先的采样区域相距较远,故这种搜索属于非邻近区域搜索过程。它可以产生一个十分有效的模型空间

普查。线性化或拟线性反演方法、模拟退火法都属于邻近区域搜索过程，搜索的强度和内在的潜能远不如遗传算法。

(5)变异。变异是对偶然的(按较低的变异概率随机选择的)后代中的一个或多个随机选择的基因作随机摄动。变异在遗传过程中是十分重要的。因为若不存在变异，则子本模型不可能获得群体中不存在的染色体基因，因而也就不可能出现强有力的进化，出现超过前代的变化。最简单的变异方法就是将模型参数二进制编码的某一位由1变为0或由0变为1(图4-6)。发生变异的情况应当少(即变异概率 P_m 应当低)，但必须有。生物学中变异是保证物种不会退化的重要手段。在非线性反演中，变异是使得模型空间搜索更加彻底的重要方法。

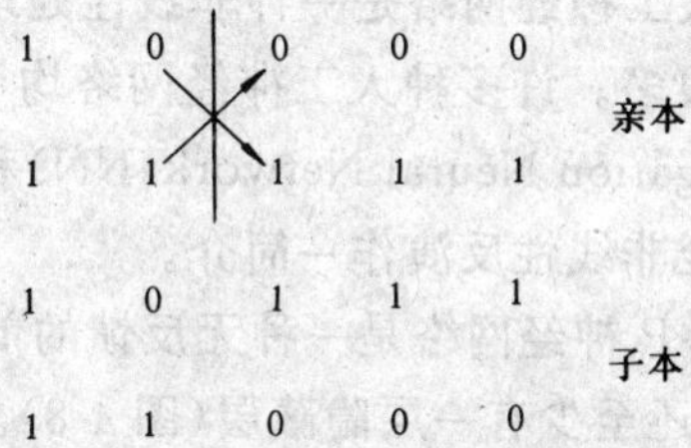

图 4-6　一点交换示意图

(6)更新。经过“交换”和“变异”，产生出新的子本模型。如果没有“死亡”或“更新”，则群体会越来越大，出现不可收拾的现象，因此必须有更新。所谓“更新”，就是根据自然界中“适者生存”的原则，在不同模型间进行竞争的过程。一般遗传算法都有一个“群体规模在遗传过程中保持不变”的基本原则。在这一原则下可以有各种更新方法。一个较好的方法是比较子本模型的适值与群体中其他模型的适值，保留适值较大的模型即可。

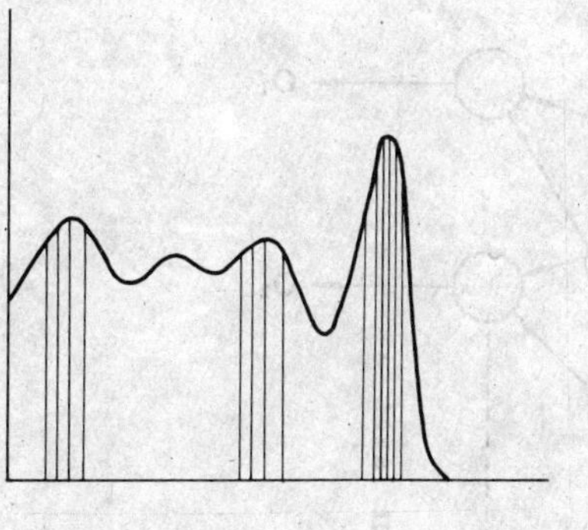

图 4-7　与图 4-5 同一问题的中间演化阶段

(7)收敛。模型群体经过多次选择、交换和变异之后，群体大小不变，但群体的平均目标函数(或后验概率)值逐渐变大(若反演问题是求极大值对应的解)，直至最后都聚集在模型空间中一个小范围内为止。此时可以说遗传算法收敛了，找到了整体极大值对应的解。图4-7给出一个由图4-5表示的问题的遗传算法演化的中间阶段。由图可见，群体成员开始在极值附近聚集。

遗传算法自20世纪60年代后期由John Holland和他在密西根大学的同事和学生提出以来，已经有了巨大发展，成为解决非线性反演问题的重要方法。

§4.5　其他完全非线性反演方法简介

除了上面介绍的几种完全非线性反演方法之外，最近几年又发展了若干新的完全非线性反演方法，例如利用人工神经网络的反演方法和利用混沌理论的反演方法。下面对它们作一十分简单的介绍。

4.5.1　人工神经网络完全非线性反演

人工神经网络(Artificial Neural Network，简称ANN)是模拟人脑处理信息功能的，由大量简单的、高度互连的处理元素(神经元)所组成的复杂网络计算系统;是人工智能领域中的最新发展。它能解决许多传统人工智能方法无法解决的难题,故受到广大科学工作者的重视。地球物理学家们对人工神经网络的发展也给予了极大的关注,并逐步将它用于地球物理的各个方面,反演问题求解只是其中之一。

人工神经网络是一种非线性处理系统,因此十分适合于进行非线性反演。人工神经网络的种类很多。许多种人工神经网络均可用于非线性反演,其中以误差回传神经网络(B-P,Back-Propagation Neural Network;NN)和Hopfield神经网络应用最为广泛。这里仅就B-P神经网络完全非线性反演作一简介。

B-P神经网络是一种无反馈的前向网络。网络中神经元分层排列,除了有输入层、输出层之外,还至少有一层隐蔽层(图4-8)。每一层中的每一个神经元均接收上一层中所有神经元的输出;它的输出也将给予下一层中的所有神经元;层内的神经元之间互相没有联系。

每一个神经元是一个十分简单的非线性处理单元(即它的输入—输出关系是非线性的)。因此,由大量神经元广泛互连组成的神经网络是一个非线性处理系统。

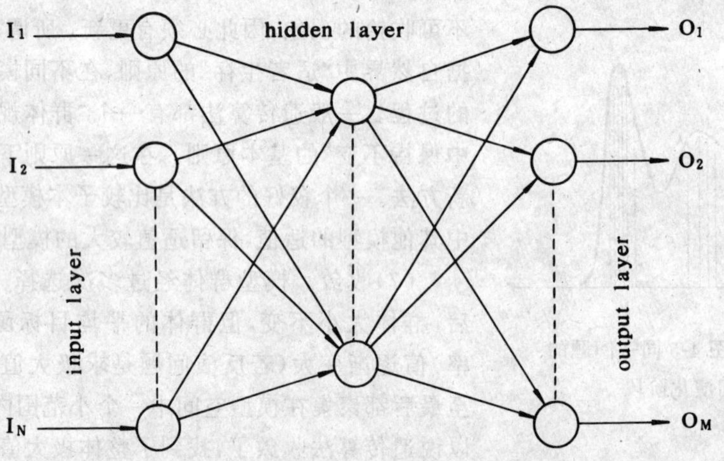

图4-8 B-P神经网络

B-P网络的工作过程分为学习阶段和工作阶段两部分。在学习阶段,人们提供网络标准输入信息和希望输出信息(一对输入—输出组成一个训练样本,可以有多个训练样本)。网络学习时首先进行正向传播,输入信息由输入层到隐蔽层再到输出层这样逐层处理得到输出。如果输出层的实际输出与事先给出的训练样本的希望输出不一致,则计算输出误差;将误差沿原来的连接通路返回;通过修改各层神经元之间的连接权值,使得误差逐渐达到最小。经过大量学习样本训练之后,各层神经元之间的连接权固定下来,就可以进入工作阶段。工作阶段只有输入信息的正向传播。

B-P网络在学习阶段可以学习标准输入和希望输出之间的任意非线性关系并以连接权的形式储存在网络中,在工作阶段利用学习到的非线性关系处理其他输入,从而得到与学习样本有相同非线性关系的输出。利用这一性质我们可以进行非线性反演工作。如果已知某地区某些点处地球模型参数和相应的实际资料，则我们可以将它们作为样本(资料作为输入，地球模型参数作为输出)提供给 B-P 网络。网络通过正向传播和误差回传，反复迭代，学习到这些地球模型参数与实际资料之间的非线性关系；然后将此关系推广到该地区的其他点处，将其他点处的实际资料作为输入，即可以反演出该地区任意点处的地球模型参数值来。或者如果没有某地区的地球模型参数及相应的实际资料，可以设计大量理论模型并用正演方法计算理论数据资料；将它们作为训练样本送入 B-P 网络；网络学习了它们之间的非线性关系之后，处理实际资料就可以得到完全非线性反演结果——地球模型参数。

B-P 网络非线性反演利用的是 B-P 网络的非线性映射能力，与通常意义下的反演有所不同，属于一种完全新颖的反演方法，是大有发展前途的。

4.5.2 非线性混沌反演

近年来，各学科的深入研究使人们认识到，科学的海洋从本质上说是非线性和具有混沌特点的，线性和有序的问题只不过是其中的一些岛屿。在非线性动力学中，混沌是指非线性系统演化的一种不确定和无规则状态，即无序状态。确定性的非线性系统，从有序运动走向无序和混沌，在总体上是有规律的。这些规律的总体称为混沌理论。典型的非线性现象，如相变、湍流、间歇振动和分叉等，在混沌理论中都有详细的说明和表征这类问题的方程。混沌发生的必要条件是系统为非线性。但是，非线性只是混沌运动发生的必要条件，而不是充分条件。检验一个非线性系统是否发生混沌运动，很重要的一条是看它是否对初始条件极为敏感，微小的初始条件变化是否会引起系统状态不可预测的演变。

我们知道，非线性反演是一个迭代过程。可以将一个非线性反演的迭代过程视为一种非线性系统。传统的迭代理论只有两种模式：收敛和发散，即迭代过程最终的演化只能有这两种结果。但在实际反演过程中确实存在另外一种结果，即达到混沌状态，称这种迭代反演具有混沌性质。

具有混沌性质的迭代反演具有这样的特征，即当数据有微小误差时，当迭代次数 k 还没达到一定程度，反演结果可能相对稳定，且依赖于所给出的地球物理数据。但当迭代次数达到某一定程度时，反演的输出突然变为无序，且与输入的地球物理数据本身无关，似乎完全是数据中的误差在起作用，说明迭代反演进入了混沌状态。迭代反演输出的这种阶段性相当于非线性动力学中的相变。迭代反演进入混沌状态的结果不可能是我们需要的反演结果，因为这时系统内的有序信息已经走向枯竭，起作用的仅是数据误差等无序信息。因此，必须在迭代反演将要达到混沌状态之前停止迭代，此时的反演结果才是最佳的。

所谓利用混沌理论进行非线性反演就是根据迭代反演可能进入混沌状态这一性质，利用混沌理论中的一些指数判别迭代反演所处的状态，从而达到最佳反演结果。在混沌理论中，Lyapunov 指数(李指数)是指示非线性动力学系统特征的重要参数；它表征系统所处的状态。因为对于一个非线性动力系统而言，混沌运动来源于对初始条件极其敏感的依赖性；但对一个非线性反演系统而言，系统的状态和输出同时依赖于数据的误差和初始模型两方面，故不能简单地使用混沌理论中的李指数公式，需要根据地球物理反演的特点重新定义指数，称为仿李指数，利用它来指导迭代反演的进行。关于仿李指数的具体细节请参看有关文献。

思考题与习题

1. 设地球模型参数有 $M=20$ 个，每个参数可能取 $N=10$ 个值，则潜在的模型有多少个？以每秒运算 1 亿次的计算机处理，每搜索一个模型只用 10^{-8}s，搜索全部潜在的模型要多长时间？

2. 传统蒙特卡洛反演方法与穷举法在实现搜索时的不同点在什么地方？比较二者的优缺点。

3. 模拟退火反演法源于哪一门学科，其基本思想是什么？

4. 遗传反演法源于哪一门学科，其基本思想是什么？

5. 人工神经网络反演法源于哪一门学科，其基本思想是什么？

第五章　位场勘探中的反演问题

位场资料反演是地球物理反演问题研究的主要内容之一。许多反演理论与方法都出自于位场反演这一领域，由于位场的性质决定了场与场源之间的关系具有相对直观的形式，因而大多数反演方法都能在位场资料反演中得到应用。因此，位场反演在地球物理反演研究中占有极其重要的地位。本章中，我们将讨论求解位场反演问题的基本方法和几种具体应用。

§5.1　位场资料反演的几个基本问题

5.1.1　位场反演研究的任务与内容

从地质角度来看，解位场反演问题的目的主要是研究矿体的位置、形状及物性特征、构造形态与产状和被认为是连续分布的物性分界面深度和起伏形态。而从地球物理角度来看，位场反演的任务可分为确定地质体的空间形体参数和物性参数。由于地球物理反演工作的根本任务是对观测到的资料给出定量的解释，而实际情况往往又是错综复杂的，因此，不可能要求反演工作做到面面俱到、尽善尽美。我们所能做到的是在客观条件下，尽可能给出一个接近于实际的估计。我们所面临的几个问题是：

1. 如何从观测异常值中提取用于反演的观测数据

应当强调，无论是重力异常还是磁异常，都包含各种成分的信息。例如，矿体上方的异常通常包含着下部构造和相邻地质体所引起的异常；对于深部构造，浅部构造引起的异常往往叠加在深部构造引起的异常之中。问题是如何从叠加异常中尽可能消除非目标引起的异常，从而提取“单纯”由于目标引起的异常信息。

2. 如何选择适当的模型体

为了表示形状不规则的形体，一般采用一组简单的模型块（或称模型元）去组合模拟，其原则是尽可能简单，以利于数值计算。例如，对于沿深度方向展布的地质体，可用一组长方柱体去拟合；对于沿水平方向展布的地质体，可以用一组水平板或柱去拟合；而对于内部物性变化较大的地质体，则可以用小正方体元去拟合。

3. 如何运用计算方法

反演计算过程能否快速收敛并得到满意的结果，除了给定适当的初始模型外，主要取决于所用的计算方法。针对问题的要求和条件，不仅要选择适当的方法，而且在必要时可以在计算过程中的不同阶段不断调整所用的方法。例如，对反演参数较多的问题，应考虑采用广义逆的方法，而不要使用牛顿法。

4. 如何抑制多解性的影响

反演计算结果的可靠性是反演计算的“生命”，而由于位场反演中多解性的存在，严重地影响到计算结果的可靠性。理论异常与观测结果的充分拟合，不等于反演结果的充分可靠。由于多解性是客观存在的，我们的工作是如何减小它的影响。通常的做法包括两个方面：一方面是充分利用先验信息，选择适当的模型参数，并给予必要的约束。另一方面是提高观测数据的数量和质量。提高观测数据的数量是为增加信息量，使反演数据方程尽可能为超定型，而提高观测数据质量，则是让反演所用观测数据尽可能反映更多的场源模型信息，使反演方程减少欠定性，以易于唯一地确定之。例如，如图 5-1 所示对于模型 Q 引起的重力异常，若只取剖面中 O—O'一段的数据，虽然仍可以满足方程为超定型，但反演计算就很难确定 O—O'一段的模型是模型 Q 还是模型 D，图 5-2 从目标函数的等值线图中也说明了这一点。

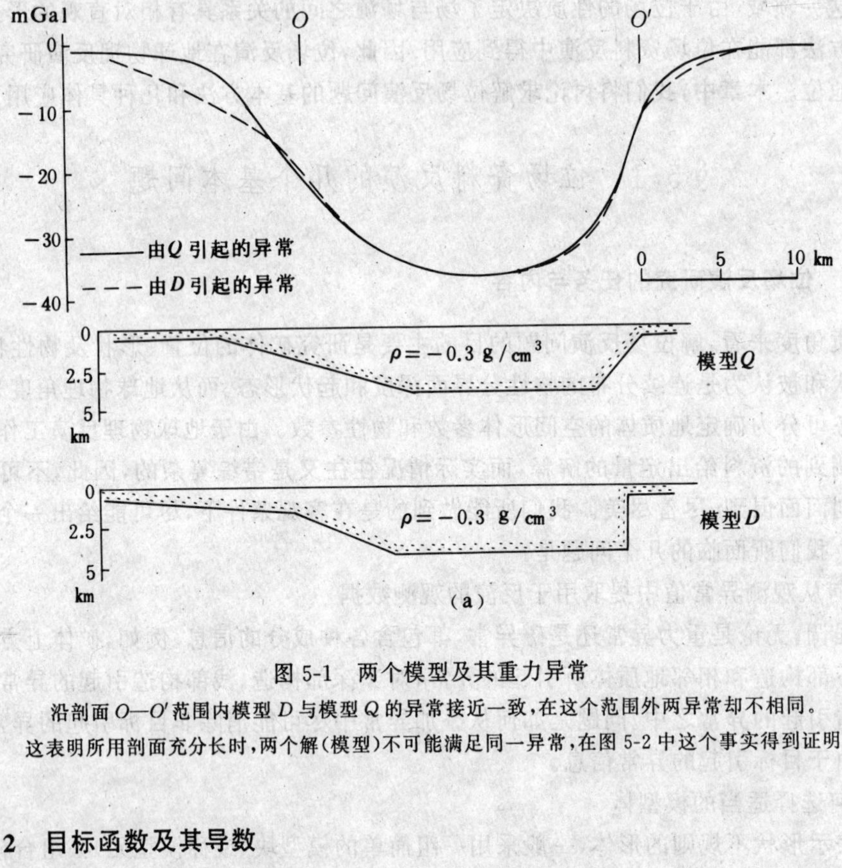

图 5-1 两个模型及其重力异常

沿剖面 O—O'范围内模型 D 与模型 Q 的异常接近一致，在这个范围外两异常却不相同。这表明所用剖面充分长时，两个解（模型）不可能满足同一异常，在图 5-2 中这个事实得到证明

5.1.2 目标函数及其导数

目标函数是为寻找反演问题最优解而设定的一个辅助函数。假设反演问题要寻求 N 个模型参数，即 $b_1,b_2,b_3,\cdots,b_N$，其向量形式为

$$\boldsymbol{b}=(b_1,b_2,\cdots,b_N)^{\mathrm{T}} \tag{5-1}$$

设有 M 个观测数据，所构制的模型体的理论异常 f 是模型参数 $\boldsymbol{b}$ 和测点坐标的函数。对于某个测点而言，函数形式可写成 $f_i(\boldsymbol{b})$，这里 i 为测点序号。

按照最小方差解法的原理，我们期望观测数据与理论计算值之方差达到极小，即寻到最佳解。于是有

$$\sum_{i=1}^{M}[\boldsymbol{d}_i - f_i(\boldsymbol{b})]^2 \rightarrow \min$$

其中，$\boldsymbol{d}_i$ 为第 i 点上的异常观测数据。若把这个方差定义为目标函数，问题就变成了求解目标函数

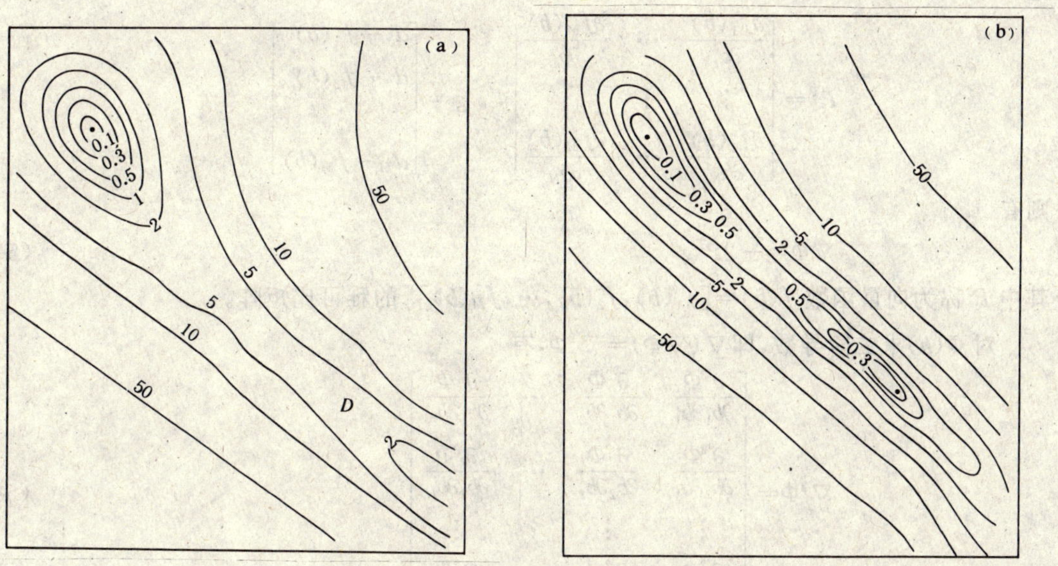

图 5-2 对 Q 模型的重力异常

(a)目标函数等值线值,(b)目标函数等值线值由所定义的目标函数超空间 C 的断面,说明剖面不够长的结果。断面方向是任意的。以致某些参数沿一个轴线性变化,同时另一些参数沿另一个方向线性变化

(a)所用剖面充分长时,解 Q 很好地被确定,(b)与(a)相同断面但只用 O—O′ 剖面,解就不那么好确定,因为其他可能的一些解出现了,其中之一为 D_0

$$\Phi(\boldsymbol{b}) = \sum_{i=1}^{M} [\boldsymbol{d}_i - f_i(\boldsymbol{b})]^2 \tag{5-2}$$

极小的最优化问题。

对 $\Phi(\boldsymbol{b})$ 求一阶导数得

$$\nabla\Phi(\boldsymbol{b}) = \begin{bmatrix} \frac{\partial\Phi}{\partial b_1} \\ \frac{\partial\Phi}{\partial b_2} \\ \vdots \\ \frac{\partial\Phi}{\partial b_N} \end{bmatrix} \tag{5-3}$$

其中

$$\frac{\partial\Phi}{\partial b_j} = -2\sum_{i=1}^{M} \frac{\partial f_i(b)}{\partial b_j}[d_i - f_i(b)] \quad (j = 1,2,\cdots,N) \tag{5-4}$$

将式(5-4)代入式(5-3),即有

$$\nabla\Phi = -2\begin{bmatrix} \frac{\partial f_1(\boldsymbol{b})}{\partial b_1} & \frac{\partial f_2(\boldsymbol{b})}{\partial b_1} & \cdots & \frac{\partial f_M(\boldsymbol{b})}{\partial b_1} \\ \frac{\partial f_1(\boldsymbol{b})}{\partial b_2} & \frac{\partial f_2(\boldsymbol{b})}{\partial b_2} & \cdots & \frac{\partial f_M(\boldsymbol{b})}{\partial b_2} \\ \vdots & \vdots & & \vdots \\ \frac{\partial f_1(\boldsymbol{b})}{\partial b_N} & \frac{\partial f_2(\boldsymbol{b})}{\partial b_N} & \cdots & \frac{\partial f_M(\boldsymbol{b})}{\partial b_N} \end{bmatrix} \begin{bmatrix} d_1 - f_1(b) \\ d_2 - f_2(b) \\ \vdots \\ d_M - f_M(b) \end{bmatrix} \tag{5-5}$$

记

$$P^{\mathrm{T}}=\begin{bmatrix}\frac{\partial f_1(\boldsymbol{b})}{\partial b_1} & \cdots & \frac{\partial f_M(\boldsymbol{b})}{\partial b_1}\\ \vdots & \vdots & \vdots\\ \frac{\partial f_1(\boldsymbol{b})}{\partial b_N} & \cdots & \frac{\partial f_M(\boldsymbol{b})}{\partial b_N}\end{bmatrix},\quad g=\begin{bmatrix}d_1-f_1(b)\\ d_2-f_2(b)\\ \vdots\\ d_M-f_M(b)\end{bmatrix}$$

则有

$$\nabla\Phi=-2\boldsymbol{P}^{\mathrm{T}}g \tag{5-6}$$

其中 P 称为向量函数 $f(\boldsymbol{b})=[f_1(\boldsymbol{b}),f_2(\boldsymbol{b}),\cdots,f_M(\boldsymbol{b})]^{\mathrm{T}}$ 的雅可比矩阵。

对 $\Phi(\boldsymbol{b})$求二阶导数，即$\nabla(\nabla\Phi)=\nabla^2\Phi$，有

$$\nabla^2\Phi=\begin{bmatrix}\frac{\partial^2\Phi}{\partial b_1\partial b_1} & \frac{\partial^2\Phi}{\partial b_1\partial b_2} & \cdots & \frac{\partial^2\Phi}{\partial b_1\partial b_N}\\ \frac{\partial^2\Phi}{\partial b_2\partial b_1} & \frac{\partial^2\Phi}{\partial b_2\partial b_2} & \cdots & \frac{\partial^2\Phi}{\partial b_2\partial b_N}\\ \vdots & \vdots & \vdots & \vdots\\ \frac{\partial^2\Phi}{\partial b_N\partial b_1} & \frac{\partial^2\Phi}{\partial b_N\partial b_2} & \cdots & \frac{\partial^2\Phi}{\partial b_N\partial b_N}\end{bmatrix} \tag{5-7}$$

为 $\Phi(\boldsymbol{b})$的海森矩阵，其中

$$\begin{aligned}\frac{\partial^2\Phi}{\partial b_j\partial b_k}&=\frac{\partial}{\partial b_k}\left(\frac{\partial\Phi}{\partial b_j}\right)\\ &=-2\sum_{i=1}^{M}\left[\frac{\partial^2 f_i(b)}{\partial b_j\partial b_k}[d_i-f_i(b)]-\frac{\partial f_i(b)}{\partial b_j}\frac{\partial f_i(b)}{\partial b_k}\right]\end{aligned} \tag{5-8}$$

若目标函数表示成 $\varphi(t)=\Phi(\boldsymbol{b}+t\boldsymbol{p})$，$\boldsymbol{p}$ 为 N 维向量，t 为标量参数，则有

$$\varphi'(t)=\boldsymbol{p}^{\mathrm{T}}\nabla\Phi(\boldsymbol{b}+t\boldsymbol{p}) \tag{5-9}$$

$$\varphi''(t)=\boldsymbol{p}^{\mathrm{T}}\nabla^2\Phi(\boldsymbol{b}+t\boldsymbol{p})\boldsymbol{p} \tag{5-10}$$

如要采用最速下降法求解反演问题，迭代过程中的搜索方向和步长的计算，可以通过式(5-4)和式(5-8)得到第 k 步的梯度和海森矩阵。由于这里的目标函数是非负的，而认为理论上当 $\Phi(\boldsymbol{b}+t\boldsymbol{p})=0$ 时为最小值，即可以通过一种简单的途径获得搜索步长 t。将 $\Phi(\boldsymbol{b}+t\boldsymbol{p})$在 $\boldsymbol{b}$ 附近展开成泰勒级数，且忽略一次以上的项，有

$$\Phi(\boldsymbol{b}+t\boldsymbol{p})\approx\Phi(\boldsymbol{b})+t\boldsymbol{p}^{\mathrm{T}}\nabla\Phi(\boldsymbol{b}) \tag{5-11}$$

显然，当 $\Phi(\boldsymbol{b}+t\boldsymbol{p})=0$ 时，我们认为这时 t 使 $\Phi(\boldsymbol{b}+t\boldsymbol{p})$达到极小，又因 $\boldsymbol{p}=-\nabla\Phi(\boldsymbol{b})$，则

$$t=\frac{\Phi(\boldsymbol{b})}{|\nabla\Phi(\boldsymbol{b})|^2} \tag{5-12}$$

因而在原迭代点 $\boldsymbol{b}^{(k)}$基础上产生的新点 $\boldsymbol{b}^{(k+1)}$可表示为

$$\boldsymbol{b}^{(k+1)}=\boldsymbol{b}^{(k)}-\frac{\nabla\Phi(\boldsymbol{b}^{(k)})}{|\nabla\Phi(\boldsymbol{b}^{(k)})|^2}\Phi(\boldsymbol{b}^{(k)}) \tag{5-13}$$

若采用最小二乘法求解，方程 $A\delta=\boldsymbol{g}$ 中的 $\boldsymbol{A}$ 和 $\boldsymbol{g}$ 可表示为

$$\boldsymbol{A}=\boldsymbol{P}^{\mathrm{T}}\boldsymbol{P},\quad \boldsymbol{g}=\boldsymbol{P}^{\mathrm{T}}(\boldsymbol{d}-f(\boldsymbol{b}^{(0)}))$$

这里 $\delta=\boldsymbol{b}-\boldsymbol{b}^{(0)}$。迭代过程中，第 k 次得到的增量 $\delta^{(k)}$作为确定新点 $\boldsymbol{b}^{(k+1)}$的依据，即

$$\boldsymbol{b}^{(k+1)}=\boldsymbol{b}^{(k)}+\delta^{(k)}$$

理论和实践都证明，以理论预测数据与观测数据之方差为目标函数，对位场反演问题是十分适宜的，因为这能保证它在大多数情况下为凸函数。

5.1.3 场源模型构制

构制模型包括两项基本内容，即模型单元的选择和模型参数的选择。如图 5-3 所示，若用一组二度长方水平柱体去拟合一个二度地质体，其中每一个柱体在水平地面（$Z=0$）引起的重力异常为

$$\begin{aligned}\Delta g(x)=f\sigma\Big[&(x-x_0+a)\ln\frac{(x-x_0+a)^2+D_2^2}{(x-x_0+a)^2+D_1^2}-(x-x_0-a)\ln\frac{(x-x_0-a)^2+D_2^2}{(x-x_0-a)^2+D_1^2}\\&+2D_2\left(\mathrm{tg}^{-1}\frac{x-x_0+a}{D_2}-\mathrm{tg}^{-1}\frac{x-x_0-a}{D_2}\right)\\&-2D_1\left(\mathrm{tg}^{-1}\frac{x-x_0+a}{D_1}+\mathrm{tg}^{-1}\frac{x-x_0-a}{D_1}\right)\Big]\end{aligned}\tag{5-14}$$

式中，f 为万有引力常数；x 为异常数据水平坐标；x_0 为柱平面中心点水平坐标；$2a$ 为柱水平宽度；D_1 为柱顶面深度；D_2 为柱底面深度；σ 为柱体密度（剩余密度）。

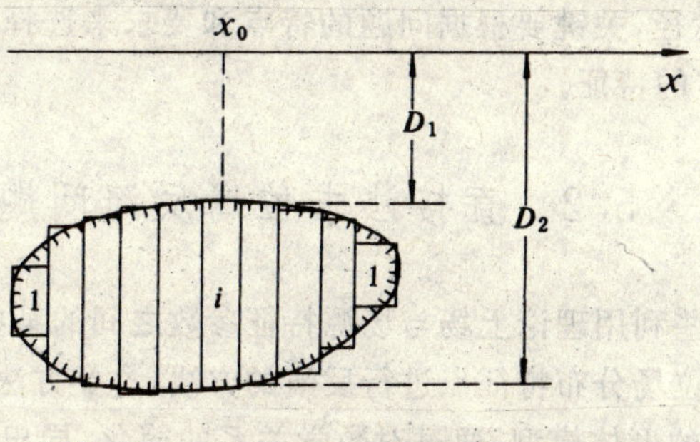

图 5-3　二度长方水平柱体元示意图

这样一个模型元需用 5 个参量来描述，若这组模型有 N 个，则模型参数数量为 $5N$。实际问题中，有时要求几十甚至几百个模型元进行组合，如此，模型参数的数量就十分可观了。我们知道，在反演中，模型参数越多，计算越复杂，由此造成的迭代不收敛的可能性也越大。若能充分利用先验信息，既能有效地减少参数数目，又能保证对地质体特征的描述，可使反演迭代计算减少大量不必要的搜索，而迅速收敛。

我们还是针对上面水平柱体组合来讨论。对于地质体空间位置、大小、形状都未知的情况，我们可以适当地增加模型元的数据，让组合体位于地质体可能出现的空间上，同时认为任意一个柱体的上顶深度 D_1 和下底深度 D_2 可以相重叠（即柱体消失）。这样，每个柱体的中心水平坐标 x_0、顶面水平宽度 $2a$ 就可以是常数。而当地质体内部密度变化不大时，组合体密度也可以统一用相同密度参数。如此，对于 N 个模型元的组合体，就可以用 $2N+1$ 个参数来描述，大大地减少了参数数目。

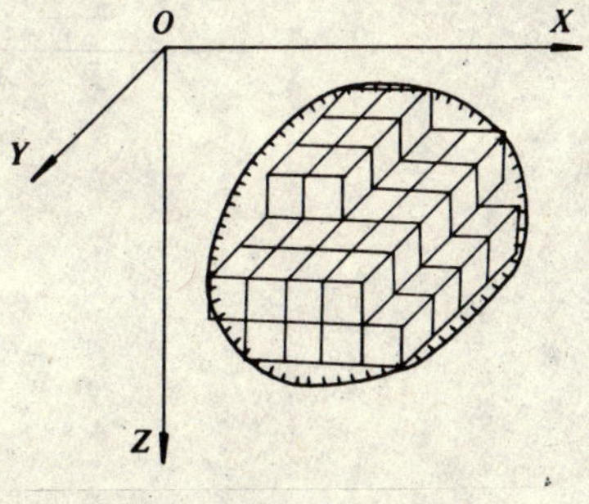

图 5-4　长方块元示意图

位场（重力或磁力）异常是地下物质密度或磁性变化所引起的，而地下介质又是连续分布的，从这个角度来看，地下空间中的异常体是一系列具有较高或较低的密度或磁性的小块组成的密度或磁性“变异带”。显然，实际中这些小块的物性分布是未知的，需要通过反演来确定。如果把观测区域地下空间介质划分成若干规则小

块(如图 5-4),只要这些小块体积充分小,每块内部的物理性质就可以认为是相对均匀的。由位场理论可知,任意一个均质体在其外部空间的位场可表示成 $u=\lambda f$ 的形式,u 为场分布函数,f 为仅与块体形状及其空间坐标有关的坐标函数,λ 为物性参数。由于每一个规则块元位置与大小是固定的,对于任一点处,其 f 函数值可以预先计算出来,不会因反演求解的进程而发生改变,因而使 λ 成为唯一描述这个规则体元的参数。同时,使得反演场源形体模型变成了反演物性参数分布的问题,更重要的是,使一个非线性问题变成了一个线性问题。

模型块元异常值的计算,有不同的途径。例如,可以通过傅立叶变换来实现模型块元的正演计算乃至反演迭代拟合。若将前面讨论的长方水平柱异常表达式转换为傅氏频域形式,即

$$S(\omega)=\frac{2\pi f\sigma}{\omega^2}(e^{-ix_1}-e^{-ix_2})(e^{-\omega D_1}-e^{-\omega D_2}) \tag{5-15}$$

式中,$\omega=2\pi v$ 为波数;v 为频率;$x_1=x-x_0-a$,$x_2=x-x_0+a$;D_1、D_2 分别为柱上顶与下底深度。

可见,式(5-15)比式(5-14)简单许多,便于正演计算。可加快反演的进程。

模型构制还有许多途径,关键要根据问题的特点和要求来选择,使其既有利于反演计算,又有利于充分反映地质体的特征。

§5.2 直接法求位场反演问题

所谓直接法,是指那些利用理论上场与场源特征参数之间的某些特殊关系,无需经过复杂的数值计算,而直接利用位场分布特征点进行反演的方法。这类方法通常是对实际场源作一定的假设,视其为简单理想的形体模型,通过对数学关系的简化,导出所求场源模型参数与场的关系,从而求之。这种方法也称几何法或图解法。

我们用下列几个例子来具体说明。

对于一个具有一定深度的等轴状地质体,其在地面产生的重力异常可作为一个均匀球体引起的异常,即

$$\Delta g=\frac{fMD}{(x^2+D^2)^{3/2}} \tag{5-16}$$

其中,D 为地质体中心埋深,它可用异常的半极值范围宽度 $b_{1/2}$ 来确定(图 5-5)

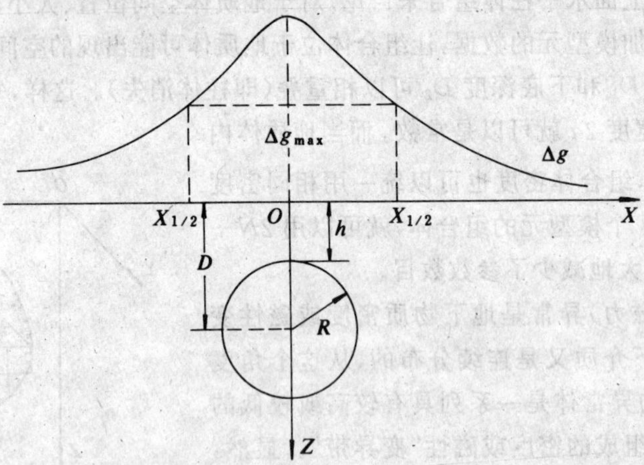

图 5-5 等轴状地质体重力异常半极值范围

$$b_{1/2}=2D\sqrt{4^{1/3}-1} \tag{5-17}$$

则

$$D\approx 0.652b_{1/2} \tag{5-18}$$

地质体的剩余质量则可用异常最大值 Δg_{max}和 D 来确定

$$M=\frac{1}{f}\Delta g_{max}\cdot D\approx 15\Delta g_{max}\cdot D(t) \tag{5-19}$$

其中，Δg_{max}的单位是（$1cm/s^2=10^4 g.u.$），D 的单位是 m。

一个厚度不大但走向长度和下延深度较大的磁性岩脉，可近似为无限延深的磁性薄板（图 5-6）。在斜磁化下薄板引起的垂直磁异常 Z_a（或 ΔZ）有一个极大值和一个极小值，相应的水平坐标 x_{max}和 x_{min}之间的距离与极顶深度 h 有如下关系

$$h=\frac{1}{2}\sin(\alpha-i)(x_{min}-x_{max})=\frac{d_m}{2}\sin(\alpha-i) \tag{5-20}$$

式中，α 和 i 分别为薄板倾角和有效磁化倾角，d_m 为 x_{min}与 x_{max}之间距离。

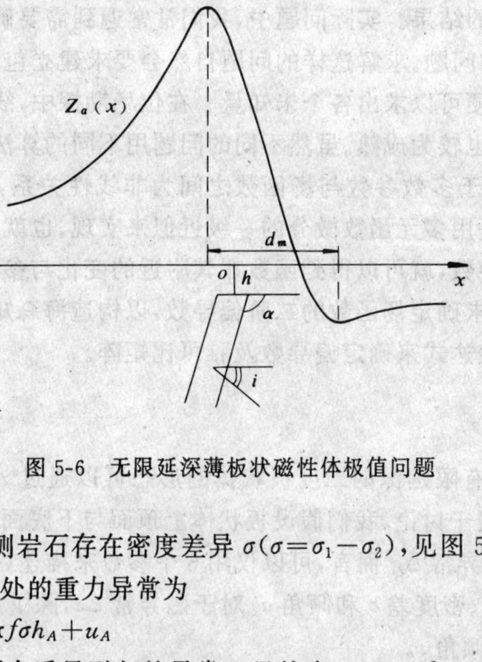

图 5-6　无限延深薄板状磁性体极值问题

设某一地质分界面两侧岩石存在密度差异 $\sigma(\sigma=\sigma_1-\sigma_2)$，见图 5-7，界面平均深度比界面起伏大得多，对于地面任一处的重力异常为

$$\Delta g_A=2\pi f\sigma h_A+u_A \tag{5-21}$$

式中，u_A 为平板层以外的剩余质量引起的异常。显然有 $u_A\ll 2\pi f\sigma h_A$，则

$$h_A\approx\frac{\Delta g_A}{2\pi f\sigma} \tag{5-22}$$

这时密度界面深度可用一个线性公式估算。若已知某一处界面深度 h_0，相应处的异常值为 Δg_0，公式(5-20)可演变为

$$h=h_0+\frac{\Delta g-\Delta g_0}{2\pi f\sigma} \tag{5-23}$$

直接法具有一定的实用性，其方法简单，易于快速估算。但也存在着局限性，对于孤立、简单且条件理想的场源模型，能取得较好的效果。而对于复杂形体，尤其在多个异常叠加的情况下，应用时需要慎重。

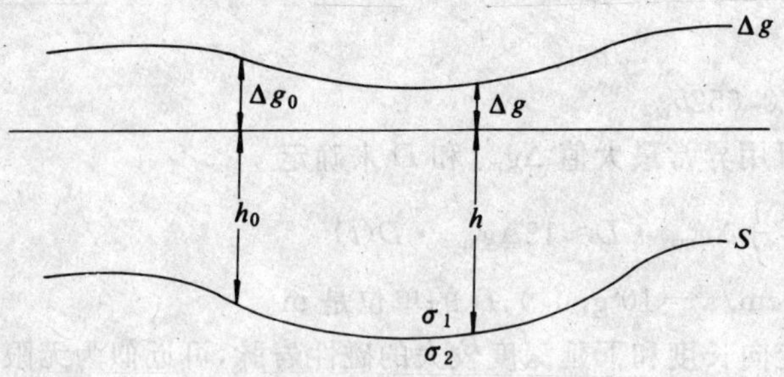

图 5-7　密度界面线性反演示意图

§5.3　单一和组合模型位场反演问题

用直接法求解反演问题，只能针对某一参数进行，而当异常体不能简单地视作单一规则形体时，往往很难给出满意的结果。实际问题中，我们常常遇到需要确定多个模型参数或异常体需要用多个参数来刻画的问题。求解这样的问题自然会要求建立包含多个未知数的方程组，通过代入已知的观测数据，便可以求出各个未知量。在位场勘探中，线性反演方法和广义线性反演方法应用得较为广泛，也较为成熟。虽然不同的问题用不同的算法，方程组的形式有所不同，但对于位场模型而言，由于多数参数与场函数之间为非线性关系，因此需对其进行线性化处理。线性化的方法通常是用多元函数微分的一级近似来实现，也就是说，只要确定了场函数在某一确定参数值上的偏导数，就可以得到函数在其附近的变化与参数的变化之近似线性关系。当然，一些算法同时还要求确定场函数的二阶偏导数，以构造海森矩阵。我们将通过两个例子说明如何通过重磁异常表达式来确定偏导数及雅可比矩阵。

5.3.1　二度板状体

如图 5-8 所示，一个有限延深的二度板状体的形态可以通过 A、B、C、D 四个横截面上的角点坐标来构制。为了便于讨论，我们假设板状体上顶面与下底面平行且水平，板厚度一致且内部均匀。如此对于重力异常 Δg 而言，可以仅用 6 个参数来描述，即上顶或下底宽度 $2b$、延深长度 $2l$、中心坐标(x_0, z_0)、密度差 σ 和倾角 α。对于磁异常 Δz，除了用磁化强度 J 替换密度差 σ 之外，还要增加一个磁化倾角 i。

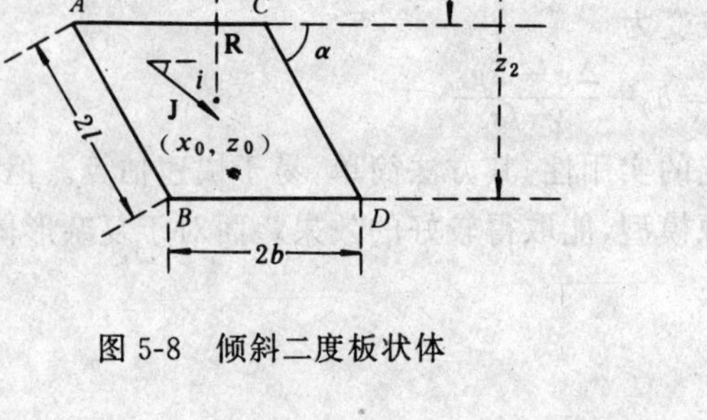

图 5-8　倾斜二度板状体

这样重磁异常公式可分别表示为

$$\begin{aligned}\Delta g=2\pi f\sigma\{&[z_2(\varphi_2-\varphi_4)-z_1(\varphi_1-\varphi_3)]\\&+x_k[\sin^2\alpha\ln\frac{r_2r_3}{r_1r_4}+\cos\alpha\sin\alpha(\varphi_1-\varphi_2-\varphi_3+\varphi_4)]\\&+2b[\sin^2\alpha\ln\frac{r_4}{r_3}+\cos\alpha\sin\alpha(\varphi_3-\varphi_4)]\}\end{aligned}\tag{5-24}$$

$$\Delta Z=2J\sin\alpha[\sin(\alpha-i)\ln\frac{r_2r_3}{r_1r_4}+\cos(\alpha-i)(\varphi_1-\varphi_2-\varphi_3+\varphi_4)]\tag{5-25}$$

以上式中 r_1、r_2、r_3 和 r_4 分别为板截面角点 A、B、C 和 D 到 P 点之间连线距离，φ_1、φ_2、φ_3 和 φ_4 分别为 r_1、r_2、r_3 和 r_4 与 x 轴正向的夹角，由 x 轴顺时针起算。

如果设板的中心坐标为(x_0,z_0)，板的水平宽度为 $2b$，板的下延长度为 $2l$，板的倾角为 α，磁化强度的倾角为 i，磁化强度为 J，则有关系

$$r_1^2=(x_k-x_0+b+l\cos\alpha)^2+(z_0-z_k-l\sin\alpha)^2$$
$$r_2^2=(x_k-x_0+b-l\cos\alpha)^2+(z_0-z_k+l\sin\alpha)^2$$
$$r_3^2=(x_k-x_0-b+l\cos\alpha)^2+(z_0-z_k-l\sin\alpha)^2$$
$$r_4^2=(x_k-x_0-b-l\cos\alpha)^2+(z_0-z_k+l\sin\alpha)^2$$

同样有

$$\varphi_1=\pi-\mathrm{tg}^{-1}\frac{z_0-z_k-l\sin\alpha}{x_k-x_0+b+l\cos\alpha}$$
$$\varphi_2=\pi-\mathrm{tg}^{-1}\frac{z_0-z_k+l\sin\alpha}{x_k-x_0+b-l\cos\alpha}$$
$$\varphi_3=\pi-\mathrm{tg}^{-1}\frac{z_0-z_k+l\sin\alpha}{x_k-x_0-b-l\cos\alpha}$$
$$\varphi_4=\pi-\mathrm{tg}^{-1}\frac{z_0-z_k-l\sin\alpha}{x_k-x_0-b+l\cos\alpha}$$

将上面等式代入式(5-24)、式(5-25)中，可得异常的直角坐标表达式。以垂直磁异常为例，写出如下

$$\begin{aligned}\Delta Z=2J\sin\alpha\Big\{&\cos(\alpha-i)\\&\cdot\mathrm{tg}^{-1}\frac{2b(z_0-z_k-l\sin\alpha)}{(z_0-z_k-l\sin\alpha)^2+(x_k-x_0+l\cos\alpha)^2-b^2}\\&-\mathrm{tg}^{-1}\frac{2b(z_0-z_k+l\sin\alpha)}{(z_0-z_k+l\sin\alpha)^2+(x_k-x_0-l\cos\alpha)^2-b^2}+\sin(\alpha-i)\cdot\frac{1}{2}\\&\cdot\ln\frac{[(z_0-z_k+l\sin\alpha)^2+(x_k-x_0+b-l\cos\alpha)^2]}{[(z_0-z_k-l\sin\alpha)^2+(x_k-x_0+b+l\cos\alpha)^2]}\\&\cdot\frac{[(z_0-z_k-l\sin\alpha)^2+(x_k-x_0-b+l\cos\alpha)^2]}{[z_0-z_k+l\sin\alpha)^2+(x_k-x_0-b-l\cos\alpha)^2]}\Big\}\end{aligned}\tag{5-26}$$

若设

$$x_1=x_k-x_0+b+l\cos\alpha$$
$$x_2=x_k-x_0+b-l\cos\alpha$$
$$x_3=x_k-x_0-b+l\cos\alpha$$
$$x_4=x_k-x_0-b-l\cos\alpha$$
$$z_1=z_0-z_k-l\sin\alpha$$
$$z_2=z_0-z_k+l\sin\alpha$$

且令

$$U=\ln\frac{(z_2^2+x_2^2)(z_1^2+x_3^2)}{(z_1^2+x_1^2)(z_2^2+x_4^2)}$$

$$V=\mathrm{tg}^{-1}\frac{2bz_1}{z_1^2+(x_1-b)^2-b^2}-\mathrm{tg}^{-1}\frac{2bz_2}{z_2^2+(x_2-b)^2-b^2}$$

则 $$\Delta Z=2J\sin\alpha\left[\cos(\alpha-i)\cdot V+\frac{1}{2}\sin(\alpha-i)\cdot U\right]$$

这样，ΔZ 对各个参量的导数可写为

$$\begin{aligned}\frac{\partial(\Delta Z)}{\partial x_0}=&2J\sin\alpha\Bigg\{\sin(\alpha-i)\left[\frac{x_3}{z_1^2+x_3^2}+\frac{x_2}{z_2^2+x_2^2}-\frac{x_1}{z_1^2+x_1^2}-\frac{x_4}{z_2^2+x_4^2}\right]\\&-4b\cos(\alpha-i)\left[\frac{z_1(x_1-b)}{(z_1^2+(x_1-b)^2-b^2)^2+(2bz_1)^2}\right.\\&\left.-\frac{z_2(x_2-b)}{(z_2^2+(x_2-b)^2-b^2)^2+(2bz_2)^2}\right]\Bigg\}\end{aligned}\tag{5-27}$$

$$\begin{aligned}\frac{\partial(\Delta Z)}{\partial z_0}=&2J\sin\alpha\Bigg\{\sin(\alpha-i)\left[\frac{z_1}{z_1^2+x_3^2}+\frac{z_2}{z_2^2+x_2^3}-\frac{z_1}{z_1^2+x_1^2}-\frac{z_2}{z_2^2+x_4^2}\right]\\&+2b\cos(\alpha-i)\left[\frac{(x_1-b)^2-b^2-z_1^2}{(z_1^2+(x_1-b)^2-b^2)^2+(2bz_1)^2}\right.\\&\left.-\frac{z_2^2-(x_2-b)^2+b^2}{(z_2^2+(x_2-b)^2-b^2)^2+(2bz_2)^2}\right]\Bigg\}\end{aligned}\tag{5-28}$$

$$\begin{aligned}\frac{\partial(\Delta Z)}{\partial(2b)}=&\frac{1}{2}\frac{\partial(\Delta Z)}{\partial b}=J\sin\alpha\Bigg\{\sin(\alpha-i)\left[\frac{x_2}{z_2^2+x_2^2}-\frac{x_3}{z_1^2+x_3^2}+\frac{x_4}{z_2^2+x_4^2}-\frac{x_1}{z_1^2+x_1^2}\right]\\&+2\cos(\alpha-i)\cdot\left[\frac{z_1(z_1^2+(x_1-b)^2+b^2)}{(z_1^2+(x_1-b)^2-b^2)^2+(2bz_1)^2}\right.\\&\left.-\frac{z_2(z_2^2+(x_2-b)^2+b^2}{(z_2^2+(x_2-b)^2-b^2)^2+(2bz_2)^2}\right]\Bigg\}\end{aligned}\tag{5-29}$$

$$\begin{aligned}\frac{\partial(\Delta Z)}{\partial(2l)}=&J\sin\alpha\Bigg\{\sin(\alpha-i)\left[\frac{x_3\cos\alpha-z_1\sin\alpha}{z_1^2+x_3^2}+\frac{z_2\sin\alpha-x_2\cos\alpha}{z_2^2+x_2^2}\right.\\&\left.-\frac{x_1\cos\alpha-z_1\sin\alpha}{z_1^2+x_1^2}-\frac{z_2\sin\alpha-x_4\cos\alpha}{z_2^2+x_4^2}\right]+2b\cos(\alpha-i)\\&\left[\cdot\frac{2z_2(z_2\sin\alpha+2z_1((x_1-b)\cos\alpha-z_1\sin\alpha)}{(z_1^2+(x_1-b)^2-b^2)^2+(2bz_1)^2}\right]\Bigg\}\end{aligned}\tag{5-30}$$

$$\begin{aligned}\frac{\partial(\Delta Z)}{\partial\alpha}=&2J\cos\alpha\left\{\cos(\alpha-i)\cdot V+\frac{1}{2}\sin(\alpha-i)\cdot U\right\}\\&+2J\sin\alpha\Bigg\{\frac{1}{2}\cos(\alpha-i)\cdot U+\sin(\alpha-i)\\&\cdot\left[\frac{z_1\cos\alpha+x_2\sin\alpha}{z_2^2+x_2^2}-\frac{z_1\cos\alpha+x_3\sin\alpha}{z_1^2+x_3^2}+\frac{z_1\cos\alpha+x_1\sin\alpha}{z_1^2+x_1^2}\right.\\&\left.-\frac{z_2\cos\alpha+x_4\sin\alpha}{z_2^2+x_4^2}\right]-\sin(\alpha-i)V+2bl\cos(\alpha-i)\\&\cdot\left[\frac{2z_1(z_1\cos\alpha+(x_1-b)\sin\alpha)-(z_1^2+(x_1-b)^2-b^2)\cos\alpha}{(z_1^2+(x_1-b)^2-b^2)^2+(2bz_1)^2}\right.\\&\left.+\frac{2z_2(z_2\cos\alpha+(x_2-b)\sin\alpha)-(z_2^2+(x_2-b)^2-b^2)\cos\alpha}{(z_2^2+(x_2-b)^2-b^2)^2+(2bz_2)^2}\right]\Bigg\}\end{aligned}\tag{5-31}$$

$$\frac{\partial(\Delta Z)}{\partial i}=2J\sin\alpha\left\{\sin(\alpha-i)\cdot V-\frac{1}{2}\cos(\alpha-i)\cdot U\right\}\tag{5-32}$$

$$\frac{\partial(\Delta Z)}{\partial J}=2\sin\alpha\left\{\cos(\alpha-i)\cdot V+\frac{1}{2}\sin(\alpha-i)\cdot U\right\}\tag{5-33}$$

再将 x_1、x_2、x_3、x_4 和 z_1、z_2 还原即可。

如此，对于重力异常 Δg，其雅可比矩阵 P 可以通过代入观测点坐标 (x_1,z_1)，(x_2,z_2)，…，(x_M,z_M) 来确定，即

$$P=\begin{bmatrix}\frac{\partial g_1}{\partial x_0} & \frac{\partial g_1}{\partial z_0} & \frac{\partial g_1}{\partial b} & \frac{\partial g_1}{\partial l} & \frac{\partial g_1}{\partial \alpha} & \frac{\partial g_1}{\partial \sigma}\\ \frac{\partial g_2}{\partial x_0} & \frac{\partial g_2}{\partial z_0} & \frac{\partial g_2}{\partial b} & \frac{\partial g_2}{\partial l} & \frac{\partial g_2}{\partial \alpha} & \frac{\partial g_2}{\partial \sigma}\\ \vdots & \vdots & \vdots & \vdots & \vdots & \vdots\\ \frac{\partial g_M}{\partial x_0} & \frac{\partial g_M}{\partial z_0} & \frac{\partial g_M}{\partial b} & \frac{\partial g_M}{\partial l} & \frac{\partial g_M}{\partial \alpha} & \frac{\partial g_M}{\partial \sigma}\end{bmatrix} \tag{5-34}$$

这里第一列元素$\frac{\partial g_i}{\partial x_0}$表示 Δg_1 对 x_0 的偏导数在(x_i,z_i)处的值，其他列元素的意义可对应解释。如此同样可构造磁异常 ΔZ 的雅可比矩阵。

若定义目标函数为

$$\Phi=\sum_{i=1}^{M}[\Delta g_i^{\text{obs}}-\Delta g_i]^2 \tag{5-35}$$

其中 Δg_i^{obs} 为第 i 点上观测异常数据，Δg_i 为第 i 点上理论重力异常数据，则有

$$\nabla\Phi=-2P^{\mathrm{T}}q \tag{5-36}$$

式中 q 为观测数据与理论数据差之向量。

若采用最速下降算法求解，按照式(5-11)～式(5-13)的步骤，每次迭代得到的新的参数向量即可由式(5-13)给出。例如，第 k 次迭代后，中心横坐标 x_0 为

$$x_0=x_0^{(k)}-\frac{\nabla\Phi^{(k)}}{|\nabla\Phi^{(k)}|^2}\Phi^{(k)} \tag{5-37}$$

若采用最小二乘法求解，则有方程

$$A\delta=q \tag{5-38}$$

式中

$$A=P^{\mathrm{T}}P$$

$$q=P^{\mathrm{T}}\begin{bmatrix}\Delta g_1^{\text{obs}}-\Delta g_1\\ \vdots\\ \Delta g_M^{\text{obs}}-\Delta g_M\end{bmatrix}$$

$$\delta=\begin{bmatrix}x_0-x_0^{(0)}\\ z_0-z_0^{(0)}\\ b-b^{(0)}\\ l-l^{(0)}\\ \alpha-\alpha^{(0)}\\ \sigma-\sigma^{(0)}\end{bmatrix} \quad (x_0^{(0)}、z_0^{(0)}、b^{(0)}、l^{(0)}、\alpha^{(0)}、\sigma^{(0)}\text{为初值})$$

则中心横坐标 x_0 为

$$x_0=x_0^{(0)}+\delta_{x_0} \quad \text{或} \quad x_0=x_0^{(k)}+\delta_{x_0}^{(k)} \tag{5-39}$$

其中，$x_0^{(k)}$ 和 $\delta_{x_0}^{(k)}$ 为迭代计算中第 k 次迭代的初值与增量。

5.3.2 直立板组合模型

用单个形体去拟合实际形态不规则的地质体是很困难的，但我们可用许多规则的小块组合成一个形体，这样便可以较准确地拟合十分不规则的异常体。当我们用 l 个直立板拟合一个二度异常体时，如图 5-9，在地面各观测点上的异常值为每个板产生的异常之和。在这里还是以垂直磁异常 Δz 为例。

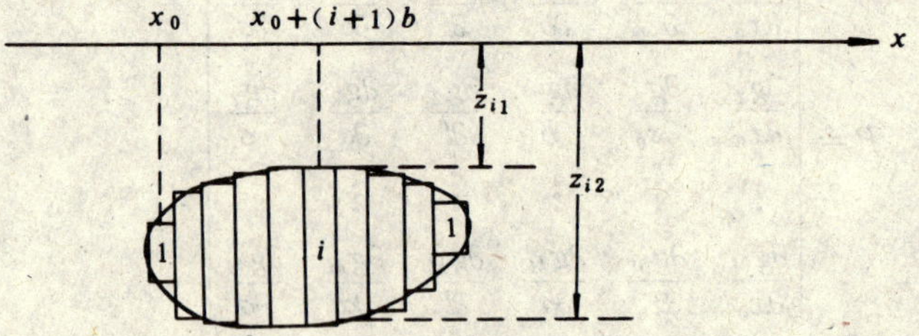

图 5-9 直立板组合模型

板状体的个数为 l，各个板上顶埋深和下底埋深分别为 h_{11}、h_{12}、h_{21}、$h_{22}\cdots h_{i1}$、$h_{i2}\cdots h_{l1}$、h_{l2}，第一个板中心的横坐标为 x_0，板的宽度均为 b，再加上磁化强度的两分量 J_x 和 J_z，一共有 $N=2l+4$ 个参量。

如果记

$$F_k=2J_z\text{tg}^{-1}\frac{b(z-z_k)}{[x_k-(x_0+(i-1)b)]^2-\dfrac{b^2}{4}+(z-z_k)^2}$$

$$+J_x\ln\frac{[x_k-x_0-(i-\frac{1}{2})b]^2+(z-z_k)^2}{[x_k-x_0-(i-\frac{3}{2})b]^2+(z-z_k)^2} \tag{5-40}$$

则第 i 个板状体的垂直磁异常由式(5-40)有：

$$\Delta z_i=F_k\Big|_{h_{i2}}^{h_{i1}}$$

而整个组合模型的磁异常垂直分量为

$$\Delta z=\sum_{i=1}^{l}(F_k\Big|_{h_{i2}}^{h_{i1}})$$

同样异常 Δz 对各个参量的偏导数可写出如下

$$\left.\begin{aligned}
&\left.\begin{aligned}
\frac{\partial(\Delta z)}{\partial z_{i1}}&=\frac{\partial F_k}{\partial z}\Big|_{h_{i1}}\\
\frac{\partial(\Delta z)}{\partial z_{i2}}&=-\frac{\partial F_k}{\partial z}\Big|_{h_{i2}}
\end{aligned}\right\}(i=1,2,\cdots,l)\\
&\frac{\partial(\Delta z)}{\partial x_0}=\sum_{i=1}^{l}\frac{\partial F_k}{\partial x_0}\Big|_{h_{i2}}^{h_{i1}}\\
&\frac{\partial(\Delta z)}{\partial b}=\sum_{i=1}^{l}\frac{\partial F_k}{\partial b}\Big|_{h_{i2}}^{h_{i1}}\\
&\frac{\partial(\Delta z)}{\partial J_x}=\sum_{i=1}^{l}\ln\frac{\left(x-\dfrac{b}{2}\right)^2+h^2}{\left(x+\dfrac{b}{2}\right)^2+h^2}\Bigg|_{h_{i2}}^{h_{i1}}\\
&\frac{\partial(\Delta z)}{\partial J_z}=2\sum_{i=1}^{l}\text{tg}^{-1}\frac{bh}{x^2-\dfrac{b^2}{4}+h^2}\Bigg|_{h_{i2}}^{h_{i1}}
\end{aligned}\right\} \tag{5-41}$$

以上式中

$$\left.\begin{aligned}
\frac{\partial F_k}{\partial z}=&2J_z\frac{b\left(x^2-\frac{b^2}{4}-h^2\right)}{\left(x^2-\frac{b^2}{4}+h^2\right)^2+(bh)^2}\\
&+2J_xh\left[\frac{1}{\left(x-\frac{b}{2}\right)^2+h^2}-\frac{1}{\left(x+\frac{b}{2}\right)^2+h^2}\right]\\
\frac{\partial F_k}{\partial x_0}=&2J_z\frac{2xbh}{\left(x^2-\frac{b^2}{4}+h^2\right)^2+(bh)^2}\\
&+2J_x\left(\frac{\frac{b}{2}-x}{x^2-bx+h^2+\frac{b^2}{4}}+\frac{x+\frac{b}{2}}{x^2+bx+h^2+\frac{b^2}{4}}\right)\\
\frac{\partial F_k}{\partial b}=&2J_z\frac{2h\left[\left(x^2-\frac{b^2}{4}+h^2\right)+(4x(i-1)+b)\frac{b}{2}\right]}{\left(x^2-\frac{b^2}{4}+h^2\right)^2+(bh)^2}\\
&+2J_x\left(\frac{\left(x-\frac{b}{2}\right)(-2i+1)}{\left(x-\frac{b}{2}\right)^2+h^2}-\frac{\left(x+\frac{b}{2}\right)(-2i+3)}{\left(x+\frac{b}{2}\right)^2+h^2}\right)
\end{aligned}\right\}\quad(5\text{-}42)$$

其中

$$x=x_k-(x_0+(i-1)b)$$
$$h=z-z_k$$

效仿二度板状体的方法，我们同样可以得到 Δz 和 Δg 的雅可比矩阵，并构制出反演数学物理模型。

需要说明的是，组合模型拟合异常体，是通过每个个体上某一二个参数变化来实现的，如本例中的 h_1、h_2 的变化。一般不要求每个个体上所有的参数都变化，否则就失去了组合的意义。另外，对个体模型应尽可能地简化，例如小方块近似为质点或磁偶极子，细长柱近似为质线或磁偶极线等，这样简化，只要组合体中个体足够小，能达到同样的效果。

§5.4 连续介质参数化的线性反演问题

在许多实际的问题中，异常体并非与其围岩有明显的物性分界面，而且异常体也并非均匀。在这种情况下，采用组合模型来拟合，并要求每个模型单元的物性参数是变量便可以了。但是，当模型单元数量很大时，这样的非线性问题，用微分的一级近似来线性化就不容易得到好的效果。如果模型单元划分得足够小，使其可视作均匀块体，这相当于把地下连续介质离散化了，使问题可以转换成一个线性问题。由于每个单元块是均匀的，其重磁异常可表示为

$$\Delta g=f\sigma_j\frac{\partial}{\partial z}\iiint_{\Delta V}\frac{\mathrm{d}v}{\rho}$$

$$\Delta z=J_j\frac{\partial^2}{\partial z\partial t}\iiint_{\Delta V}\frac{\mathrm{d}v}{\rho}\quad(5\text{-}43)$$

式中，σ_j 为第 j 个单元块密度差；J_j 为第 j 个单元块磁化强度；t 为磁化方向上的单位矢量；ρ

为单元块内积分元与测点之距离；ΔV 为单元块体积。

由于 t 是矢量，可将 J_j 分解成三个方向上的分量 J_{xj}、J_{yj}、J_{zj}，即式(5-43)可写成由三个未知量构成的表达式

$$\delta z = \iiint_{\Delta V}\left[J_{xj}\frac{\partial^2}{\partial x\partial z}\left(\frac{1}{\rho}\right)+J_{yj}\frac{\partial^2}{\partial y\partial z}\left(\frac{1}{\rho}\right)+J_{zj}\frac{\partial^2}{\partial z^2}\left(\frac{1}{\rho}\right)\right]\mathrm{d}v \tag{5-44}$$

由于模型块形状、大小位置都是确定不变的，那么异常值 Δg 或 δz 只与其物性参数 σ 或 J (J_x, J_y, J_z) 有关。异常体形态、分布乃至存在与否可以通过不同单元模型上物性参数变化来体现，而场函数与物性参数之间呈简单的线性关系。以重力异常为例，若有 N 个模型单元，M 个观测数据，则可构成一个 $M\times N$ 线性方程组

$$\left.\begin{array}{l}F_{11}\sigma_1+F_{12}\sigma_2+\cdots+F_{1N}\sigma_N=\Delta g_1\\ F_{21}\sigma_1+F_{22}\sigma_2+\cdots+F_{2N}\sigma_N=\Delta g_2\\ \vdots\\ F_{M1}\sigma_1+F_{M2}\sigma_2+\cdots+F_{MN}\sigma_N=\Delta g_M\end{array}\right\} \tag{5-45}$$

式中，F_{ij}为第 j 个模型对第 i 观测点可预先计算的(形体积分)系数。上式写成矩阵形式为

$$F\sigma=\Delta g \tag{5-46}$$

式中，F 为 F_j 系数矩阵，$\sigma=[\sigma_1,\sigma_2,\cdots,\sigma_N]^{\mathrm{T}}$，$\Delta g=[\Delta g_1,\Delta g_2,\cdots,\Delta g_M]^{\mathrm{T}}$，可以用选定的解线性方程组的方法来求解。

求解这样的线性反演问题需要注意以下问题：

(1)在划分模型时，应考虑模型数目不能超过观测数据点数，即 $M\geqslant N$，以保证方程组为超定或适定。

(2)为减小不必要的细化，提高计算效率，随着深度的加大，模型块体积可适当加大，如图 5-10 所示。这并不影响反演精度，由于位场的分辨率是随着深度的增加而下降的，因此是合理的。

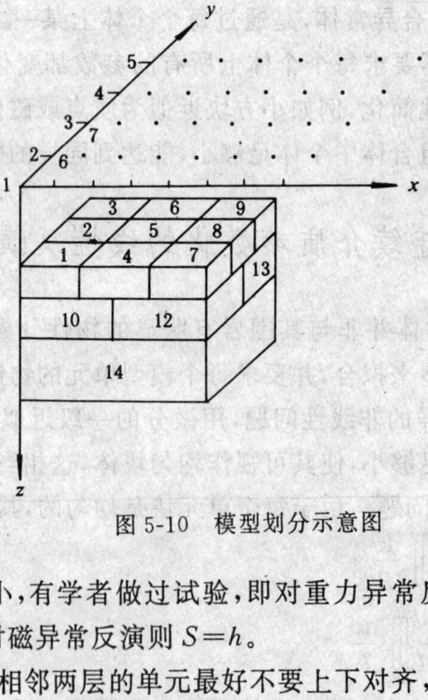

图 5-10　模型划分示意图

(3)关于模型块的大小，有学者做过试验，即对重力异常反演而言，其水平宽度 S 与中心埋深 h 应为 $S=1.5h$，而对磁异常反演则 $S=h$。

此外，对于多层模型，相邻两层的单元最好不要上下对齐，以使方程组有良好的求解特性，减小方程组的病态。

§5.5 物性分界面的反演问题

物性分界面反演也称界面反演，是指利用重磁异常资料反演地下介质连续分布的物性差异明显的分界面(通常对应于地质界面)起伏形态。构造界面模型通常有两种方法，如图 5-11

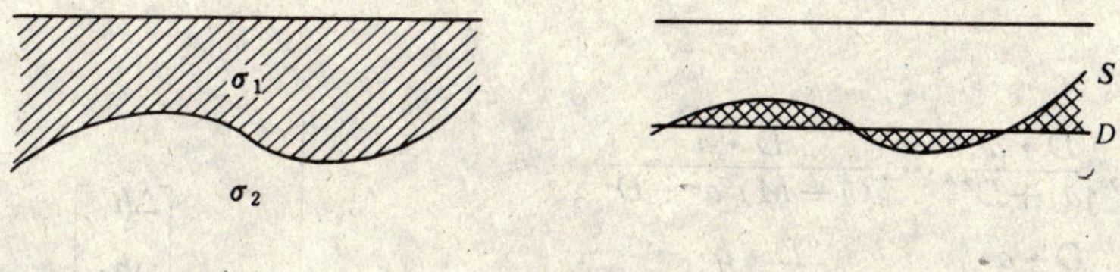

图 5-11 界面模型形式

所示，模型(a)是通过界面绝对深度变化来描绘界面起伏；模型(b)是通过界面相对某一基准深度 D 的相对变化来展示界面起伏。无论何种方法计算的理论异常形态都是一样的，只是相差一个常数而已。

我们先来看看二度密度界面的反演。如图 5-12 所示，把界面起伏视作相对深度 D 的一系

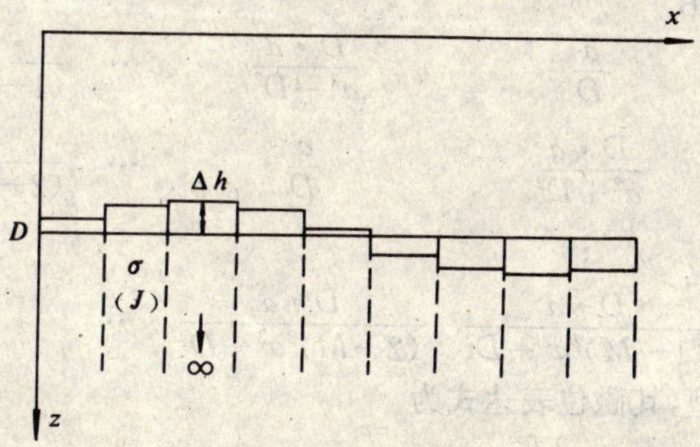

图 5-12 二维密度(磁性)上界面模型

列水平长方柱体高度 Δh 的变化，对 D 比 Δh 大很多的情况，有近似公式

$$\Delta g(x,0)=2f\sigma\int_{-\infty}^{\infty}\frac{\Delta h(\xi)\cdot D}{(x-\xi)^2+D^2}\mathrm{d}\xi \tag{5-47}$$

式中，σ 为上下界面密度差；D 为某一深度；$\Delta h(\xi)$为基底起伏；x 为测点横坐标；ξ 为模型体的横坐标。

将式(5-47)模型离散化

$$\Delta g(x_i)=2f\sigma\sum_{j=1}^{M}\frac{\Delta h(\xi)\cdot D}{(x_i-\xi_i)^2+D^2}\Delta\xi \qquad \begin{pmatrix} i=1,2,\cdots,M \\ j=1,2,\cdots,M \end{pmatrix} \tag{5-48}$$

若测点距为 a，模型宽度 $\Delta\xi$ 也为 a，则有

$$\Delta g(x_i)=2f\sigma\sum_{j=1}^{M}\frac{\Delta h(ja)\cdot D}{[(i-j)a]^2+D^2}\cdot a \qquad \begin{pmatrix} i=1,2,\cdots,M \\ j=1,2,\cdots,M \end{pmatrix} \tag{5-49}$$

对于 M 个观测值 $\Delta g(x_i)$，利用式(5-49)，可以建立线性方程组来求解 M 个 $\Delta h(ja)$

$$\begin{cases}\frac{a}{D}\Delta h_1+\frac{D\cdot a}{a^2+D^2}\Delta h_2+\frac{D\cdot a}{4a^2+D^2}\Delta h_3+\cdots+\frac{D\cdot a}{(1-M)^2a^2+D^2}\Delta h_M=\Delta g_1/2f\sigma \\ \frac{D\cdot a}{a^2+D^2}\Delta h_1+\frac{a}{D}\Delta h_2+\frac{D\cdot a}{a^2+D^2}\Delta h_3+\cdots+\frac{D\cdot a}{(2-M)^2a^2+D^2}\Delta h_M=\Delta g_2/2f\sigma \\ \vdots \\ \frac{D\cdot a}{(M-1)^2a^2+D^2}\Delta h_1+\frac{D\cdot a}{(M-2)^2a^2+D^2}\Delta h_2+\frac{D\cdot a}{(M-3)^2a^2+D^2}\Delta h_3+\cdots+\frac{a}{D}\Delta h_M=\Delta g_M/2f\sigma\end{cases} \tag{5-50}$$

写成矩阵形式

$$\begin{bmatrix}\frac{a}{D},\frac{D\cdot a}{a^2+D^2},\frac{D\cdot a}{4a^2+D^2},\cdots,\frac{D\cdot a}{(1-M)^2a^2+D^2} \\ \frac{D\cdot a}{a^2+D^2},\frac{a}{D},\frac{D\cdot a}{a^2+D^2},\cdots,\frac{D\cdot a}{(2-M)^2a^2+D^2} \\ \vdots \qquad \vdots \qquad \vdots \\ \frac{D\cdot a}{(M-1)^2a^2+D^2},\frac{D\cdot a}{(M-2)^2a^2+D^2},\frac{D\cdot a}{(M-3)^2a^2+D^2},\cdots,\frac{a}{D}\end{bmatrix}_{M\times M}\begin{bmatrix}\Delta h_1\\ \Delta h_2\\ \vdots\\ \Delta h_M\end{bmatrix}_{M\times 1}=\begin{bmatrix}\Delta g_1/2f\sigma\\ \Delta g_2/2f\sigma\\ \vdots\\ \Delta g_M/2f\sigma\end{bmatrix}_{M\times 1} \tag{5-51}$$

记为

$$AH=B \tag{5-52}$$

$$A=\begin{bmatrix}\frac{a}{D} & \frac{D\cdot a}{a^2+D^2} & \cdots & \frac{D\cdot a}{(1-M)^2a^2+D^2} \\ \frac{D\cdot a}{a^2+D^2} & \frac{a}{D} & \cdots & \frac{D\cdot a}{(2-M)^2a^2+D^2} \\ \vdots & \vdots & \vdots & \vdots \\ \frac{D\cdot a}{(1-M)^2a^2+D^2} & \frac{D\cdot a}{(2-M)^2a^2+D^2} & \cdots & \frac{a}{D}\end{bmatrix}_{M\times M}$$

对二度磁性界面模型，其磁位表达式为

$$U(x,z)=J\frac{\partial}{\partial t}\int_{-\infty}^{\infty}2h(\xi)\cdot\ln[(x-\xi)^2+(z-D)^2]^{1/2}\mathrm{d}\xi \tag{5-53}$$

若取垂直磁化，则其磁场 $\Delta Z_{\perp}(x)$ 为

$$\Delta Z_{\perp}(x)=-J\int_{-\infty}^{\infty}2h(\xi)\frac{(x-\xi)^2-D^2}{[(x-\xi)^2+D^2]^2}\mathrm{d}\xi \tag{5-54}$$

当模型宽与点距都为 Dx 时，将式(5-54)离散后可得

$$\Delta Z_{\perp}(x)=-2J\sum_{j=1}^{N}\frac{h(jDx)[(i-j)^2\cdot Dx^2-D^2]\cdot Dx}{[(i-j)^2\cdot Dx^2+D^2]^2} \tag{5-55}$$

$(i=1,2,\cdots,N)$

类似于二维密度界面，可以写出二维磁性界面的核函数矩阵 A_{ij}

$$A_{ij}=\frac{-2Dx[(i-j)^2\cdot Dx^2-D^2]}{[(i-j)^2\cdot Dx^2+D^2]^2} \tag{5-56}$$

我们称 A 为核函数矩阵。核函数 A_{ij} 是一个随着 $(x_i-\xi_j)$ 或 $(i-j)$ 增加而衰减的函数，这个矩阵具有以下特点：

(1)为正定对称矩阵。

(2)随$(x_i-\xi_j)$增大，其矩阵元素越来越小。

(3)随着 D 增大，$(x_i-\xi_j)$在核函数中所占有的作用越来越小，其结果是使核函数矩阵的元素在数值上的差异越来越小(见图 5-13)。

核函数的性质直接影响到方程式的求解。核函数矩阵元素的数值上差异越小，方程的病态程度往往越高，故一般取 Dx/D 为$\frac{1}{2}$。

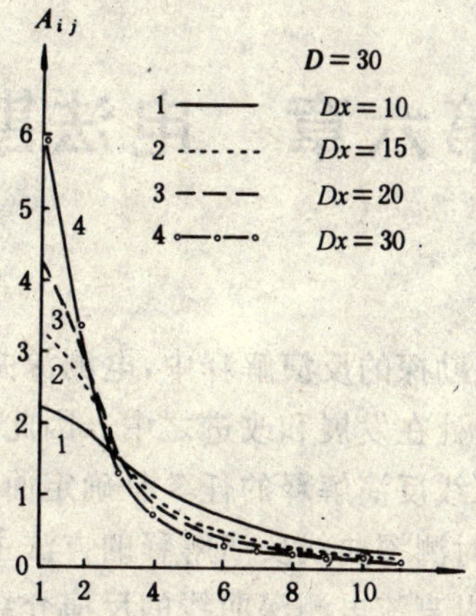

图 5-13　核函数矩阵元素随 D 与 Dx 关系的变化

思考题与习题

1. 试述位场反演问题的主要任务和内容。

2. 当已知地下一无限长水平圆柱体密度差时，试列出用广义逆方法反演其中心埋深 D 和柱半径 R 的数学物理模型(解析表达式)。

3. 写出一个截面为平行四边形水平柱体各参数反演的一般步骤。

第六章　电法勘探中测深曲线的反演

在电法勘探的反演解释中，电测深曲线的一维反演解释开展得较早，比较成熟；二、三维的反演解释正处在发展和改进之中。因此，本章将仅介绍测深曲线的一维反演解释方法。

测深曲线反演解释的任务是确定曲线所反映电性层（或主要电性标志层）的厚度和电阻率值。目前，对测深曲线反演解释的方法主要有数值解释法、量板对比法以及其他各种经验解释法。下面将以直流电测深曲线的反演介绍为主，分别介绍直流和交流电测深曲线的反演解释方法。

§6.1　直流电测深曲线的反演

目前，对电测深曲线做定量解释的方法主要有量板解释法、数值解释法以及其他各种经验解释方法。这里重点介绍前两种方法。

6.1.1　电测深曲线的量板解释法

用理论量板解释电测深曲线的原理是将绘在透明双对数坐标纸上的实际曲线与量板上参数已知的理论曲线进行形态对比，当两者重合时，根据理论曲线的参数便可以求出实际曲线对应的地电断面层参数。

1. 二层电测深曲线解释

在讨论二层曲线性质时已知，其曲线的形状决定于 μ_2，位置决定于第一层特征点 $O_1(h_1, \rho_1)$。实测曲线与二层理论曲线对比解释时，应保持坐标相互平行移动，使得实测曲线与二层量板上的一条理论曲线重合得最好或均匀处于两条理论曲线之间，这时理论曲线坐标原点在实测曲线坐标里的位置即是第一电性层的特征点 $O_1(h_1, \rho_1)$，其纵横坐标便是第一电性层的电阻率和厚度值。另外，从理论曲线上读出 μ_2 值，由 μ_2 计算出 ρ_2 值（$\rho_2=\mu_2\rho_1$）。

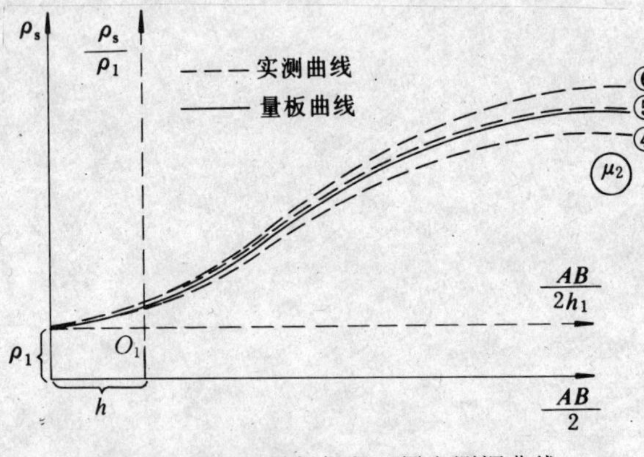

图 6-1　用二层量板解释二层电测深曲线

图 6-1 为二层曲线解释实例。

2. 三层电测深曲线解释

三层电测深曲线解释可用三层量板法或辅助量板法等。现以实测的 H 型电测深曲线为例，说明用三层量板法解释曲线的方法步骤。

对已知中间层电阻率（$\rho_2=18.5\ \Omega\cdot m$、$\rho_3=750\ \Omega\cdot m$）的三层曲线，所求地电断面参数是

h_1、ρ_1 和 h_2。

(1)求 h_1 和 ρ_1

应用二层量板与实测曲线左支进行对比，纵横坐标保持相互平行移动，当二层量板中某一理论曲线右支之渐近线与已知参数 ρ_2 一致，且又与实测曲线左支重合得最好时，二层量板原点在实测曲线坐标里的位置即是第一电性层的特征点 $O_1(h_1,\rho_1)$（见图 6-2(a)），其纵横坐标即为 ρ_1 和 h_1 值，得 $\rho_1=370\ \Omega\cdot m$，$h_1=22$ m。

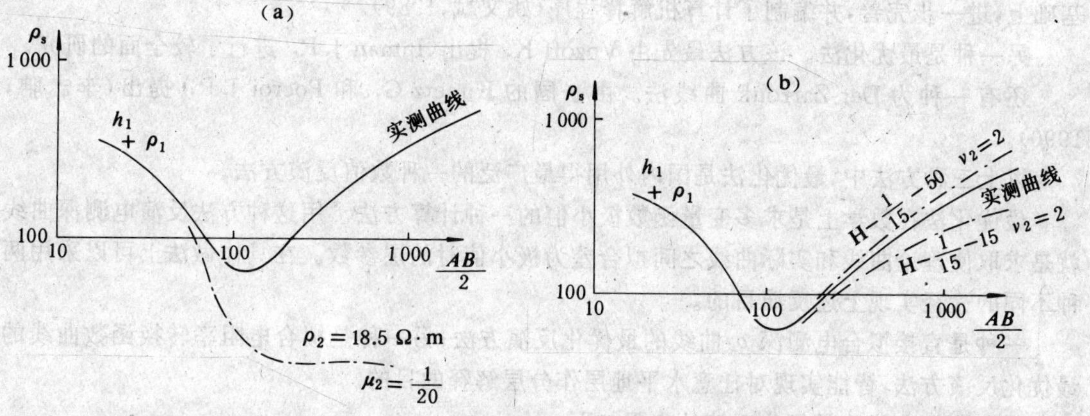

图 6-2　用二层量板和三层量板解释三层曲线

(a)用二层量板解释三层曲线首支；(b)用三层量板解释曲线尾支

(2)选择三层量板

根据已知参数 ρ_2、ρ_3 和新求出的 ρ_1 值，计算得实际的 $\mu_2{}^{S}=\frac{1}{20}$、$\mu_s{}^{S}=40.5$。根据实测曲线类型和 $\mu_2{}^{S}$、$\mu_s{}^{S}$ 值，查找相应的三层量板。由于在量板册中无量板 $H-\frac{1}{20}-40.5$，因此选用与之接近的两块量板：$H-\frac{1}{15}-50$ 及 $H-\frac{1}{15}-15$。

(3)对比求 h_2 值

将实测曲线与所用的三层量板进行对比，找出与之重合得最好的理论曲线，记下其 $\nu_2{}^{L}$ 值，由 $\nu_2{}^{L}$ 值求出 h_2。若选用的量板 $\mu_2{}^{L}$ 值与实测曲线的 $\mu_2{}^{S}$ 相同，则前述的量板 $\nu_2{}^{L}$ 值便应为实测曲线的 $\nu_2{}^{S}$ 值；若选用的 $\mu_2{}^{L}$ 与 $\mu_2{}^{S}$ 不一致，则应进行等值运算求出 h_2 值。

如图 6-2(b)所示，对比结果，实测曲线与量板中 $\nu_2{}^{L}=2$ 的理论曲线重合得较好，进行等值运算得

$$h_2=\frac{\mu_2{}^{S}}{\mu_2{}^{L}}\cdot\nu_2{}^{L}\cdot h_1=\frac{\frac{1}{20}}{\frac{1}{15}}\times2\times22=33\ \text{m}$$

于是基底深度为　　　$H=h_1+h_2=22+33=55$ m

3. 多层电测深曲线解释

对于四层或四层以上的多层电测深曲线，定量解释都是在二层或三层曲线定量解释的基础上进行。例如在对一条四层曲线进行解释时，往往先只考虑前三层，并且完全按一条三层断面进行解释。当求出 h_1、h_2，并已知 ρ_1、ρ_2 时，可用辅助量板求出与第一、第二层等价的某一代替层的厚度 $h_{1,2}$ 及电阻率 $\rho_{1,2}$。最后把一、二层看作是一层，而把曲线右支同样认为是三层进行解

释。多层曲线的解释和四层曲线的解释方法完全一样，可以化为 $n-2$（n 为层数）个三层曲线依次进行解释。

6.1.2 数值反演解释法

目前在电子计算机上自动反演电测深曲线的方法可归结为三种不同的做法：

一种是直接反演法。该方法由 Keofoed O. 和 Ghosh D. P. 在 Pekeris C. L. 所提出方法的基础上，进一步完善，并编制了计算机解释程序（姚文斌，1989）。

另一种是最优化法。该方法最先由 Vozoff K. 提出，Inman J. R. 进行了较全面的研究。

还有一种为 Der-Zarrouk 曲线法。由法国的 Kunetz G. 和 Pocroi J. R. 提出（李志聃，1990）。

以上三种方法中，最优化法是国内外用得最广泛的一种数值反演方法。

最优化法在数学上是求多变量函数极小值的一种计算方法。用这种方法反演电测深曲线就是求取使理论曲线和实际曲线之间拟合差为极小值时的层参数。在具体做法上可以采用两种不同的途径实现上述反演目的。

一种是直接拟合电测深 ρ_s 曲线的最优化反演方法；另一种是拟合电阻率转换函数曲线的最优化反演方法，皆能实现对任意水平地层作分层解释的目的。

对电测深曲线作最优化反演的步骤如下：

(1)根据实测曲线的形态特征，结合当地地质及地球物理条件，首先确定水平断面的层数 N，并给出 $2N-1$ 个层参数初始值 $p_1^0, p_2^0, \cdots, p_i^0, \cdots, p_{2N-1}^0$，称为初始层参数或初始模型参数，并以列矢量

$$\overline{p}^0=\{p^0\}=(p_1^0, p_2^0, \cdots, p_i^0, \cdots, p_{2N-1}^0)^{\mathrm{T}}$$

表示所有初始层参数。

(2)根据初始模型参数值，按正演计算的数学模型计算理论曲线。

拟合 ρ_s 曲线时，由初始层参数按递推公式求出理论电阻率转换函数 $T(\lambda)$，再用数字滤波法由 $\overline{T}(\lambda)$ 计算理论视电阻率 $\overline{\rho}_s$。

拟合 $T(\lambda)$ 曲线时，除了由初始层参数按递推公式求 $T(\lambda)$ 外，尚需对实际电测深曲线 $\hat{\rho}_s$ 进行数字滤波，计算出相应的电阻率转换函数 $\hat{T}(\lambda)$。

(3)根据理论值 $\overline{\rho}_s$（或 $T(\lambda)$）和实际值 $\hat{\rho}_s$（或 $\hat{T}(\lambda)$）计算拟合误差。

(4)判断拟合误差是否满足事先规定的精度要求。

(5)若拟合误差小于事先规定的精度，表明满足精度要求，则将该组层参数作为最终的解释结果，并停止运算。若拟合误差未满足要求，需要修正层参数值，并重新返回到步骤(2)～(3)，循环往复，直到满足精度要求为止。这时，理论曲线（$\overline{\rho}_s$ 或 $T(\lambda)$）所对应的层参数便是解释结果。

6.1.2.1 拟合核函数数字解释原理和方法

拟合核函数反演解释法的基本思想是：首先把实测曲线 $\hat{\rho}_s(r)$ 转换成核函数 $\hat{T}(\lambda)$ 曲线（称转换函数）；根据 $\rho_s(r)$ 曲线估计初始参数值 ρ^0（即 $\rho_1^0, \rho_2^0, \cdots, \rho_n^0, h_1^0, h_2^0, \cdots, h_{n-1}^0$），由初始参数值计算理论核函数 $T(\lambda)$ 曲线；比较 $\hat{T}(\lambda)$ 和 $\overline{T}(\lambda)$，计算其拟合差，根据拟合差大小来衡量二者拟合好坏程度，如果拟合程度符合要求（达到给定精度），则理论核函数 $T(\lambda)$ 曲线的参数值 P^* 即为解释结果，否则，计算机自动搜索参数修正值，重新形成修正后的参数值 P'；根据新参数值 P' 重新计算理论核函数 $\overline{T}(\lambda)$，再与 $\hat{T}(\lambda)$ 比较，直到 $T(\lambda)$ 和 $\hat{T}(\lambda)$ 拟合最佳为止。上述过程

的关键是如何把实测 $\hat{\rho}(\lambda)$ 曲线转换成核函数 $\hat{T}(\lambda)$ 曲线，其二是计算机自动搜索最佳修正值采用何种算法。

1. 用数字滤波法转换视电阻率 ρ_s 为核函数 T 的原理和方法

已知用核函数表示的视电阻率积分表达式为

$$\rho_s(r) = r^2\int_0^\infty T_1(\lambda)J_1(\lambda r)\lambda \mathrm{d}\lambda \tag{6-1}$$

或写成如下形式：

$$\frac{\rho_s(r)}{r^2} = \int_0^\infty T_1(\lambda)J_1(\lambda r)\lambda \mathrm{d}\lambda \tag{6-2}$$

利用汉克尔变换，将式(6-2)变换为

$$\begin{aligned}T_1(\lambda) &= \int_0^\infty \frac{\rho_s(r)}{r^2}J_1(\lambda r)r\mathrm{d}r \\ &= \int_0^\infty \rho_s(r)\,\frac{J_1(\lambda r)}{r}\mathrm{d}r\end{aligned} \tag{6-3}$$

引入新变量

$$x=\ln r \qquad (r=\mathrm{e}^x)$$

$$y=\ln\frac{1}{\lambda} \qquad (\lambda=\mathrm{e}^{-y})$$

将式(6-3)作变量置换，得

$$T_1(\mathrm{e}^{-y}) = \int_{-\infty}^\infty \rho_s(\mathrm{e}^x)J_1(\mathrm{e}^{x-y})\mathrm{d}x$$

此式可写为 $$T(y) = \int_{-\infty}^\infty \rho_s(x)J_1(y-x)\mathrm{d}x \tag{6-4}$$

其中 $\quad T(y)=T_1(\mathrm{e}^{-y}),\quad \rho_s(x)=\rho_s(\mathrm{e}^x),\quad J_1(y-x)=J_1(\mathrm{e}^{-(y-x)})$

上式为褶积计算积分公式。把实测 $\rho_s(x)$ 值作为输入信号，经脉冲响应为 $J_1(y-x)$ 的滤波器，即可获得输出信号 $T(y)$。实际上，把 $\rho_s(x)$ 转换成 $T(y)$ 是一个褶积计算过程。

如同正演数学模型推导过程，同样利用采样定理，将 $\rho_s(x)$ 离散化，则有

$$\rho_s(x)=\sum_{i=-\infty}^{\infty}\rho_s(i\Delta x)\frac{\sin[\pi(x-i\Delta x)/\Delta x]}{\pi(x-i\Delta x)/\Delta x} \tag{6-5}$$

代入式(6-4)，得

$$\begin{aligned}T(y) &= \int_{-\infty}^\infty \Big[\sum_{i=-\infty}^{\infty}\rho_s(i\Delta x)\,\frac{\sin[\pi(x-i\Delta x)/\Delta x]}{\pi(x-i\Delta x)/\Delta x}\Big]J_1(y-x)\mathrm{d}x \\ &= \sum_{i=-\infty}^{\infty}\rho_s(i\Delta x)\int_{-\infty}^\infty \frac{\sin[\pi(x-i\Delta x)/\Delta x]}{\pi(x-i\Delta x)/\Delta x}J_1(\frac{1}{\mathrm{e}_{y-x}})\mathrm{d}x\end{aligned}$$

令采样间隔为 $\Delta=\Delta x=\Delta y$，$u=x-i\Delta x$，当 $y=j\Delta$(第 j 个采样点)时，则有

$$T(j\Delta) = \sum_{i=-\infty}^{\infty}\rho_s(i\Delta x)\int_{-\infty}^\infty \frac{\sin(\pi u/\Delta)}{\pi u/\Delta}J_1\left(\frac{1}{\mathrm{e}^{[(j-i)\Delta-u]}}\right)\mathrm{d}u \tag{6-6}$$

令 $$b[(j-i)\Delta] = \int_{-\infty}^\infty \frac{\sin(\pi u/\Delta)}{\pi u/\Delta}J_1\left(\frac{1}{\mathrm{e}^{[(j-i)\Delta-u]}}\right)\mathrm{d}u$$

将式(6-6)简化为如下形式

$$T(j\Delta) = \sum_{i=-\infty}^{\infty}\rho_s(i\Delta)b[(j-i)\Delta] \tag{6-7}$$

或

$$T(j\Delta) = \sum_{i=-\infty}^{\infty}\rho_s[(j-i)\Delta]b(i\Delta) \tag{6-8}$$

式中，$b[(j-i)\Delta]$为滤波系数(即反演滤波系数)。

式(6-7)和式(6-8)为$\rho_s(x)$转换为$T(y)$的离散化褶积公式。

2. 滤波系数

反演滤波系数的计算方法与正演滤波系数计算方法相同，在此不再重述。目前国内外已计算出不同采样间隔的各种滤波系数。表6-1给出了采样间隔为$\Delta=\frac{1}{3}\ln(10)$和$\Delta=\frac{1}{6}\ln(10)$三组系数。经精度检查后，已用于反演解释实用程序中。

表6-1 滤 波 系 数

Ghosh	数值积分算法($\times10^{-4}$) (许春晖)	解线性方程算法($\times10^{-4}$) (中国矿业大学)
0.006 0	80.069 8	−3.001 6
−0.078 3	−183.637 0	20.449 3
0.399 9	279.706 6	−73.450 5
0.349 2	−81.218 2	157.402 2
0.167 5	−1 168.605 9	33.659 5
0.085 8	1 172.502 4	−126 4.999 0
0.035 8	2 069.146 0	1 251.047 0
0.019 8	2 194.444 1	2 013.346 0
0.006 7	1 628.945 6	2 226.777 0
0.005 1	1 284.245 0	1 620.277 0
0.000 7	821.909 6	1 629.379 0
0.001 8	639.180 0	860.147 5
	375.071 5	577.501 7
	313.528 7	460.805 1
	161.742 2	202.174 0
	158.231 9	301.452 5
	63.447 4	−13.446 3
	84.541 6	270.902 5
	18.924 4	−162.040 0
	49.201 3	306.289 6
	−0.670 4	−276.728 8
	31.876 6	355.679 3
	−8.949 2	−333.033 5
	23.065 8	347.339 3
	−12.065 8	−284.127 2
	18.324 3	212.024 2
	−12.937 7	−108.519 1
		36.685 7
$\Delta=\frac{1}{3}\ln(10)$	$\frac{1}{6}\ln(10)$	$\frac{1}{6}\ln(10)$

3. 拟合核函数反演解释方法

电测深曲线反演解释是设法探索理论模型核函数$\overline{T}(y)$曲线与实测转换函数$\hat{T}(\lambda)$曲线最佳拟合，一旦寻找出这条最佳拟合的理论核函数曲线后，则反演解释(拟合核函数方法)便完成。因此，$\overline{T}(y)$和$\hat{T}(\lambda)$曲线拟合程度衡量标准的正确选择是十分重要的。衡量标准(即拟合差)有多种表示方法，即：绝对误差、相对误差或对数型误差等。鉴于电测深曲线是绘制在对数坐标系中，故采用对数型误差表示法更为合理。

采用对数型拟合差为目标函数的表达形式如下

$$F(P)=\sum_{k=1}^{M}[\ln\hat{T}(k\Delta)-\ln\overline{T}(k\Delta P)]^2 \tag{6-9}$$

式中，$F(P)$为目标函数；P 为层参数，即 $\rho_1,\rho_2,\cdots,\rho_n,h_1,h_2,\cdots,h_{n-1}$；$\hat{T}(\lambda)$为电阻率转换函数；$\overline{T}(\lambda)$为理论模型核函数；$M$ 为采样点数；Δ 为采样间隔。

$F(P)$是电性参数 P 的函数$(2N-1)$，为一个复杂的非线性函数。为了直接求解，必须对函数 $F(P)$线性化。为此，将 $\ln\overline{T}(k\Delta P)$在 P^0 域内展开成台劳级数，并略去二次和二次以上的高次项，可得

$$\ln\overline{T}(k\Delta P)=\ln\overline{T}(k\Delta P^0)+\sum_{j=1}^{2N-1}\frac{\partial\ln\overline{T}(k\Delta P^0)}{\partial P_j}\Delta P_j \tag{6-10}$$

式中，ΔP_j 为校正量，$\Delta P_j=P_j-P_j{}^0$；$P_j(P_1,P_2,\cdots,P_{2N-1})$为参数值；$P^0$ 为初值。

将式(6-10)代入式(6-9)，得

$$F(P)=\sum_{k=1}^{M}\left[\ln\hat{T}(k\Delta)-\ln\overline{T}(k\Delta P^0)-\sum_{j=1}^{2N-1}\frac{\partial\ln\overline{T}(k\Delta P^0)}{\partial P_j}\Delta P_j\right]^2 \tag{6-11}$$

($k=1,2,3,\cdots,k,\cdots,M$ 为采样点序；$j=1,2,3,\cdots,j,\cdots,2N-1$ 为层参数数序)

现求目标函数 $F(P)$极小值，即

$$\left.\begin{aligned}&\frac{\partial F(P)}{\partial P_1}=0\\&\frac{\partial F(P)}{\partial P_2}=0\\&\quad\vdots\\&\frac{\partial F(P)}{\partial P_{2N-1}}=0\end{aligned}\right\}\ 2N-1\text{ 个方程} \tag{6-12}$$

上述 $2N-1$ 个方程的通式可写成如下形式

$$\begin{aligned}\frac{\partial F(P)}{\partial P_j}&=\sum_{k=1}^{M}2\left[\ln\hat{T}(k\Delta)-\ln\overline{T}(k\Delta P^0)-\sum_{j=1}^{2N-1}\frac{\partial\ln\overline{T}(k\Delta P^0)}{\partial P_j}\Delta P_j\right]\\&\quad\times\left(-\frac{\partial\ln\overline{T}(k\Delta P^0)}{\partial P_j}\frac{\partial}{\partial P_j}\Delta P_j\right)\\&=\sum_{k=1}^{M}2\left[\ln\hat{T}(k\Delta)-\ln\overline{T}(k\Delta P^0)-\sum_{j=1}^{2N-1}\frac{\partial\ln\overline{T}(k\Delta P^0)}{\partial P_j}\Delta P_j\right]\\&\quad\times\left(-\frac{\partial\ln\overline{T}(k\Delta P^0)}{\partial P_j}\right)=0\end{aligned}$$

上式改写为

$$\begin{aligned}&\sum_{k=1}^{M}\sum_{j=1}^{2N-1}\frac{\partial\ln\overline{T}(k\Delta P^0)}{\partial P_j}\frac{\partial\ln\overline{T}(k\Delta P^0)}{\partial P_j}\Delta P_j\\&\quad=\sum_{k=1}^{M}[\ln\hat{T}(k\Delta)-\ln\overline{T}(k\Delta P^0)]\times\frac{\partial\ln\overline{T}(k\Delta P^0)}{\partial P_j}\\&\quad(j=1,2,3,\cdots,2N-1)\end{aligned} \tag{6-13}$$

令

$$a_{ij}=\sum_{k=1}^{M}\frac{\partial\ln\overline{T}(k\Delta P^0)}{\partial P_j}\frac{\partial\ln\overline{T}(k\Delta P^0)}{\partial P_j} \tag{6-14}$$

$$b_i=\sum_{k=1}^{M}[\ln\hat{T}(k\Delta)-\ln\overline{T}(k\Delta P^0)]\frac{\partial\ln\overline{T}(k\Delta P^0)}{\partial P_j} \tag{6-15}$$

故式(6-13)可写成

$$\sum_{j=1}^{2N-1} a_{ij}\Delta P_j = b_i \qquad (i=1,2,\cdots,2N-1) \tag{6-16}$$

此方程组的系数为一对称矩阵。令

$$A_{M(2N-1)}=\begin{bmatrix} \dfrac{\partial \ln \overline{T}(1\Delta P^0)}{\partial P_1} & \dfrac{\partial \ln \overline{T}(1\Delta P^0)}{\partial P_2} & \cdots & \dfrac{\partial \ln \overline{T}(1\Delta P^0)}{\partial P_{2N-1}} \\ \dfrac{\partial \ln \overline{T}(2\Delta P^0)}{\partial P_1} & \dfrac{\partial \ln \overline{T}(2\Delta P^0)}{\partial P_2} & \cdots & \dfrac{\partial \ln \overline{T}(2\Delta P^0)}{\partial P_{2N-1}} \\ \vdots & \vdots & \vdots & \vdots \\ \dfrac{\partial \ln \overline{T}(M\Delta P^0)}{\partial P_1} & \dfrac{\partial \ln \overline{T}(M\Delta P^0)}{\partial P_2} & \cdots & \dfrac{\partial \ln \overline{T}(M\Delta P^0)}{\partial P_{2N-1}} \end{bmatrix} \tag{6-17}$$

矩阵 B 和 ΔP 为

$$B_{(2N-1)\times 1}=A^{\mathrm{T}}_{(2N-1)M}\begin{bmatrix} \ln\hat{T}(1\Delta)-\ln\overline{T}(1\Delta P^0) \\ \ln\hat{T}(2\Delta)-\ln\overline{T}(2\Delta P^0) \\ \vdots \\ \ln\hat{T}(M\Delta)-\ln\overline{T}(M\Delta P^0) \end{bmatrix} \tag{6-18}$$

$$\Delta P=\begin{bmatrix} \Delta P_1 \\ \Delta P_2 \\ \Delta P_3 \\ \vdots \\ \Delta P_{2N-1} \end{bmatrix} \tag{6-19}$$

则式(6-16)可采用矩阵表达式,即

$$A^{\mathrm{T}}A\Delta P=B \tag{6-20}$$

称为法方程。

为保证收敛,采用最大步长探索修正量 ΔP,可将式(6-20)加阻尼系数,改写成阻尼最小二乘方程,即

$$(A^{\mathrm{T}}A+\lambda I)\Delta P=B \tag{6-21}$$

式中 I 为单位阵;λ 为阻尼系数;ΔP 为改正量。

求法方程(6-21)的最小二乘解,经反复迭代,寻求最佳拟合。其计算过程如下:

(1)给定初值 P^0,形成目标函数 $F(P^0)$。

(2)当 $F(P^0)>\varepsilon$(拟合精度),解方程 $(A^{\mathrm{T}}A+\lambda I)\Delta P=B$,求修正量 ΔP,计算参数 $P^l=P^0+\Delta P$,以 P^l 为新的初值,重新形成 $F(P^l)$。

(3)当 $F(P^l)>\varepsilon$,但 $F(P^l)\leqslant F(P^0)$ 时,计算阻尼系数 $\lambda=\lambda/\mu$(μ 为一常数);如果 $F(P^l)>F(P^0)$ 时,计算发散,必须减小步长,故重新计算阻尼系数 $\lambda=\lambda\mu$。

(4)重复以上各步,直到求得一组 P^* 值,使得 $F(P^*)\leqslant\varepsilon$ 止,说明拟合精度符合要求,此时 P^* 值为所求的解释参数值。

4. 求解 $T(\lambda)$ 偏导数的解析表达式

由递推公式

$$T_j=\frac{V_j+T_{j+1}}{1+V_jT_j/\rho_j^{\,2}} \qquad V_j=\frac{1-\mathrm{e}^{-2\lambda h_j}}{1+\mathrm{e}^{-2\lambda h_j}}$$

$$T_n=\rho_n$$

求 $T_j(\lambda)$对层参数的偏导数，可借用链锁法快速计算各偏导数值。链锁法实质上是先导出以下几个偏导数表达式，其他各偏导数值可用递推方法求得，即

$$\frac{\partial T_j}{\partial T_{j+1}}=\frac{1-\beta_{ij}{}^2}{(1+\beta_{ij}\cdot T_{ij}/\rho_j)^2} \tag{6-22}$$

式中 $$\beta_{ij}=\frac{V_j}{\rho_j}=\frac{1-e^{-2\lambda h_j}}{1+e^{-2\lambda h_j}}$$

$$\frac{\partial T_j}{\partial \rho_j}=\frac{\beta_{ij}\left[1+2\beta_{ij}\frac{T_{j+1}}{\rho_j}+\left(\frac{T_{j+1}}{\rho_j}\right)^2\right]}{[1+\beta_{ij}T_{ij}/\rho_j]^2} \tag{6-23}$$

$$\frac{\partial T_j}{\partial h_j}=\frac{\partial T_j}{\partial V_j}\frac{\partial V_j}{\partial h_j}=\frac{\rho_j[1-(T_{j+1}/\rho_j)^2]}{[1+\beta_{ij}(T_{j+1}/\rho_j)]^2}\frac{4\lambda_i}{(\alpha_{ij}+1/\alpha_{ij})^2} \tag{6-24}$$

式中 $$\alpha_{ij}=e^{\lambda_i h_j}$$

$$\frac{\partial T_j}{\partial \rho_k}=\frac{\partial T_j}{\partial T_{j+1}}\frac{\partial T_{j+1}}{\partial T_{j+2}}\frac{\partial T_{j+2}}{\partial T_{j+3}}+\cdots+\frac{\partial T_k}{\partial \rho_k} \tag{6-25}$$

$$\frac{\partial T_j}{\partial h_k}=\frac{\partial T_j}{\partial T_{j+1}}\frac{\partial T_{j+1}}{\partial h_k}=\frac{\partial T_j}{\partial T_{j+1}}\frac{\partial T_{j+1}}{\partial T_{j+2}}\frac{\partial T_{j+2}}{\partial T_{j+3}}+\cdots+\frac{\partial T_k}{\partial h_k} \tag{6-26}$$

6.1.2.2 拟合视电阻率反演解释方法

拟合视电阻率法仍采用对数型目标函数，即

$$F(P)=\sum_{k=1}^{M}[\ln\hat{\rho}_s(k\Delta)-\ln\bar{\rho}_s(k\Delta P)]^2 \tag{6-27}$$

将式(6-27)在 P^0 域内展开成台劳级数，略去二次以上高次项，近似线性化，得

$$F(P)=\sum_{k=1}^{M}\left[\ln\hat{\rho}_s(k\Delta)-\ln\bar{\rho}_s(k\Delta P^0)-\sum_{j=1}^{2N-1}\frac{\partial\ln\bar{\rho}_s(k\Delta P^0)}{\partial P_j}\Delta P_j\right]^2 \tag{6-28}$$

对多元函数 $F(P)$求极小值，即

$$\frac{\partial F(P)}{\partial P}=0$$

可建立 $2N-1$ 个方程，其通式为

$$\sum_{k=1}^{M}\sum_{j=1}^{2N-1}\frac{\partial\ln\bar{\rho}_s(k\Delta P^0)}{\partial P_j}\frac{\partial\ln\bar{\rho}_s(k\Delta P^0)}{\partial P_j}\Delta P_j$$
$$=\sum_{k=1}^{M}[\ln\hat{\rho}_s(k\Delta)-\ln\bar{\rho}_s(k\Delta P^0)]\times\left(\frac{\partial\ln\bar{\rho}_s(k\Delta P^0)}{\partial P_j}\right) \tag{6-29}$$

同样，可建立如下法方程

$$A^{T}A\Delta P=B \tag{6-30}$$

式中 A 为雅可比矩阵，即

$$A=\begin{bmatrix}\frac{\partial\ln\bar{\rho}_s(1\Delta P^0)}{\partial P_1} & \frac{\partial\ln\bar{\rho}_s(1\Delta P^0)}{\partial P_2} & \cdots & \frac{\partial\ln\bar{\rho}_s(1\Delta P^0)}{\partial P_{2N-1}}\\ \frac{\partial\ln\bar{\rho}_s(2\Delta P^0)}{\partial P_1} & \frac{\partial\ln\bar{\rho}_s(2\Delta P^0)}{\partial P_2} & \cdots & \frac{\partial\ln\bar{\rho}_s(2\Delta P^0)}{\partial P_{2N-1}}\\ \vdots & \vdots & \vdots & \vdots\\ \frac{\partial\ln\bar{\rho}_s(M\Delta P^0)}{\partial P_1} & \frac{\partial\ln\bar{\rho}_s(M\Delta P^0)}{\partial P_2} & \cdots & \frac{\partial\ln\bar{\rho}_s(M\Delta P^0)}{\partial P_{2N-1}}\end{bmatrix}_{M(2N-1)} \tag{6-31}$$

矩阵 B 和 ΔP 可写成

$$B = A^{\mathrm{T}} \begin{bmatrix} \ln\hat{\rho}_s(1\Delta) - \ln\bar{\rho}_s(1\Delta P^0) \\ \ln\hat{\rho}_s(2\Delta) - \ln\bar{\rho}_s(2\Delta P^0) \\ \vdots \\ \ln\hat{\rho}_s(M\Delta) - \ln\bar{\rho}_s(M\Delta P^0) \end{bmatrix} \tag{6-32}$$

$$\Delta P = \begin{bmatrix} \Delta P_1 \\ \Delta P_2 \\ \Delta P_3 \\ \vdots \\ \Delta P_{2N-1} \end{bmatrix}_{(2N-1)\times 1} \tag{6-33}$$

采用阻尼最小二乘算法，则式(6-30)法方程可改写为

$$(A^{\mathrm{T}}A + \lambda I)\Delta P = B \tag{6-34}$$

式中 λ 为阻尼因子；I 为单位矩阵。

计算视电阻率偏导数的方法同求核函数偏导数一样，利用连锁法递推出各偏导数值。首先把矩阵 A 中元素化为

$$\frac{\partial \ln \bar{\rho}_s(M\Delta P^0)}{\partial P_j} = \frac{1}{\bar{\rho}_s(k\Delta P^0)} \frac{\partial \bar{\rho}_s(M\Delta P^0)}{\partial P_j} \tag{6-35}$$

如果正演计算数字模型采用以下形式：

$$\bar{\rho}_s(k\Delta) = \sum_{i=M}^{N} \bar{T}[(j-i)\Delta]C(i\Delta)$$

则有

$$\frac{\partial \bar{\rho}_s(k\Delta P^0)}{\partial P_k} = \sum_{i=M}^{N} \frac{\partial \bar{T}[(j-i)\Delta]}{\partial P_k} C(i\Delta) \tag{6-36}$$

式中 $\partial\bar{T}[(j-i)\Delta]/\partial P_k$ 可仿照式(6-22)～式(6-26)计算，然后 $\partial T/\partial P$ 和滤波系数 $C(i\Delta)$ 做褶积计算可求得 $\partial\rho/\partial P$ 大小值。显而易见，在形成矩阵 $\boldsymbol{A}$ 的算法上要复杂得多。

6.1.2.3 用阻尼最小二乘法反演时的注意要点

本方法虽然是用计算机对电测深曲线进行自动反演，但是由于测量误差、问题的非线性等原因造成解的非唯一性，因此使该反演方法存在着如下一些缺陷：

(1)必须人为提供未知参数的初始值，且初始值的好坏直接决定了解释结果的好坏。电阻率及厚度初始值可以有一定偏差，但层数设置要求准确，因为程序只能修改电阻率及厚度，不能修改层数。另外由于解的非唯一性，一组不适当的初始假设，可能导致一组错误的解释结果，虽然此时 ρ_s 曲线拟合得很好，但解释结果误差很大。因此必须在充分分析地质、物探资料的基础上，对电测深曲线进行初步解释，提出较合理的初始层参数。

(2)等值作用的存在使反演结果具有多解性。除了高阻薄层的 T 等值性和低阻薄层的 S 等值性外，层数不同地电断面的 ρ_s 曲线在一定误差范围内也可能处于等值状态。因此应尽量减少测量误差，并结合地质资料从等值范围内求出合理解。还可以限定某些已知层参数值在反演中保持不变，但该参数值一定要能准确地确定，否则结果更坏。也可以用有关统计参数判别等值性的存在。

(3)该方法是水平均匀层状介质的一维反演方法，在地层横向变化较大时，曲线达到拟合较为困难。此时拟合精度不宜定得过高。并且即使曲线拟合较好，求得参数值也有很大的近似性。

(4)反演解释结果即使准确，还必须强调求得的是电性界面的划分，必须根据本区的地质情况，合理利用反演结果，才能求得岩层界面的划分。

6.1.3 其他解释法

当电测深解释的任务只是为了确定高阻基岩的深度和电阻率，而不要求作分层解释时，选用平均电阻率法比较理想。这一方法的实质是将实测的多层曲线的尾段看成一条G型二层曲线，其所对应的第二层为基岩。而第一层是将基岩以上的全部地层总起来看作一层，即上覆岩层的等效层。此等效层的厚度就等于上覆岩层的总厚度 H（即基岩深度）；而其电导率为基岩以上各层之电导率 σ 按厚度 h 的加权平均值：

$$\sigma_m = \frac{\sigma_1 h_1 + \sigma_2 h_2 + \cdots + \sigma_{n-1} h_{n-1}}{h_1 + h_2 + \cdots + h_{n-1}} = \sum_{i=1}^{n-1}\sigma_i h_i / \sum_{i=1}^{n-1} h_i \tag{6-37}$$

式中 h_i 为第 i 层的厚度（$i=1,2,\cdots,n-1$）；$\sigma_i = 1/\rho_i$，为第 i 层的电导率，即第 i 层电阻率的倒数；$(n-1)$ 为基岩以上的电性层数。由式(6-37)可得等效层的平均电阻率：

$$\rho_m = \frac{1}{\sigma_m} = \frac{h_1 + h_2 + \cdots + h_{n-1}}{\dfrac{h_1}{\rho_1} + \dfrac{h_2}{\rho_2} + \cdots + \dfrac{h_{n-1}}{\rho_{n-1}}} = \frac{H}{S} \tag{6-38}$$

式中的 $S=\dfrac{h_1}{\rho_1}+\dfrac{h_2}{\rho_2}+\cdots+\dfrac{h_{n-1}}{\rho_{n-1}}$，为基岩以上各层的总纵向电导。在钻孔旁作了电测深观测后，根据实测电测深曲线可确定该处的总纵向电导值 S，而基岩深度 H 可由钻孔资料得知。这样，便可按式(6-38)计算该处的平均电阻率 ρ_m。

ρ_m 随基岩以上各层的电阻率 ρ_i 和厚度 h_i 而变；但在一定测区范围内，当 h_i 和 ρ_i 变化不大时，ρ_m 可近似看成是常数，即可将钻孔旁测深所得的 ρ_m 值，代表该钻孔附近一定测区范围内的平均电阻率。在已知平均电阻率值的条件下，可根据不同情况分别采用下述三种方法之一，确定基岩深度 H：

(1)当电测深曲线尾段成45°倾斜直线上升时，由一般电测深理论可知，基岩电阻率 ρ_n 比平均电阻率 ρ_m 大很多时，该45°倾斜直线为“S”线，其上任意一点横坐标与纵坐标之比值等于纵向电导 $S=H/\rho_m$。所以，此45°倾斜直线与水平直线 $\rho_s=\rho_m$ 的交点之横坐标，就等于基岩深度 H。这是人们所熟悉的“无限”高阻基岩上电测深曲线的S解释法。

(2)当实测曲线尾段成倾角小于45°的倾斜直线上升时，将倾斜直线当作实际测深曲线尾段的等效二层曲线过拐点的切线。根据G型二层曲线过拐点之切线必然通过第一层特征点的性质，延长该倾斜直线与 $\rho_s=\rho_m$ 的水平直线相交，交点的横坐标应等于基岩深度 H。这是G型测深曲线的切线解释法。

(3)若实测电测深曲线的尾段呈弯曲上升，并有出现水平渐近线的趋势，则可利用G型曲线尾段的S等值性来解释实测曲线的尾段。G型二层电测深曲线尾段具有S等值性（罗延钟、张桂青，1987）：所有 $\mu=\rho_2/\rho_1\geqslant 5$ 的G型曲线的尾段，其形状实际上都相同（差别小于观测误差），而位置决定于第一层的纵向电导 $S=h_1/\rho_1$ 和第二层的电阻率 ρ_2。当平移测深曲线，使所有 $\mu\geqslant 5$ 的G型曲线之尾段相互重合时，诸曲线第一层的特征点（h_1,ρ_1）位于一条45°倾斜直线（即S线）上（见图6-3）。又因为任何多层曲线的尾段均可看成基岩以上整套覆盖层的等效层（厚度等于基岩深度 H，电阻率为平均电阻率 ρ_m）与基岩组成的二层曲线，所以，实测多层曲线的上升尾段实际上总是与 μ 值适当大的G型理论曲线之尾段形状相同；并且，经过平移使两者相互重合后，实测曲线等效层的特征点（H,ρ_m）将与理论曲线第一层特征点（h_1,ρ_1）在同一条45°

倾斜直线(S线)上。由此S线上任一点的横坐标与纵坐标之比,便可得总纵向电导S;此时,若ρ_m已知,便可进而确定$H=S\cdot\rho_m$。同时,由理论曲线的ρ_2值还可确定基岩电阻率ρ_n。这就是电阻率有限的高阻基岩上电测深曲线的S解释法(简称"S法")。

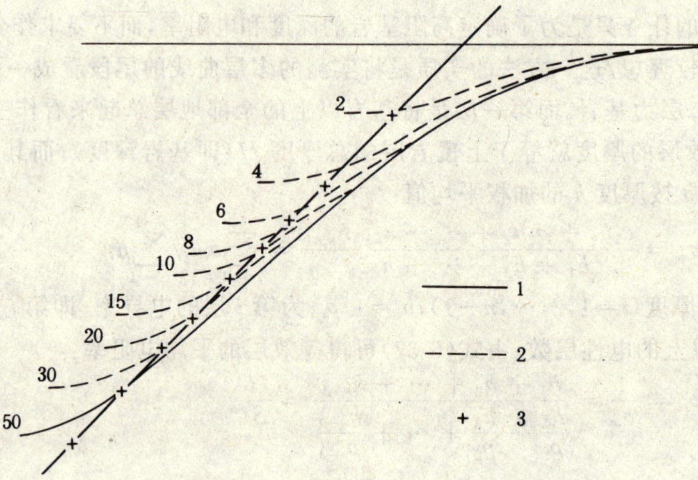

图6-3 经过重新排列的G型二层曲线
(曲线旁的数值为该曲线的μ值)
1. $\mu=50$的二层理论曲线;2. $\mu\neq50$的二层理论曲线与$\mu=50$的二层理论曲线不相重合的部分;3. 各二层曲线第一层的特征点

前面所定义的覆盖层之等效层[其特征点为(H,ρ_m)]与多层曲线图解作图法中的代替层[其特征点为$(h_{1,2,\cdots,n-1},\rho_{1,2,\cdots,n-1})$]一般是不相同的。不过它们的特征点都位于表征覆盖层总纵向电导的S线上。当用S法解释时,代替层和等效层的差异对解释结果无影响,而当用切线法作解释时,两者的差异将使解释深度H'与实际基岩深度H不相同。μ越大,实测曲线上升越接近45°,误差就越小。在实际解释中,通常$\rho_n/\rho_m=\mu\geqslant5$,过拐点切线的上升倾角大于32°。所以,代替层与等效层差异对本解释方法所引起的误差一般可以不考虑。

本法是基于对G型水平二层断面电测深曲线性质的分析而建立起来的。所以它只近似适用于基岩起伏不大的情况。我们说它比较适用于大地不均匀条件下的电测深解释,主要是指覆盖层局部电性不均匀和地形局部不平,使实测曲线的前支和中段发生畸变,致使难以作分层解释;而本法主要利用曲线尾段,受局部不均匀性的影响较小,易作解释。但若基岩起伏很大或覆盖层电性水平方向变化很大,致使实测曲线尾段相对于水平均匀层状情况发生明显畸变,则本法亦将产生明显误差。各种水平不均匀性对电测深的畸变和干扰十分复杂,不可能从理论上全面考虑它的影响;但对若干测区电测深资料实际解释的良好效果,检验和证实了本法的实际抗干扰能力。

本法也可通过计算机编程实现(罗延钟、张桂青,1987)。

§6.2 交流电测深曲线的反演

和直流电测深法的反演类似,交流电测深曲线的反演,也有计算机自动拟合法、量板对比法、渐近线法以及特征点法等。本节将先详细介绍可控源音频大地电磁测深(Controlled Source Audio-frequency Magnetotellurics,简称CSAMT)法的一维广义逆反演;然后,对瞬变电磁测深法中的几种常用反演方法作一概述。

6.2.1 CSAMT 法的一维广义逆反演

CSAMT 法的双极源可近似简化为单个等效电偶极源或几个电偶极源的组合,所以双极源 CSAMT 法的一维正、反演可简化或分解为电偶极源的相应问题。下面将重点讨论电偶极源的一维反演算法。

6.2.1.1 电偶极源 CSAMT 法的一维正演公式

正演是反演的基础。CSAMT 法观测与供电偶(双)极平行的电场分量 E_x 和与之正交的磁场分量 H_y,进而计算卡尼亚视电阻率

$$\rho_s=\frac{1}{\omega\mu}\left|\frac{E_x}{H_y}\right| \tag{6-39}$$

和阻抗相位

$$\varphi=\varphi_{E_x}-\varphi_{H_y} \tag{6-40}$$

所以,电偶源 CSAMT 法的一维正演,就归结为计算水平层状大地上音频电偶极子的电场和磁场分量。它们分别是

$$\begin{aligned}E_x = E_{x_0} &+ \frac{\mathrm{i}\omega\mu_0 I\mathrm{d}l}{2\pi}\left\{\frac{1}{\delta}\int_0^\infty \frac{gV_1(F_1-1)}{(g+V_1F_1)(g+V_1)}J_0(Bg)\mathrm{d}g\right.\\ &+\frac{x^2}{r^2}\frac{1}{\delta}\int_0^\infty\left[\frac{\mathrm{i}V_1(L_1-1)}{2}-\frac{V_1(F_1-1)}{(g+V_1F_1)(g+V_1)}\right]gJ_0(Bg)\mathrm{d}g\\ &\left.+\frac{y^2-x^2}{r^2}\int_0^\infty\left[\frac{\mathrm{i}V_1(L_1-1)}{2}-\frac{V_1(F_1-1)}{(g+V_1F_1)(g+V_1)}\right]J_1(Bg)\mathrm{d}g\right\}\end{aligned} \tag{6-41}$$

和

$$\begin{aligned}H_y = H_{y_0} &+ \frac{I\mathrm{d}l}{2\pi}\left[\frac{y^2}{r^2}\frac{1}{\delta^2}\int_0^\infty\frac{gV_1(F_1-1)}{(g+V_1F_1)(g+V_1)}J_0(Bg)\mathrm{d}g\right]\\ &-\left[\frac{y^2-x^2}{r^2}\frac{1}{\delta}\int_0^\infty\frac{gV_1(F_1-1)}{(g+V_1F_1)(g+V_1)}J_1(Bg)\mathrm{d}g\right]\end{aligned} \tag{6-42}$$

式中

$$\left.\begin{aligned}F_j&=\frac{V_{j+1}F_{j+1}+V_j\tanh\left(\dfrac{V_jh_j}{\delta}\right)}{V_j+V_{j+1}F_{j+1}\tanh\left(\dfrac{V_jh_j}{\delta}\right)}\quad(j=n-1,\cdots,2,1)\\ F_n&=1\end{aligned}\right\} \tag{6-43}$$

$$\left.\begin{aligned}L_j&=\frac{\dfrac{V_{j+1}}{\sigma_{j+1}}L_{j+1}+\dfrac{V_j}{\sigma_j}\tanh\left(\dfrac{V_jh_j}{\delta}\right)}{\dfrac{V_j}{\sigma_j}+\dfrac{V_{j+1}}{\sigma_{j+1}}L_{j+1}\tanh\left(\dfrac{V_jh_j}{\delta}\right)}\quad(j=n-1,\cdots,2,1)\\ L_n&=1\end{aligned}\right\} \tag{6-44}$$

$$V_j=\sqrt{g^2+2\mathrm{i}\frac{\sigma_j}{\sigma_1}}\qquad(\mathrm{i}=\sqrt{-1}) \tag{6-45}$$

$$B=r/\delta,\qquad\left(\delta=\sqrt{\frac{2}{\omega\mu_0\sigma_1}},\text{为趋肤深度}\right) \tag{6-46}$$

$$r=\sqrt{x^2+y^2} \tag{6-47}$$

$$\tanh(z)=\frac{1-e^{-2r}}{1+e^{-2r}},\text{为双曲正切函数} \tag{6-48}$$

E_{x_0}和H_{y_0}分别是电导率为σ_1的均匀大地条件下的电场和磁场分量，它们易于按下式算出

$$E_{x_0}=\frac{Idl}{2\pi\sigma_1}\frac{1}{r^3}\left[1-3\frac{y^2}{r^2}+(1-ikr)e^{ikr}\right] \tag{6-49}$$

$$H_{y_0}=\frac{Idl}{2\pi}\frac{1}{r^2}\left\{\frac{y^2}{r^2}\left[4I_1K_1+\frac{ikr}{2}(I_0K_1-I_1K_0)\right]-I_1K_1\right\} \tag{6-50}$$

式中，I_0、I_1、K_0和K_1分别为第一类和第二类变型贝塞尔函数，它们的宗量都是$\left(-\frac{ikr}{2}\right)$在忽略位移电流的情况下，传播常数

$$k=\sqrt{i\omega\mu_0\sigma_1} \tag{6-51}$$

式(6-41)和式(6-42)中包含零阶和一阶贝塞尔函数J_0和J_1的积分，可用快速汉克尔变换(线性滤波)算法计算。

6.2.1.2 广义逆矩阵反演法

用广义逆矩阵法作反演的算法原理如下：设在待反演的一条CSAMT实测频率测深曲线上，包含一组(共M个)不同频率的实测数据，称为实测数据矢量，记为

$$\rho_a=\{\rho_{a1},\rho_{a2},\cdots,\rho_{ai},\cdots,\rho_{am}\}^T \tag{6-52}$$

反演的目的是通过这组实测数据求出地下各电性层的电导率和厚度(统称为模型参数)。对于n层大地，总共包含$N=2n-1$个模型参数，以模型参数矢量$\boldsymbol{\lambda}$表示

$$\boldsymbol{\lambda}=\{\lambda_1,\lambda_2,\cdots,\lambda_j,\cdots,\lambda_N\}^T \tag{6-53}$$

通常$M>N$。

根据正演算法，对于给定的$\boldsymbol{\lambda}$，可算出某一频率f_i上的观测参数的理论值ρ_{ci}，即可将ρ_{ci}表示为$\boldsymbol{\lambda}$的已知函数$\rho_{ci}(\boldsymbol{\lambda})$。在反演问题中，$\boldsymbol{\lambda}$是待定的未知矢量。为求得$\boldsymbol{\lambda}$，令$\boldsymbol{\lambda}=\boldsymbol{\lambda}^0+\Delta\boldsymbol{\lambda}$。其中，$\boldsymbol{\lambda}^0$是初始模型参数矢量，可以给定；$\Delta\boldsymbol{\lambda}$为模型参数矢量的改正量，是未知的。只要求得改正量$\Delta\boldsymbol{\lambda}$，就可算出模型参数矢量

$$\boldsymbol{\lambda}=\boldsymbol{\lambda}^0+\Delta\boldsymbol{\lambda} \tag{6-54}$$

将$\rho_{ci}(\boldsymbol{\lambda})$在初始模型参数矢量$\lambda^0$作多变量台劳级数展开

$$\rho_{ci}(\boldsymbol{\lambda})=\rho_{ci}(\boldsymbol{\lambda}^0+\Delta\boldsymbol{\lambda})=\rho_{ci}(\boldsymbol{\lambda}^0)+\sum_{j=1}^{N}\frac{\partial\rho_{ci}(\boldsymbol{\lambda}^0)}{\partial\lambda_j}\cdot\Delta\boldsymbol{\lambda}_j+R \tag{6-55}$$

式中，R是$\Delta\boldsymbol{\lambda}$的高阶小量。由式(6-55)可写出反演拟合中，理论值$\rho_{ci}(\boldsymbol{\lambda})$与实测数据$\rho_{ai}$的拟合差

$$\varepsilon=\rho_{ai}-\rho_{ci}(\boldsymbol{\lambda})=\rho_{ai}-\rho_{ci}(\boldsymbol{\lambda}^0)-\sum_{j=1}^{N}\frac{\partial\rho_{ci}(\boldsymbol{\lambda}^0)}{\partial\lambda_j}\cdot\Delta\boldsymbol{\lambda}_j-R \tag{6-56}$$

拟合的要求是使拟合差趋于零，故在上式中取$\varepsilon=0$；同时，忽略高阶小量R，可得

$$\sum_{j=1}^{N}\frac{\partial\rho_{ci}(\boldsymbol{\lambda}^0)}{\partial\lambda_j}\cdot\Delta\boldsymbol{\lambda}_j=\rho_{ai}-\rho_{ci}(\boldsymbol{\lambda}^0)=\Delta\rho_i(\boldsymbol{\lambda}^0) \tag{6-57}$$

依次取$i=1,2,\cdots,M$，可由式(6-57)得出一线性方程组

$$\begin{bmatrix}\frac{\partial\rho_{c1}(\lambda^0)}{\partial\lambda_1} & \frac{\partial\rho_{c1}(\lambda^0)}{\partial\lambda_2}\cdots & \frac{\partial\rho_{c1}(\lambda^0)}{\partial\lambda_N}\\ \frac{\partial\rho_{c2}(\lambda^0)}{\partial\lambda_1} & \frac{\partial\rho_{c2}(\lambda^0)}{\partial\lambda_2}\cdots & \frac{\partial\rho_{c2}(\lambda^0)}{\partial\lambda_N}\\ \vdots & \vdots & \vdots\\ \frac{\partial\rho_{cM}(\lambda^0)}{\partial\lambda_1} & \frac{\partial\rho_{cM}(\lambda^0)}{\partial\lambda_2}\cdots & \frac{\partial\rho_{cM}(\lambda^0)}{\partial\lambda_N}\end{bmatrix}\begin{Bmatrix}\Delta\lambda_1\\ \Delta\lambda_2\\ \vdots\\ \Delta\lambda_N\end{Bmatrix}=\begin{Bmatrix}\Delta\rho_1(\lambda^0)\\ \Delta\rho_2(\lambda^0)\\ \vdots\\ \Delta\rho_M(\lambda^0)\end{Bmatrix} \tag{6-58}$$

或简写成

$$[\boldsymbol{J}]\cdot\{\Delta\boldsymbol{\lambda}\}=\{\Delta\rho\} \tag{6-59}$$

式中$[\boldsymbol{J}]$称为雅可比矩阵，在这里是一个 $M\times N$ 阶奇异矩阵。其元素

$$J_{ij}=\frac{\partial\rho_{ci}(\lambda^0)}{\partial\lambda_j}\quad(i=1,2,\cdots,M;j=1,2,\cdots,N) \tag{6-60}$$

$\{\Delta\rho\}$是给定初始模型 $\boldsymbol{\lambda}^0$时，实测值 ρ_a 与理论计算值 ρ_c 的拟合差矢量 $\Delta\rho(\boldsymbol{\lambda}^0)=[\rho_a]-\rho_c(\boldsymbol{\lambda}^0)$。其元素

$$\Delta\rho_i(\boldsymbol{\lambda}^0)=\rho_{ai}-\rho_{ci}(\boldsymbol{\lambda}^0)\qquad(i=1,2,\cdots,M) \tag{6-61}$$

通常 $M>N$。所以(6-58)或(6-59)式为超定线性方程组。

当初始模型 $\boldsymbol{\lambda}^0$给定后，$[\boldsymbol{J}]$和$\{\Delta\rho\}$皆是已知量，于是可通过求解超定方程组(6-58)或(6-59)确定模型参数矢量的修改量 $\Delta\boldsymbol{\lambda}$，从而由式(6-54)算出待求的模型参数矢量 $\boldsymbol{\lambda}$。

超定方程组(6-58)或(6-59)的求解采用广义逆矩阵法，即先算出雅可比矩阵 $\boldsymbol{J}$ 的广义逆矩阵 $\boldsymbol{J}^+$；然后由 $\boldsymbol{J}^+$求出方程组的解

$$\Delta\boldsymbol{\lambda}=\boldsymbol{J}^+\Delta\rho \tag{6-62}$$

广义逆矩阵 $\boldsymbol{J}^+$由 $\boldsymbol{J}$ 的奇异值分解算得。这是目前各种物探数据反演常用的算法，不赘述。不过，应该指出两点：

(1)电法测深(直流电测深和各种电磁测深)都是体积勘探，测深曲线都绘于双对数坐标中，故在作数值解释(反演)时，观测数据 ρ 和模型参数 λ 都按对数比例尺进行运算。即在前述公式中，分别以 $\ln\rho$ 和 $\ln\lambda$ 代换 ρ 和 λ。于是雅可比矩阵元素变为

$$J_{ij}=\frac{\partial\ln\rho_{ci}(\boldsymbol{\lambda}^0)}{\partial\ln\lambda_j}=\left[\frac{\lambda_j}{\rho_{ci}(\boldsymbol{\lambda})}\cdot\frac{\partial\rho_{ci}(\boldsymbol{\lambda}^0)}{\partial\lambda_j}\right]_{\lambda=\lambda^0} \tag{6-63}$$

$$(i=1,1,\cdots,M;j=1,2,\cdots,N)$$

观测参数增量变为 $\delta\rho=\Delta\ln\rho=\ln\rho_a-\ln\rho_c(\boldsymbol{\lambda}^0)$，其元素

$$\delta\rho_i=\Delta\ln\rho_i=\ln\rho_{ai}-\ln\rho_{ci}(\boldsymbol{\lambda}^0)=\ln\rho_{ai}/\rho_{ci}(\boldsymbol{\lambda}^0) \tag{6-64}$$

$$(i=1,2,\cdots,M)$$

而模型参数修改量变为 $\delta\boldsymbol{\lambda}=\Delta\ln\boldsymbol{\lambda}=\ln\boldsymbol{\lambda}-\ln\boldsymbol{\lambda}^0$，其元素

$$\delta\lambda_j=\Delta\ln\lambda_j=\ln\lambda_j-\ln\lambda_j{}^0=\ln\lambda_j/\lambda_j{}^0 \tag{6-65}$$

$$(j=1,2,\cdots,N)$$

故由修改量 $\delta\lambda_j$ 计算模型参数的计算公式改为

$$\lambda_j=\lambda_j{}^0\mathrm{e}^{\delta\lambda_j}\qquad(j=1,2,\cdots,N) \tag{6-66}$$

(2)在导出线性方程组(6-58)或(6-59)的过程中，忽略了高阶小量 R，所以，求出的解只是一种近似。为了使模型参数 $\boldsymbol{\lambda}$ 确定得更准确，需要采用多次迭代算法。即在求出模型参数 $\boldsymbol{\lambda}$ 之后，将其作为新的模型参数初值

$$\lambda^0_{j(新)}=\lambda^0_{j(老)}\mathrm{e}^{\delta\lambda_j} \tag{6-67}$$

重复前述求解过程，直至达到必要的精度为止。

6.2.1.3 雅可比矩阵的解析算法

在前述反演算法中，需要计算雅可比矩阵的诸元素，即观测参数(视电阻率 ρ_s 和阻抗相位 φ)对模型参数(各层电导率 σ_j 和厚度 h_j)的一阶偏导数。一般的做法是用有限差商作为偏导数的近似值，其优点是算法和编程序都比较简单，但计算量很大。对于一个 n 层断面，有 $N=2n-1$个层参数，因此每迭代一次，雅可比矩阵的计算量至少 N 倍于一次正演的计算量。这在做多层反演时，是难以接受的。为了大幅度节省计算量，下面推导了层状大地上电偶源 CSAMT

法 ρ_s 和 φ 对层参数一阶偏导数的解析表达式，从而实现用解析法计算雅可比矩阵。现将具体计算公式及其导出思路概述如下。

(1)由式(6-39)和式(6-40)可导出，卡尼亚视电阻率 ρ_s 和阻抗相位 φ 对层参数的一阶偏导数

$$\rho_s' = \frac{1}{|H_y|^2}\left\{\frac{2}{\omega\mu}[\mathrm{Re}E_x\cdot(\mathrm{Re}E_x)'+\mathrm{Im}E_x\cdot(\mathrm{Im}E_x)'] - \rho_s[\mathrm{Re}H_y\cdot(\mathrm{Re}H_y)'+\mathrm{Im}H_y\cdot(\mathrm{Im}H_y)']\right\} \tag{6-68}$$

和

$$\begin{aligned}\varphi' &= \left[\tan^{-1}\left(\frac{\mathrm{Im}E_x}{\mathrm{Re}E_x}\right)\right]' - \left[\tan^{-1}\left(\frac{\mathrm{Im}H_y}{\mathrm{Re}H_y}\right)\right]' \\ &= \frac{(\mathrm{Im}E_x)'\cdot\mathrm{Re}E_x-(\mathrm{Re}E_x)'\cdot\mathrm{Im}E_x}{|E_x|^2} \\ &\quad - \frac{(\mathrm{Im}H_y)'\cdot\mathrm{Re}H_y-(\mathrm{Re}H_y)'\cdot\mathrm{Im}H_y}{|H_y|^2}\end{aligned} \tag{6-69}$$

式中 Re 和 Im 分别表示实部和虚部，即

$$\left.\begin{aligned}E_x &= \mathrm{Re}E_x+\mathrm{i}\mathrm{Im}E_x \\ H_y &= \mathrm{Re}H_y+\mathrm{i}\mathrm{Im}H_y\end{aligned}\right\} \tag{6-70}$$

且

$$\left.\begin{aligned}(E_x)' &= (\mathrm{Re}E_x)'+\mathrm{i}(\mathrm{Im}E_x)' \\ (H_y)' &= (\mathrm{Re}H_y)'+\mathrm{i}(\mathrm{Im}H_y)'\end{aligned}\right\} \tag{6-71}$$

这样，对 ρ_s 和 φ 的一阶偏导数就归结为对 E_x 和 H_y 的一阶偏导数。

(2)在 E_x 和 H_y 的表示式(6-41)和(6-42)中，只有核函数与层参数有关，而核函数又是由递推公式(6-43)和(6-44)算得的。所以，最后将归结为对递推公式求一阶偏导数。实际上，由式(6-41)和式(6-42)有

$$\begin{aligned}E_x' = \frac{\mathrm{i}\omega\mu_0 I\mathrm{d}l}{2\pi}\Bigg\{&\frac{1}{\delta}\int_0^\infty \frac{g}{(g+V_1F_1)^2}(V_1F_1)'\cdot J_0(Bg)\mathrm{d}g \\ &+\frac{x^2}{r^2}\frac{1}{\delta}\int_0^\infty g\left[\frac{\mathrm{i}\sigma_1}{2}\left(\frac{V_1L_1}{\sigma_1}\right)' - \frac{1}{(g+V_1F_1)^2}(V_1F_1)'\right]J_0(Bg)\mathrm{d}g \\ &+\frac{y^2-x^2}{r^3}\int_0^\infty\left[\frac{\mathrm{i}\sigma_1}{2}\left(\frac{V_1L_1}{\sigma_1}\right)' - \frac{1}{(g+V_1F_1)^2}(V_1F_1)'\right]J_1(Bg)\mathrm{d}g\Bigg\}\end{aligned} \tag{6-72}$$

$$\begin{aligned}H_y' = \frac{I\mathrm{d}l}{2\pi}\Bigg[&\frac{y^2}{r^2}\frac{1}{\delta^2}\int_0^\infty \frac{g^2}{(g+V_1F_1)^2}(V_1F_1)'J_0(Bg)\mathrm{d}g \\ &-\frac{y^2-x^2}{r^3}\frac{1}{\delta}\int_0^\infty \frac{g}{(g+V_1F_1)^2}(V_1F_1)'J_1(Bg)\mathrm{d}g\Bigg]\end{aligned} \tag{6-73}$$

于是，问题归结为求一阶偏导数 $(V_1F_1)'$ 和 $(V_1L_1/\sigma_1)'$。

(3)在式(6-41)～式(6-44)中，层参数都是以归一化形式出现的，所以，对层参数的偏导数，就是对各层的相对电导率 σ_k/σ_1 和相对厚度 h_k/δ 求偏导数。首先，我们计算 $(V_1F_1)'$，即 $\dfrac{\partial(V_1F_1)}{\partial\left(\dfrac{\sigma_k}{\sigma_1}\right)}$ 和 $\dfrac{\partial(V_1F_1)}{\partial\left(\dfrac{h_k}{\delta}\right)}$。利用复合函数求导法则，当分别取层序 $k=1,2,\cdots,n$ 时，有

$$\left.\begin{aligned}\frac{\partial(V_1F_1)}{\partial\left(\frac{\sigma_2}{\sigma_1}\right)}&=\frac{\partial(V_1F_1)}{\partial(V_2F_2)}\cdot\frac{\partial(V_2F_2)}{\partial\left(\frac{\sigma_2}{\sigma_1}\right)}\\&\vdots\\\frac{\partial(V_1F_1)}{\partial\left(\frac{\sigma_n}{\sigma_1}\right)}&=\frac{\partial(V_1F_1)}{\partial(V_2F_2)}\cdot\frac{\partial(V_2F_2)}{\partial(V_3F_3)}\cdots\frac{\partial(V_{n-1}F_{n-1})}{\partial(V_nF_n)}\cdot\frac{\partial(V_nF_n)}{\partial\left(\frac{\sigma_n}{\sigma_1}\right)}\end{aligned}\right\}\tag{6-74}$$

和

$$\left.\begin{aligned}\frac{\partial(V_1F_1)}{\partial\left(\frac{h_2}{\delta}\right)}&=\frac{\partial(V_1F_1)}{\partial(V_2F_2)}\cdot\frac{\partial(V_2F_2)}{\partial\left(\frac{h_2}{\delta}\right)}\\&\vdots\\\frac{\partial(V_1F_1)}{\partial\left(\frac{h_{n-1}}{\delta}\right)}&=\frac{\partial(V_1F_1)}{\partial(V_2F_2)}\cdot\frac{\partial(V_2F_2)}{\partial(V_3F_3)}\cdots\frac{\partial(V_{n-2}F_{n-2})}{\partial V_{n-1}F_{n-1})}\cdot\frac{\partial(V_{n-1}F_{n-1})}{\partial\left(\frac{h_{n-1}}{\delta}\right)}\end{aligned}\right\}\tag{6-75}$$

于是，问题归结为计算如下形式的偏导数：$\frac{\partial(V_jF_j)}{\partial(V_{j+1}F_{j+1})}$、$\frac{\partial(V_jF_j)}{\partial\left(\frac{\sigma_j}{\sigma_1}\right)}$和$\frac{\partial(V_jF_j)}{\partial\left(\frac{h_j}{\delta}\right)}$。由递推公式(6-43)容易导出它们的表达式：

$$\frac{\partial(V_jF_j)}{\partial(V_{j+1}F_{j+1})}=\frac{V_j^2\left[1-\tanh^2\left(\frac{V_jh_j}{\delta}\right)\right]}{\left[V_j+V_{j+1}F_{j+1}\tanh\left(\frac{V_jh_j}{\delta}\right)\right]^2}\tag{6-76}$$

$$\frac{\partial(V_jF_j)}{\partial\left(\frac{\sigma_j}{\sigma_1}\right)}=\left\{V_jF_j+V_j^2\cdot\frac{\left[(V_j-V_{j+1}^2F_{j+1}^2)\cdot\frac{h_j}{\delta}-V_{j+1}F_{j+1}\right]\left[1-\tanh^2\left(\frac{V_jh_j}{\delta}\right)\right]}{\left[V_j+V_{j+1}F_{j+1}\tanh\left(\frac{V_jh_j}{\delta}\right)\right]^2}\right\}\cdot\frac{1}{V_j}\left(\frac{i}{V_j}\right)\tag{6-77}$$

和

$$\frac{\partial(V_jF_j)}{\partial\left(\frac{h_j}{\delta}\right)}=\frac{V_j^2\left[1-\tanh^2\left(\frac{V_jh_j}{\delta}\right)\right]}{\left[V_j+V_{j+1}F_{j+1}\tanh\left(\frac{V_jh_j}{\delta}\right)\right]^2}\tag{6-78}$$

同样，由递推公式(6-44)可导出

$$\frac{\partial\left(\frac{V_jL_j}{\sigma_j}\right)}{\partial\left(\frac{V_{j+1}L_{j+1}}{\sigma_{j+1}}\right)}=\frac{\left(\frac{V_j}{\sigma_j}\right)^2\left[1-\tanh^2\left(\frac{V_jh_j}{\delta}\right)\right]}{\left[\frac{V_j}{\sigma_j}+\frac{V_{j+1}}{\sigma_{j+1}}L_{j+1}\tanh\left(\frac{V_jh_j}{\delta}\right)\right]^2}\tag{6-79}$$

$$\frac{\partial\left(\frac{V_jL_j}{\sigma_j}\right)}{\partial\left(\frac{\sigma_j}{\sigma_1}\right)}=\frac{1}{\sigma_1}\left(\frac{i}{V_j}-\frac{V_j}{\sigma_j}\right)L_j+\frac{V_j}{\sigma_j}\left[1-\tanh^2\left(\frac{V_jh_j}{\delta}\right)\right]\cdot$$

$$\frac{\left[\left(\frac{V_j}{\sigma_j}\right)^2-\left(\frac{V_{j+1}}{\sigma_{j+1}}L_{j+1}\right)^2\right]\cdot\frac{h_j}{\delta}\cdot\frac{i}{V_j}-\frac{V_{j+1}}{\sigma_{j+1}}L_{j+1}\cdot\frac{1}{\sigma_1}\left(\frac{i}{V_j}-\frac{V_j}{\sigma_1}\right)}{\left[\frac{V_j}{\sigma_j}+\frac{V_{j+1}}{\sigma_{j+1}}L_{j+1}\tanh^2\left(\frac{V_1h_1}{\delta}\right)\right]^2}\tag{6-80}$$

和
$$\frac{\partial\left(\frac{V_jL_j}{\sigma_j}\right)}{\partial\left(\frac{h_j}{\delta}\right)}=\frac{\frac{V_j}{\sigma_j}\left[\left(\frac{V_j}{\sigma_j}\right)^2-\left(\frac{V_{j+1}}{\sigma_{j+1}}L_{j+1}\right)^2\right]\left[1-\tanh^2\left(\frac{V_jh_j}{\delta}\right)\right]}{\left[\frac{V_j}{\sigma_j}+\frac{V_{j+1}}{\sigma_{j+1}}L_{j+1}\tanh\left(\frac{V_jh_j}{\delta}\right)\right]^2}\cdot V_j \tag{6-81}$$

这样，仿照式(6-74)和式(6-75)亦可计算$\left(\frac{V_1L_1}{\sigma_1}\right)$对各层参数的一阶导数，从而最终完成用解析法计算雅可比矩阵。

应该指出，利用式(6-68)～式(6-81)用解析法计算雅可比矩阵时，其中许多量与利用递推公式(6-43)和(6-44)作正演计算时的量相同，因而可以利用正演的结果，不必重新计算。这使雅可比矩阵的计算量大为减小，大约仅为用差商法计算雅可比矩阵计算量的$1/N$($N=2n-1$，n是层数)，并且最终导致反演速度大约提高n倍。

6.2.1.4 应用实例

按前述算法编制双极源CSAMT法一维反演的实用程序，对理论和实测数据进行反演。

1.理论模型反演

表6-2列出了一条H型理论曲线的反演结果。初始模型参数分别按不同导电性的均匀半空间赋值，对所有层参数未作约束，先后作了单独ρ_s反演和ρ_s与φ的联合反演。反演结果表明，叠代5～6次，便稳定地收敛于其值(接近)，并且单独反演ρ_s和联合反演ρ_s与φ的结果相差甚微。

表6-2 H型理论曲线的反演结果

$AB=3\,000$m $x=0$m $y=6\,000$m 视电阻率和相位联合反演								$AB=3\,000$m $x=0$m $y=6\,000$m 视电阻率反演							
迭次代数	ρ_1	ρ_2	ρ_3	h_1	h_2	阻尼因子 μ	均方差	迭次代数	ρ_1	ρ_2	ρ_3	h_1	h_2	阻尼因子 μ	均方差
初值	50	50	50	150	150	100	0.489	初值	50	50	50	150	150	100	0.689
1	50.4	49.3	52.1	150	150	10	0.480	1	50.4	49.3	52.0	150	150	10	0.675
2	60.4	14.5	71.1	151.7	157.4	1	0.275	2	60.4	14.6	71.0	151.7	157.3	1	0.389
3	89.6	19.6	96.5	62.4	626.4	0.1	0.199	3	89.6	19.6	96.4	62.1	631.3	0.1	0.284
4	94.5	14.5	88.6	99.4	271.6	0.01	0.094 0	4	94.4	14.6	88.7	99.1	275.0	0.01	0.133
5	99.7	10.1	99.2	99.6	198.8	0.001	0.007 44	5	99.7	10.2	99.2	99.6	198.8	0.001	0.011 5
6	99.7	10.0	99.9	99.9	198.6	0.000 1	0.002 31	6	99.7	10.0	99.9	99.9	198.6	0.000 1	0.032 4
真值	100	10	100	100	200			真值	100	10	100	100	200		
初值	100	100	100	150	150	100	0.604	初值	100	100	100	150	150	100	0.853
1	96.3	97.3	92.1	150	150	10	0.575	1	96.3	97.3	92.1	150	150	10	0.811
2	69.0	23.6	66.1	143.3	140.7	1	0.356	2	68.9	23.8	66.0	143.3	140.7	1	0.503
3	77.1	16.9	84.5	154.4	166.0	1	0.277	3	77.0	17.1	84.6	155.2	166.1	1	0.395
4	92.5	18.5	96.5	68.3	575.6	0.1	0.182	1	77.0	12.5	126.0	67.2	432.5	0.1	0.310
5	97.1	13.9	89.1	96.6	259.0	0.01	0.080 3	5	98.6	12.7	81.0	96.0	252.8	0.01	0.165
6	99.7	10.1	99.4	100.3	199.1	0.001	0.006 15	6	99.7	10.0	98.8	100.2	195.0	0.001	0.013 4
7	99.7	10.0	99.9	99.9	198.5	0.000 1	0.002 31	7	99.7	10.0	99.9	99.9	198.6	0.000 1	0.003 25
真值	100	10	100	100	200			真值	100	10	100	100	200		

2. 实测资料反演

图6-4给出了淮北某煤田一条实测双极源 CSAMT 法 ρ_s 曲线的反演结果。该区第四系覆盖层 Q 厚100～200 m，其电阻率值随岩性不同在5～35 Ω·m 内变化，覆盖层下的基岩中构造发育，元古界老地层(Pt)电阻率值100～150 Ω·m，推覆在二叠系地层(P)之上。二叠纪煤系地层电阻率为10～30 Ω·m；但当其不含煤层时，电阻率较高，约为100～150 Ω·m；二叠系下面是石炭系灰岩(C)，电阻率很高，在几千欧米以上。该区 CSAMT 法的任务是探测被第四系覆盖的古老地层推覆体下，是否存在低阻的煤系地层，并分别确定它们的厚度。野外工作的供电双极长度为 AB=1 500 m，收发距 r=6 000 m。

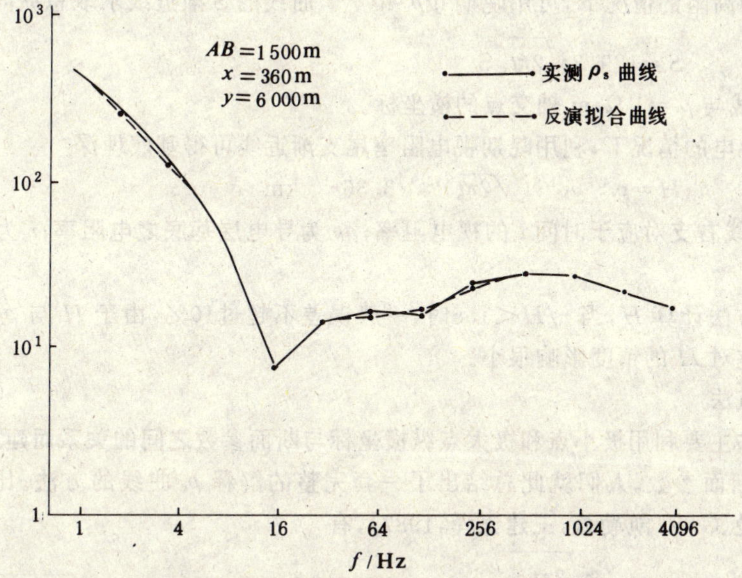

图6-4　淮北某煤田一条双极源 CSAMT 法实测曲线的反演拟合结果

从选作反演的实测数据看，大致为一条 HK 型曲线。反演选用6层模型，两组略有不同的初始参数，迭代5次，模型理论数据与实测数据达到理想的拟合，拟合方差小于5%。两组初始参数的反演结果十分相近，其前三层代表第四系覆盖层(Q)，总厚度190.9 m；第四层代表元古界老地层(Pt)，电阻率 ρ_4=109 Ω·m，厚度 h_4=585.7 m；其下，第五层，ρ_5=21.2 Ω·m，推断为煤系地层(P)，厚度 h_5=195.6 m；第六层为高阻基底，ρ_6=9 657 Ω·m，推断为石炭系灰岩(C)。上述反演结果表明，在 Pt 推覆体下，存在厚约200 m 的煤系地层(P)，从而肯定了该区推覆体下找煤的前景。钻探结果证实了这一推断的正确性，不仅验证了 Pt 下存在煤系地层 P，而且地层厚度的反演结果也十分接近，Pt 和 P 的厚度推断误差，甚至不超过6%(见表6-3)。

表6-3　淮北某煤田一条 CSAMT 曲线的反演结果

电性层序号	1～3	4	5	6
反映的地层	Q	Pt	P	C
反演的电阻率(Ω·m)	7.7～35.3	109	21.2	9 657
反演的厚度(m)	190.9	585.7	195.6	
钻探的厚度(m)	150	575	185	

6.2.2 瞬变电磁测深法中常用的反演方法

最直接的方法是：根据大量的 ρ_τ 曲线的量板，只要将实测的视电阻率值绘在双对数坐标 $\lg\rho_\tau(t)$-$\lg\sqrt{t}$ 上并与量板曲线进行对比，便可求得断面参数。但是，在目前仪器装备条件下，要获得一条完整的曲线比较困难，加之 ρ_τ 曲线等值范围小，对比时很难找到与实测曲线拟合的理想曲线，使用起来十分不便。因此，求取断面参数主要用渐近线法、特征点法和自动拟合法等。下面将简单加以介绍。

1. 渐近线法

在基底为高阻的情况下，可用晚期 $\lg\rho_\tau$-$\lg\sqrt{t}$ 曲线的 S 渐近线求取总纵向电导 S

$$S=189.3\sqrt{2\pi t_s}\ \mathrm{S} \tag{6-82}$$

式中，t_s 为 S 线与 $\rho_\tau=1\ \Omega\cdot\mathrm{m}$ 轴交点的横坐标。

在基底导电的情况下，利用晚期视电阻率尾支渐近线可得基底埋深

$$H=\rho_\tau^{4/9}\rho_N^{1/9}(\sqrt{2\pi t})^{10/9}/3.36r^{1/9}\ \mathrm{km} \tag{6-83}$$

式中，ρ_τ 为曲线右支对应于时间 t 的视电阻率；ρ_N 为导电层基底之电阻率；r 为收发距，单位为 km。

按这种方法计算 H，当 $r/H<1.5$时，一般误差不超过10%，由于 H 与 $\rho_N^{1/9}$成正比，基底电阻率的误差对 H 的精度影响很小。

2. 极值点法

极值点法主要利用极小点和极大点纵横坐标与断面参数之间的关系而建立起来的公式或诺模图求取断面参数。人们就此总结出了一套完整的解释 ρ_τ 曲线的方法。比如对 H 型曲线（A. A. 考夫曼、G. V. 凯勒著，王建谋译，1987），有

$$S=452\frac{\sqrt{2\pi t_{\min}}}{\rho_{\tau\min}^{2/3}}\rho_2^{1/6} \tag{6-84}$$

$$H=4.9\times10^{-6}S^3\left(\frac{\rho_{\tau\min}}{\sqrt{2\pi t_{\min}}}\right)^2 \tag{6-85}$$

可以利用式(6-84)计算 A 型曲线之 S 值，用式(6-85)计算 K 型、Q 型曲线之 H 值。当然利用这些公式都是有条件的，不过一般说来误差小于10%。

3. 计算机自动拟合法

正如前面所指出的，瞬变电磁场可以看为几何因子 G 和时间函数 $x(t)$之积，即

$$y(t)=Gx(t) \tag{6-86}$$

对磁偶源的瞬变电磁场来说，$e_\phi^*(t)$和$\frac{\partial b_\phi^*(t)}{\partial t}$的几何因子分别为$\frac{3M_1}{2\pi r^4}$和$\frac{9M_1}{2\pi r^5}$，而余下的积分项则相当于 $e_\phi^*(t)$和$\frac{\partial h_\phi^*(t)}{\partial t}$的时间函数 $x(t)$。

显然几何因子 G 与装置的大小、形式及场源和接收场的分量之类型等因素有关。不管是时间域还是频率域，G 都完全相同。而时间函数 $x(t)$，它既是时间的函数，同时又是断面参数的函数，即

$$y(t_i)=Gx(t_i,\lambda)\qquad(i=1,2,\cdots,M) \tag{6-87}$$

式中 M 为用于反演的瞬变函数时间之取值数，这里

$$\boldsymbol{\lambda}=(\rho_1,\rho_2,\cdots,\rho_n;h_1,h_2,\cdots,h_{n-1})^{\mathrm{T}}$$

$$=(\lambda_1,\lambda_1,\cdots,\lambda_N)^{\mathrm{T}}$$

式中，N 为断面参数的个数。将式(6-87)在初始模型 $\boldsymbol{\lambda}^{(0)}$ 处线性化，则得

$$y_i=y(t_i)=G\left[x(t_i,\boldsymbol{\lambda}^{(0)})+\sum_{j=1}^{N}\left(\frac{\partial x_i}{\partial\lambda_j}\right)\lambda^{(0)}\Delta\boldsymbol{\lambda}_j\right]$$

式中，$j=1,2,\cdots,N$。将上式整理后得

$$\Delta\boldsymbol{y}=\boldsymbol{P}\Delta\boldsymbol{\lambda} \tag{6-88}$$

其中

$$\Delta\boldsymbol{y}=\left[\frac{y_1}{G}-x_1{}^{(0)},\frac{y_2}{G}-x_2{}^{(0)},\cdots,\frac{y_M}{G}-x_M{}^{(0)}\right]^{\mathrm{T}} \tag{6-89}$$

$$\Delta\boldsymbol{\lambda}=[\Delta\lambda_1\quad\Delta\lambda_2\cdots\Delta\lambda_N]^{\mathrm{T}} \tag{6-90}$$

$$\boldsymbol{P}=\left|\begin{matrix}\dfrac{\partial x_1}{\partial\lambda_1} & \dfrac{\partial x_1}{\partial\lambda_2} & \cdots & \dfrac{\partial x_1}{\partial\lambda_N}\\ \dfrac{\partial x_2}{\partial\lambda_1} & \dfrac{\partial x_2}{\partial\lambda_2} & \cdots & \dfrac{\partial x_2}{\partial\lambda_N}\\ \vdots & \vdots & & \vdots\\ \dfrac{\partial x_M}{\partial\lambda_1} & \dfrac{\partial x_M}{\partial\lambda_2} & \cdots & \dfrac{\partial x_M}{\partial\lambda_N}\end{matrix}\right|^{\lambda^{(0)}} \tag{6-91}$$

到此为止，完成了非线性方程式(6-87)的线性化，余下的工作就和其他测深资料的反演方法相同了，这里不再重复。

思考题与习题

1. 拟合核函数的反演方法中，输入的数据是什么？反演的结果参数是什么？
2. 绘出直接拟合视电阻率的反演解释流程图。
3. 简述递推公式的物理意义。
4. 在什么情况下，A 型曲线可能被误当为 G 型曲线解释？误差如何？

第七章 地震勘探中的反演方法

地震勘探是一种重要的地球物理勘探方法。它利用地下介质弹性性质的差异来了解地下构造及岩性。地震勘探的观测数据是地震记录。当然，我们在反演时可能只利用地震记录中的一部分信息，如地震波到达时间、地震波的振幅和频率等。相应的需要反演的地球模型参数是与弹性性质有关的地下介质的地震波速度、波阻抗或反射系数等。地震记录与模型参数的关系可以假设为线性的，也可以假设为非线性的，相应地就有线性反演和非线性反演。

§7.1 地震资料反滤波处理

地震资料处理中的反滤波是由反射地震记录反演地下界面反射系数的一种重要反演方法。在本系列教材有关地震资料处理的部分，从信号处理的角度论述过此问题，本节从反演的角度再次讨论它。为了弄清其处理原理，首先应当了解反射地震记录的形成过程。

7.1.1 大地滤波作用与反射地震记录的形成假设

由炸药爆炸等震源产生的一般是一个十分尖锐的脉冲。此脉冲经反射界面反射后返回地面形成的理想反射地震记录应当是如图7-1所示的一系列尖脉冲（反射系数序列）。其中每一个脉冲代表一个反射界面，其大小等于该界面的反射系数，极性由反射系数的正、负决定，到达时间与地层厚度和介质速度有关。但是，由于介质的吸收以及其他一些作用的结果使得尖脉冲中的高频成分逐渐减少，变成一个具有一定延续时间的波形 $b(t)$，通常叫做地震子波。因此，我们记录到的反射地震记录是由这许多大小、极性和到达时间各不相同的地震反射子波叠加的结果，而不是前述一系列尖脉冲。用数学公式表示，即反射地震记录 $x(t)$ 是地震子波 $b(t)$ 与反射系数序列 $R(t)$ 的褶积结果

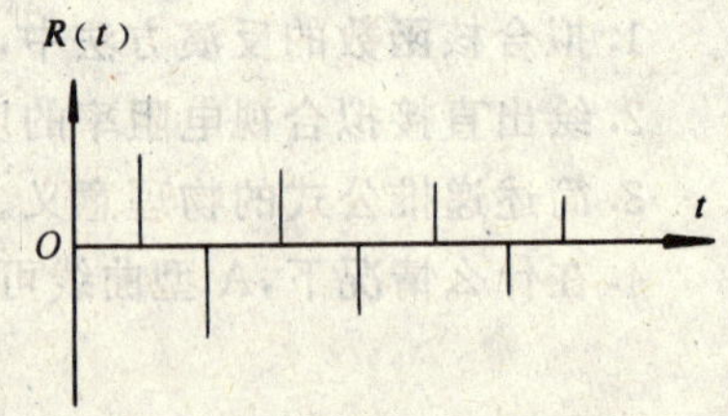

图7-1 反射系数时间序列

$$x(t)=b(t)\cdot R(t) \tag{7-1}$$

再加上干扰，就形成了复杂的反射地震记录形式（图7-2）。

从滤波的观点来看，可以将介质对地震波的改造作用看作为一种滤波，称为大地滤波。而地震子波就是大地滤波器的脉冲响应（图7-3）。因此，实际反射地震记录可以看作为理想反射地震记录（一系列尖脉冲）经过大地滤波器作用后的结果。

所谓反滤波也是一个滤波过程，只不过这个滤波过程的作用恰好与某个其他滤波过程的作用相反而已。地震资料反滤波正是设计出针对大地滤波作用的反滤波器。将大地滤波的作用抵消，将反射地震子波恢复为震源脉冲，从而可以由实际反射地震记录恢复出理想反射地震记录。而理想反射地震记录正是我们反演欲求取的反射系数序列。因此，地震资料反滤波即设计

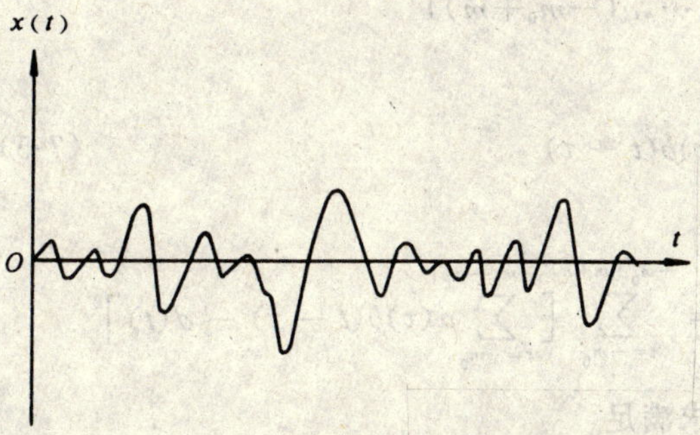

图7-2　反射地震记录

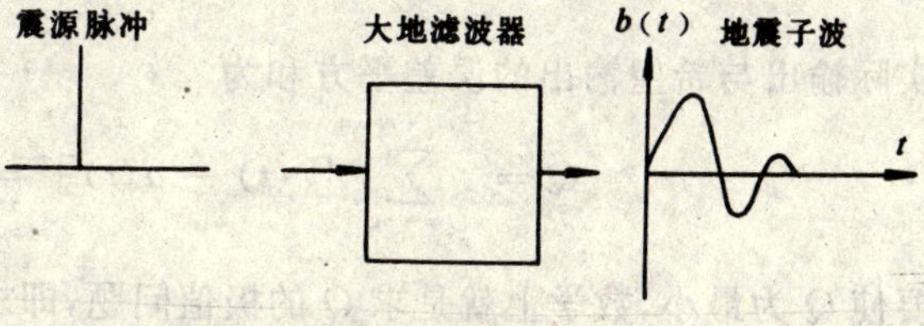

图7-3　大地滤波作用

反滤波因子 $a(t)$，使

$$R(t)=a(t)\cdot x(t) \tag{7-2}$$

从反演的观点看问题，可以认为反射地震记录 X 是实测数据或资料，反射系数序列 R 是地下模型参数，由 R 求 X 是正演问题，即

$$X=GR \tag{7-3}$$

其中，G 表示正演算子，在这里表示子波的褶积过程。而由 X 求 R 就是一个反演问题，即

$$R=G^{-1}X \tag{7-4}$$

其中，G^{-1}为反演算子，表示反滤波因子的褶积过程。

7.1.2　最小平方反滤波

1. 基本原理

最小平方反滤波是最小平方滤波(或称维纳滤波、最佳滤波)在反滤波领域中的应用。

最小平方滤波的基本思想在于设计一个最佳滤波算子。应用这个滤波算子可以把已知的输入信号转换为与给定的期望输出信号在最小平方误差的意义下最佳地接近的输出。即前面所论述过的最小二乘反演。

设输入信号为 $x(t)$。它与待设计的滤波因子 $h(t)$相褶积的结果是实际输出 $y(t)=h(t)\cdot x(t)$。由于种种原因，实际输出 $y(t)$不可能完全与预先给定的期望输出 $\hat{y}(t)$一样，只能要求二者最佳地符合。判断是否最佳符合的标准很多，最小平方误差准则就是其中之一，即二者的误差平方和为最小就意味着二者最佳地符合。在这个意义下求出滤波因子 $h(t)$进行滤波就是最小平方滤波。

如果输入信号 $x(t)$是另一滤波器的输出，而预先给定的期望输出 $\hat{y}(t)$是那个滤波器的输入，则按此思想设计出的滤波因子 $h(t)$就称为最小平方反滤波因子；用它进行的滤波就是最小平方反滤波。

2. 基本方程

根据上述原理可以导出地震勘探中最小平方反滤波的基本方程。因为地震勘探中“反”的是大地滤波器；大地滤波器的脉冲响应是地震子波，它必是物理可实现的，将它作为反滤波的输入，则希望输出应是 δ 脉冲。为了不失一般性，可以先假设希望输出是窄脉冲。另外，反滤波因子一般是无限长的，但在计算机中处理只能取有限项。这样，就有已知输入——地震子波 $b(t)=(b(0),b(1),b(2),\cdots,b(n))$，希望输出——窄脉冲 $d(t)$和待设计的反滤波因子

$$a(t)=(a(-m_0),a(-m_0+1),\cdots,a(-m_0+m))$$

实际输出 $c(t)$ 为

$$c(t)=a(t)\cdot b(t)=\sum_{\tau=-m_0}^{-m_0+m}a(\tau)b(t-\tau) \tag{7-5}$$

实际输出与希望输出的误差平方和为

$$Q=\sum_{t=-m_0}^{-m_0+m+n}[c(t)-d(t)]^2=\sum_{t=-m_0}^{-m_0+m+n}\Big[\sum_{\tau=-m_0}^{-m_0+m}a(\tau)b(t-\tau)-d(t)\Big]^2$$

要使 Q 为最小，数学上就是求 Q 的极值问题，即求满足

$$\frac{\partial Q}{\partial a(l)}=0 \quad (l=-m_0,-m_0+1,\cdots,-m_0+m) \tag{7-6}$$

的滤波因子 $a(t)$。

$$\begin{aligned}\frac{\partial Q}{\partial a(l)}&=\sum_{t=-m_0}^{-m_0+m+n}\frac{\partial}{\partial a(l)}\Big[\sum_{\tau=-m_0}^{-m_0+m}a(\tau)b(t-\tau)-d(t)\Big]^2\\&=2\sum_{t=-m_0}^{-m_0+m+n}\Big[\sum_{\tau=-m_0}^{-m_0+m}a(\tau)b(t-\tau)-d(t)\Big]b(t-l)\\&=2\sum_{\tau=-m_0}^{-m_0+m}a(\tau)\sum_{t=-m_0}^{-m_0+m+n}b(t-\tau)b(t-l)\\&\quad-2\sum_{t=-m_0}^{-m_0+m+n}d(t)b(t-l)=0\\&\quad(l=-m_0,-m_0+1,\cdots,-m_0+m)\end{aligned} \tag{7-7}$$

因为 $\sum\limits_{t=-m_0}^{-m_0+m+n}b(t-\tau)b(t-l)=\gamma_{bb}(l-\tau)$ 为地震子波的自相关函数，而 $\sum\limits_{t=-m_0}^{-m_0+m+n}d(t)b(t-l)=\gamma_{bd}(l)$ 为地震子波与期望输出的互相关函数，故上式可以写为

$$\sum_{\tau=-m_0}^{-m_0+m}a(\tau)\gamma_{bb}(l-\tau)=\gamma_{bd}(l) \tag{7-8}$$

$$(l=-m_0,-m_0+1,\cdots,-m_0+m)$$

这是一个方程组，写成矩阵形式为

$$\begin{bmatrix}\gamma_{bb}(0)&\gamma_{bb}(1)&\cdots&\gamma_{bb}(m)\\\gamma_{bb}(1)&\gamma_{bb}(0)&\cdots&\gamma_{bb}(m-1)\\\vdots&\vdots&&\vdots\\\gamma_{bb}(m)&\gamma_{bb}(m-1)&\cdots&\gamma_{bb}(0)\end{bmatrix}\begin{bmatrix}a(-m_0)\\a(-m_0+1)\\\vdots\\a(-m_0+m)\end{bmatrix}=\begin{bmatrix}\gamma_{bd}(-m_0)\\\gamma_{bd}(-m_0+1)\\\vdots\\\gamma_{bd}(-m_0+m)\end{bmatrix} \tag{7-9}$$

式中利用了自相关函数的对称性。在这个方程组中，系数矩阵为一种特殊的正定矩阵（托布里兹矩阵）。它不但以主对角线为对称，也以次对角线为对称，而且主对角线及与主对角线平行的直线上的元素均相同。

方程组(7-8)或(7-9)就称为最小平方反滤波的基本方程，可以用专门的递推解法求解。

若希望输出是δ脉冲，则互相关为

$$\gamma_{bd}(l)=\sum_{t=-m_0}^{-m_0+m+n}\delta(t)b(t-l)=b(-l) \tag{7-10}$$

基本方程变为

$$\begin{bmatrix}\gamma_{bb}(0) & \gamma_{bb}(1) & \cdots & \gamma_{bb}(m)\\ \gamma_{bb}(1) & \gamma_{bb}(0) & \cdots & \gamma_{bb}(m-1)\\ \vdots & \vdots & & \vdots\\ \gamma_{bb}(m) & \gamma_{bb}(m-1) & \cdots & \gamma_{bb}(0)\end{bmatrix}\begin{bmatrix}a(-m_0)\\ a(-m_0+1)\\ \vdots\\ a(-m_0+m)\end{bmatrix}=\begin{bmatrix}b(m_0)\\ b(m_0-1)\\ \vdots\\ b(m_0-m)\end{bmatrix} \tag{7-11}$$

由基本方程可以看出，只要事先知道大地滤波器的脉冲响应——地震子波，求出其自相关函数，就可以代入基本方程求解得到反滤波因子$a(t)$，用它与实际反射地震记录褶积可得

$$a(t)\cdot x(t)=a(t)\cdot b(t)\cdot R(t)\approx R(t) \tag{7-12}$$

即反滤波结果为理想反射地震记录(反射系数序列)。

3.子波未知情况下的基本方程

实际上，大地滤波是十分复杂的，它的脉冲响应即地震子波往往事先并不知道，因此无法直接用上述基本方程求解反滤波因子。这时需要加上一定的约束条件或称假设才能得到实用形式的基本方程。这样的假设有二，即

(1)假设反射系数序列$R(t)$是随机的白噪声序列，其自相关为

$$\gamma_{RR}(\tau)=\delta(\tau)=\begin{cases}1 & \tau=0\\ 0 & \text{其他}\end{cases} \tag{7-13}$$

(2)假设地震子波是最小相位的。

根据假设(1)，地震子波的自相关$\gamma_{bb}(\tau)$可以用反射地震记录的自相关$\gamma_{xx}(\tau)$代替，因为

$$\begin{aligned}\gamma_{xx}(\tau)&=\sum_t x(t)x(t+\tau)\\ &=\sum_t\Big[\sum_{\lambda=0}^{n}b(\lambda)R(t-\lambda)\Big]\Big[\sum_{k=0}^{n}b(k)R(t+\tau-k)\Big]\\ &=\sum_{\lambda=0}^{n}b(\lambda)\sum_{k=0}^{n}b(k)\sum_t R(t-\lambda)R(t+\tau-k)\\ &=\sum_{\lambda=0}^{n}b(\lambda)\sum_{k=0}^{n}b(k)\gamma_{RR}(\tau+\lambda-k)\\ &=\sum_{\lambda=0}^{n}b(\lambda)\sum_{k=0}^{n}b(k)\delta(\tau+\lambda-k)\\ &=\sum_{\lambda=0}^{n}b(\lambda)b(\tau+\lambda)\\ &=\gamma_{bb}(\tau)\end{aligned} \tag{7-14}$$

根据假设(2)可知地震子波$b(t)$的z变换$B(z)$的零点全部在单位圆外，即反滤波因子$a(t)$的z变换$A(z)=\dfrac{1}{B(Z)}$的分母多项式的零点全在单位圆外。因此$a(t)$是稳定的、物理可实现的，即$t<0$时的$a(t)$值为零，不用求取；故基本方程(7-11)中的$m_0=0$。又因$b(t)$也是物理可

实现的，故自由项中除了第一个值外其他都为零。

令 $$a'(t)=a(t)/b(0) \tag{7-15}$$

则基本方程变为

$$\begin{bmatrix} \gamma_{xx}(0) & \gamma_{xx}(1) & \cdots & \gamma_{xx}(m) \\ \gamma_{xx}(1) & \gamma_{xx}(0) & \cdots & \gamma_{xx}(m-1) \\ \vdots & \vdots & & \vdots \\ \gamma_{xx}(m) & \gamma_{xx}(m-1) & \cdots & \gamma_{xx}(0) \end{bmatrix} \begin{bmatrix} a'(0) \\ a'(1) \\ \vdots \\ a'(m) \end{bmatrix} = \begin{bmatrix} 1 \\ 0 \\ \vdots \\ 0 \end{bmatrix} \tag{7-16}$$

此基本方程的系数矩阵可由反射地震记录求得，解出的反滤波因子 $a'(t)$ 仅与 $a(t)$ 相差常数 $b(0)$ 倍。

4. 解基本方程的预白噪化问题

直接求解上述基本方程，效果往往不好，算出的反滤波因子收敛很慢，头尾振荡激烈。究其原因，是因为地震子波的谱有零值或接近零的值。

据式(7-1)和式(7-2)，应当有

$$A(\omega)=\frac{1}{B(\omega)} \tag{7-17}$$

若存在着使 $B(\omega)$ 为零或接近于零的值，则 $A(\omega)$ 必然不稳定。解决的办法是把一个小的白噪加入到输入道的频谱中，相当于在时间域中给输入道的零延迟自相关值加上一个小振幅的尖脉冲，即用 $(1+\lambda)$ 乘零延迟自相关值 $\gamma_{xx}(0)$ 代替 $\gamma_{xx}(0)$，放在托布里兹矩阵的主对角线上，这就称为预白噪化。λ 一般是很小的一个正数，叫做白噪系数，可以根据记录中的噪声水平人为地调节它。

白噪化后反滤波的结果会在尖脉冲（极大压缩了的地震子波）后面跟上一个小的摆动。小摆动的出现降低了反滤波结果的分辨率。因此，使反滤波因子稳定、收敛加快是以牺牲分辨率为代价的。λ 取得越大，牺牲越多。

由上述讨论可以看出，最小平方反滤波实质上就是线性反演中的最小二乘反演，而预白噪化相当于线性反演中的阻尼最小二乘反演（即马奎特法）。因为这里假设了反射地震记录的形成是反射系数序列与大地滤波器的脉冲响应——地震子波的褶积结果，褶积是一个线性的正演过程；因此，使用线性反演方法进行工作，由反射地震记录得到地球模型参数——反射系数序列。当然，由于实际问题的复杂性，反射地震子波一般难以知道，而未知子波情况下的两个假设又不一定在实际中得到满足，故最小二乘反演的结果可能不是反射系数序列，而只是它的某种近似，或者说是它的某种平均，平均所使用的函数是处理后的反射地震子波。如果一切理想，反射地震子波应变为 δ 脉冲，此时不存在平均问题。一般情况下，反射地震子波不能变为 δ 脉冲，而会变为一个延续时间较短的窄脉冲。反演结果为以这种压缩的反射地震子波为函数的加权平均值。也就是说，一般情况下，地震资料反滤波不能完全反演出反射系数序列，但能压缩地震子波，提高地震资料分辨率。

7.1.3 最小熵（最大方差模）反滤波及其他反滤波方法

地震资料处理中，由反射地震记录反演地下反射系数序列是一项十分重要的任务。因此，除了应用最为广泛的最小平方反滤波之外，还发展了多种其他反滤波方法。最小熵反滤波就是其中之一。

最小熵（或称最大方差模）反滤波无须知道反射地震子波，也不需要有反射地震子波为最小相位、反射系数序列为白噪这两个假设。它的任务也是由反射地震记录反演出反射系数序列。由反演理论知道，地球物理反演是多解的。显然，没有任何假设的反演是无法得到唯一解的，只有在某种意义下才能求出所谓的唯一解。如最小平方反滤波是在最小平方误差意义下的唯一解。最小熵反滤波所求的是在"熵"最小意义下的唯一解。它假设地下反射系数序列由稀少的尖脉冲组成即可。因为其基本思想在于寻找一个反滤波因子，要求反射地震记录与此因子褶积后的输出仅由几个符号和位置均未知的大的尖脉冲所组成。这样的处理使信号的熵达到最小，因此叫做最小熵反滤波。

所谓"熵"这一名词是从热力学中借用过来的。在热力学中，熵表示热学状态自发实现可能性的程度，或曰分子运动混乱的程度。用于信息论中，它表示系统内信息的不确定性和不可预测性。熵最小表示信号秩序最好，规则性最强，不确定性最小，最简单。

作为对输出道 y_n 简单程度的度量，可利用一个称为归一化方差模的量

$$V_y = \frac{\sum_{n=1}^{N} y_n^4}{\left(\sum_{n=1}^{N} {y_n}^2\right)^2} \tag{7-18}$$

V_y 的值在0和1之间。V_y 值越大，则 y_n 的形状越简单。当然，最简单的形状是一个尖脉冲，此时 $V_y=1$。使 V_y 为最大就表示使输出最简单，故最小熵反滤波又称为最大方差模反滤波。

设反滤波因子 h_m 与地震记录褶积的输出为 y_n，要选择 h_m 使 V_y 达到最大，即要求

$$\frac{\partial V_y}{\partial h_j}=0 \quad (j=0,1,2,\cdots,m) \tag{7-19}$$

$$\frac{\partial V_y}{\partial h_j} = \left[\frac{\sum_{n=1}^{N} 4y_n^3 \dfrac{\partial y_n}{\partial h_j}}{\left(\sum_{n=1}^{N} y_n^2\right)^2}\right] - \left[\frac{2\sum_{n=1}^{N} y_n^4}{\left(\sum_{n=1}^{N} y_n^2\right)^3}\sum_{n=1}^{N} 2y_n \frac{\partial y_n}{\partial h_j}\right] = 0$$

$$(j=0,1,2,\cdots,m) \tag{7-20}$$

因为

$$y_n = \sum_{k=0}^{M} h_k x_{n-k} \tag{7-21}$$

故

$$\frac{\partial y_n}{\partial h_j} = x_{n-j} \tag{7-22}$$

$$\sum_{n=1}^{N} y_n x_{n-j} = \sum_{n=1}^{N}\left(\sum_{k=0}^{M} h_k x_{n-k}\right) x_{n-j} = \sum_{k=0}^{M} h_k\left(\sum_{n=1}^{N} x_{n-k}x_{n-j}\right)$$

$$= \sum_{k=0}^{M} h_k r_{xx}(k-j) \tag{7-23}$$

将式(7-22)和式(7-23)代入到式(7-20)中得

$$\sum_{n=1}^{N} y_n^3 x_{n-j} = \left(\sum_{n=1}^{N} y_n^4\right)\left(\sum_{k=0}^{M} h_k r_{xx}(k-j)\Big/\sum_{n=1}^{N} y_n^2\right) \tag{7-24}$$

令

$$R_{xy}{}^3(j) = \frac{\left(\sum_{n=1}^{N} y_n^3 x_{n-j}\right)\left(\sum_{n=1}^{N} y_n^2\right)}{\sum_{n=1}^{N} y_n^4} \tag{7-25}$$

则得

$$\sum_{k=0}^{M} h_k r_{xx}(k-j) = R_{xy}^3(j) \quad (j=0,1,2,\cdots,m) \tag{7-26}$$

写成矩阵形式为

$$\begin{bmatrix} r_{xx}(0) & r_{xx}(1) & \cdots & r_{xx}(m) \\ r_{xx}(1) & r_{xx}(0) & \cdots & r_{xx}(m-1) \\ \vdots & \vdots & & \vdots \\ r_{xx}(m) & r_{xx}(m-1) & \cdots & r_{xx}(0) \end{bmatrix} \begin{bmatrix} h_0 \\ h_1 \\ \vdots \\ h_m \end{bmatrix} = \begin{bmatrix} R_{xy}^3(0) \\ R_{xy}^3(1) \\ \vdots \\ R_{xy}^3(m) \end{bmatrix} \tag{7-27}$$

系数矩阵又是一个托布里兹矩阵。因为自由项 $R_{xy}^3(j)$ 与输出 y_n 有关，即与所要求取的因子 h_n 有关，故此方程是一个高次非线性方程，不能直接求解，必须用迭代法求解。

只要地下反射层的间隔较大且不相等，地震子波形状不变，用最小熵反滤波就可得到较好的结果。

除了最小熵反滤波之外，还有许多其他反滤波方法，它们均是在一定假设下能由反射地震记录得到反射系数序列的方法。例如同态反滤波。它不需要地震子波为最小相位、反射系数序列为白噪这两个假设；也不需要地下反射层间隔较大且不相等（即反射系数序列由稀疏的尖脉冲组成）等假设。它主要通过求地震记录的对数谱和对数谱序列，将时间域中地震子波与反射系数序列的褶积关系和频率域中的乘积关系变为简单的相加关系，从而分离地震子波和反射系数序列，达到反滤波的目的。因此，这种方法又可以叫做对数分解法。

式(7-1)表示地震记录 $x(t)$ 由地震子波 $b(t)$ 与反射系数序列 $R(t)$ 褶积而成。在频率域中，这种关系就是乘积，即

$$x(\omega)=B(\omega)R(\omega) \tag{7-28}$$

对此式两边取对数可得相加关系

$$\ln x(\omega)=\ln B(\omega)+\ln R(\omega) \tag{7-29}$$

式中，$\ln x(\omega)$、$\ln B(\omega)$ 和 $\ln R(\omega)$ 分别称为反射地震记录 $x(t)$、地震子波 $b(t)$ 和反射系数序列 $R(t)$ 的对数谱，用 $\hat{x}(\omega)$、$\hat{B}(\omega)$ 和 $\hat{R}(\omega)$ 表示。因此，式(7-29)可写为

$$\hat{x}(\omega)=\hat{B}(\omega)+\hat{R}(\omega) \tag{7-30}$$

因为它们都是频率 ω 的函数，可以用傅立叶反变换从频率域转到时间域，即

$$\hat{x}(t)=\hat{b}(t)+\hat{R}(t) \tag{7-31}$$

式中，$\hat{x}(t)$、$\hat{b}(t)$ 和 $\hat{R}(t)$ 分别称为 $x(t)$、$b(t)$ 和 $R(t)$ 的对数谱序列。由此式可知，地震记录的对数谱序列是地震子波的对数谱序列与反射系数序列的对数谱序列之和。只要 $\hat{b}(t)$ 与 $\hat{R}(t)$ 在时间轴上是分开的（即分布在不同的位置），就能用简单的方法把它们分离，再用上述过程的逆过程分别求出反射系数序列和地震子波序列。

由于对数运算是一种非线性运算，所以同态反滤波是一种非线性滤波。

地震资料处理中还有最大熵反滤波、最大似然反滤波等许多反滤波方法。它们都是在不同假设、不同意义（或曰不同标准、不同目标函数）下进行的反演方法，都各有其优缺点。

§7.2 波阻抗反演

波阻抗是一个与地层速度和密度综合特性有关的复合参数，是与地层岩性密切相关的一个参数，波阻抗反演是地震岩性反演中的一种。

波阻抗反演分为窄带反演和宽带分演两大类。前一类是早期的传统方法。这些方法直接由地震记录反演波阻抗。它首先利用前述反滤波方法得到反射系数序列，然后再计算波阻抗。因为地震记录是带通有限的（即窄带的），波阻抗反演结果受地震记录频带宽度的限制，故这些反演方法称为窄带反演。最近若干年发展起来了以模型为基础的波阻抗反演方法。因为模型的设

定可以是无限带宽的，不受地震记录频带宽度的限制；地震记录的作用在于让模型的正演理论记录与之拟合，故这类反演方法称为宽带反演。以模型为基础的反演会带来多解性，即不同模型的正演理论记录均与实际地震记录可以拟合得很好。为了消除多解性，必须使用各种约束，因此一般宽带反演均为宽带约束反演。

实际工作中的波阻抗反演分为有井和无井两大类。一般来讲，如果测线上有井，并进行了声测井，还有地质资料，在井旁用各种方法建立起井旁地震道与声测曲线的关系，然后外推到远离井的地方，其精度肯定要高一些。这样求出的波阻抗剖面相当于在每个地震道的位置处钻了一口井并进行了声测井工作。它可以在岩性解释、储层预测等精细工作中使用。无井波阻抗反演的精度和可信度均较低，只能作为解释工作中的参考。

7.2.1 窄带波阻抗反演

窄带波阻抗反演包括最小平方反滤波、波阻抗计算及实际波阻抗剖面获得了几个步骤。如果测线上有井资料，则可以先用井资料和井旁道求取地震子波或其逆，进而用地震子波或其逆对地震记录作反滤波得到反射系数序列。若无井，最小平方反滤波则只能在前述两个假设的基础上进行。因为这两个假设与实际情况不一定相符，结果的精度当然就不如有井的情况。

因为前面已经讨论了最小平方反滤波问题，这里只讨论波阻抗计算及实际波阻抗剖面的获得等问题。

1. 波阻抗计算

一般常用的波阻抗计算方法有两种：反射函数积分法和波阻抗递推法。

(1)反射函数积分法

设 $t=t_n$ 时刻的波阻抗为 $Z(t_n)$，$t=t_n+\delta t$ 时刻的波阻抗为 $Z(t_n+\delta t)$，则与 t_n 层相当的界面反射系数 $R(t_n)$ 按定义可写为

$$R(t_n)=R(t)|_{t=t_n}=\frac{Z(t_n+\delta t)-Z(t_n)}{Z(t_n+\delta t)+Z(t_n)} \tag{7-32}$$

设
$$Z(t_n+\delta t)\approx Z(t_n)+\delta Z \tag{7-33}$$

则有
$$R(t_n)\approx\frac{Z(t_n)+\delta Z-Z(t_n)}{Z(t_n)+\delta Z+Z(t_n)}=\frac{\delta Z}{2Z(t_n)+\delta Z} \tag{7-34}$$

因为 δZ 与 $2Z(t_n)$ 相比足够小，所以在略去下标 n 的情况下，可把反射系数写成

$$R(t)=\frac{\delta Z}{2Z(t)}=\frac{1}{2}\delta(\ln Z(t)) \tag{7-35}$$

但是，这样表示的反射系数还与时间增量 δt 有关。由式(7-33)，当 $\delta t\to 0$ 时 $\delta Z\to 0$，因此 $R(t)\to 0$。这样，在 $\delta t\to 0$ 的情况下，如仍以式(7-35)的形式定义的反射系数作为描述岩性的物理量，将因失去物理意义而显得不适当。为避免这一困难，重新定义一个新的函数

$$r(t)=\lim_{\delta t\to 0}\frac{2R(t)}{\delta t}=\lim_{\delta t\to 0}\frac{\delta(\ln Z(t))}{\delta t}=\frac{\mathrm{d}\ln Z(t)}{\mathrm{d}t} \tag{7-36}$$

不难看出，$r(t)$ 实际上是反射系数 $R(t)$ 在 $\delta t\to 0$ 时的极限，亦即波阻抗 $Z(t)$ 的自然对数对时间的导数。由于 $r(t)$ 是个与反射系数有关的函数，故称之为反射函数。如果波阻抗 $Z(t)$ 是 t 的连续函数，则反射函数 $r(t)$ 也将是 t 的连续函数。因此，反射函数 $r(t)$ 不仅适用于密度与速度作离散变化时的情况，而且也适用于密度与速度连续变化的连续介质情况。这就是它与反射系数最根本的不同之处。

对反射函数在时间范围 t_0-t 内进行积分，有

$$\int_{t_0}^{t} r(t)\mathrm{d}t = \int_{Z(t_0)}^{Z(t)} \frac{\mathrm{d}}{\mathrm{d}t}\ln Z(t)\mathrm{d}t = \ln Z(t)\Big|_{Z(t_0)}^{Z(t)} = \ln \frac{Z(t)}{Z(t_0)} \tag{7-37}$$

写成指数形式，则任一时刻 t 的波阻抗

$$Z(t) = Z(t_0)\exp\int_{t_0}^{t} r(t)\mathrm{d}t \tag{7-38}$$

式中 $Z(t_0)$为时刻 t_0时的波阻抗。

显然，在已知波阻抗初值 $Z(t_0)$的情况下，只要 $r(t)$已知，就可求出任一时刻的波阻抗。这里问题的关键在于如何获得关于反射函数的信息。

反射函数 $r(t)$的绝对大小是难以知道的。然而时间剖面记录道经最小平方反滤波处理后，可看作是压缩得很短的零相位脉冲 $b(t)$与反射函数的褶积。如果脉冲 $b(t)$的延续宽度足够小，则经该项处理后的记录道 $s(t)$将与反射系数 $r(t)$近似地成比例

$$s(t)=b(t)\cdot r(t)\approx kr(t) \tag{7-39}$$

其中 k 为某种比例系数。因此，用上述经过特殊处理的记录道 $s(t)$可以近似地代替 $r(t)$，称之为近似反射函数。用它代入式(7-38)计算就得到所谓的近似波阻抗

$$Z(t) = Z(t_0)\exp\int_{t_0}^{t} s(t)\mathrm{d}t \tag{7-40}$$

(2)波阻抗递推法

为简化讨论，令 t_n 时刻的波阻抗为 Z_n，$t_n+\delta t$ 时刻的波阻抗为 Z_{n+1}，则第 n 界面的反射系数

$$R_n=\frac{Z_{n+1}-Z_n}{Z_{n+1}+Z_n} \tag{7-41}$$

对上式进行简单的运算、整理，可得

$$Z_{n+1} = Z_n \frac{1+R_n}{1-R_n} = Z_{n-1}\cdot\frac{1+R_{n-1}}{1-R_{n-1}}\cdot\frac{1+R_n}{1-R_n} = Z_0\prod_{i=0}^{n}\frac{1+R_i}{1-R_i} \tag{7-42}$$

这就是用反射系数 R_0、R_1、…、R_n 递推计算波阻抗 Z_{n+1}的基本关系式。

同理，若用经过特殊处理的时间剖面记录道 S_n 代替反射系数 R_n，则上式可写成

$$Z_{n+1} = Z_0\prod_{i=0}^{n}\frac{1+s_i}{1-s_i} \tag{7-43}$$

式中 Z_0为波阻抗始值，s_i 为与反射系数近似成比例的近似反射系数。

显然，如果用其他方法(例如由测井资料解释)知道了波阻抗始值 Z_0，则可用上式依次递推计算出任一时刻的波阻抗值。

不难证明，递推法与积分法是完全等价的。

2.实际波阻抗剖面获得

窄带波阻抗剖面反演中，为了获得实际波阻抗剖面，还要做一些辅助工作，主要为振幅标定、高通滤波和低频补偿。

(1)振幅标定

由以上讨论可知，无论是用积分法还是递推法计算波阻抗，在公式中都有一个用经过特殊处理的时间剖面记录道 $s(t)$代替反射函数 $r(t)$或反射系数 R_i 的问题。但是，$s(t)$的绝对值既可能小于1，也可能等于1或大于1。当 $s(t)$的绝对值等于1或大于1时，就会使$1-s_i\leqslant0$或$1+s_i<0$，则由式(7-43)算出的波阻抗就可能等于无穷大或者等于负值而失去意义。同时，也使得积分法与递推法的等价关系不复存在了。为避免这些没有物理意义的现象出现，必须对近似反射系数曲线 $s(t)$进行规范化处理，使 $s(t)$的绝对值小于1，这就是所谓的振幅标定问题。

标定的方法首先是根据密度测井和速度测井资料计算井中反射系数曲线 $R(t)$，然后再将经过特殊处理的井旁时间剖面记录道 $s(t)$与之相比。选取有特征意义的层位的反射系数值 R_i 与井旁剖面记录道上相应层位的振幅 s_i，取二者比值的绝对值。

$$D=\left|\frac{R_i}{s_i}\right| \tag{7-44}$$

作为标定系数。然后用标定系数 D 与经过特殊处理的非井旁时间剖面道 $s(t)$相乘，则得到经过振幅标定的近似反射系数。如果还要考虑标定系数沿横向或纵向可能有的变化，就应在剖面范围内选取几个已有测井资料的井作为控制点，分别计算标定系数以控制横向变化；或者在控制点上各取几个具有特征意义的不同层位，分别计算标定系数以控制纵向变化。

(2)高通滤波及低频补偿

地震波在其传播过程中，由于地层的滤波作用和检波器特性以及记录系统低截频滤波作用等的影响，其中所含低频信息业已损失，原始地震记录道中已不存在低于8Hz 的低频成分。但是，用积分法或递推法计算出来的近似波阻抗曲线中却包含有低于8Hz 的成分。显然，这不是有用的信息成分，应当属于干扰。积分法和本质与之相同的递推法运算均属于积分滤波性质。众所周知，积分滤波具有放大低频干扰的作用，所以用这些方法算出的曲线上有大量低频干扰成分，应当运用高通滤波手段将8Hz 以下的低频干扰滤掉，只保留其剩余的高频相对变化部分。经过这样高通滤波后的曲线就称为剩余波阻抗曲线或相对波阻抗曲线。由这些曲线组成的剖面就称为剩余波阻抗剖面或相对波阻抗剖面。

剩余波阻抗剖面只能反映波阻抗高频相对变化，不能反映波阻抗真实大小。为获得波阻抗真实情况，必须在剩余波阻抗基础上再加上合理的低频成分。

低频成分不可能由记录道上得到，只能从外界取得。其提取方法有二：一是在有井情况下，可以通过对由声波测井资料得到的波阻抗曲线进行低通滤波，仅保留其低于8Hz 的成分得到；另一种是在没有井的情况下，可以通过对由速度谱经分析平滑得到的层速度曲线，进行低通滤波而得到。

把所得到的低频成分加到剩余波阻抗曲线上，就得到了总波阻抗曲线，它们所组成的剖面就称为总波阻抗剖面。

7.2.2 宽带波阻抗反演

前述方法是由地震记录直接求出地下反射率信息，然后用积分法或递推法由反射率信息求出波阻抗与深度的关系。这种方法的结果受噪声、振幅恢复不完全等因素的影响，特别是由于地震记录本身固有的带限性质，所反演出来的波阻抗不可能有很宽的频带，即不可能有很高的分辨率。为了解决这一问题，近年来许多公司均发展了以模型为基础的反演方法，或称为模型法。其思想是首先构组一地质模型(即波阻抗估计值模型)，对此模型进行正演计算，将正演计算出来的理论模型记录道与实际地震记录道比较，然后利用比较的结果，迭代地更新波阻抗模型，直至其与实际地震记录吻合为止。这种方法避免了直接对反射地震记录进行反演，构组和修改出的波阻抗模型不受实际地震记录频带的限制，反演的结果波阻抗可以有很宽的频带(即有较高的分辨率)，故称之为宽带波阻抗反演。当然，随之而来的是多解性。很可能一个与地震记录吻合得很好的波阻抗模型却是个错误的模型。为此，必须要加入约束。大量约束的加入，特别是测井资料和地质资料方面约束的加入可以使多解性降低到最低的限度。因为这种方法可以得到不受实际地震记录带宽限制的波阻抗反演结果，故称之为宽带波阻抗反演；又因这种反演总要加入各种约束，故称之为宽带约束波阻抗反演。下面以美国HGS公司的宽带约束反演(BCI)(Broadband Constrained Inversion)为例对之进行介绍。

美国HGS公司的BCI的目的是结合地震、地质和测井资料求取优化的宽带波阻抗模型。它所用的方法属广义线性反演性质。

设 $\boldsymbol{M}=(m_1,m_2,\cdots,m_k)^{\mathrm{T}}$ 是 k 个模型参数——波阻抗组成的向量，$\boldsymbol{D}=(d_1,d_2,\cdots,d_n)^{\mathrm{T}}$ 是 n 个观测数据——地震记录采样值的向量。根据波阻抗与地震记录之间的关系可以正演计算出理论地震记录为 $d_i^{计}=F(m_1,m_2,\cdots,m_k)$，$i=1,2,\cdots,n$。首先假设一个初始模型 $\boldsymbol{M}_0$，根据此初始模型可以正演计算出其理论地震记录 $F(\boldsymbol{M}_0)$，将它与实际地震记录相比，若二者不符则修改初始模型，迭代地修改、更新，最终收敛到欲求的解。迭代修改首先需解方程

$$\Delta\boldsymbol{D}=\boldsymbol{G}\Delta\boldsymbol{M} \tag{7-45}$$

式中，$\Delta\boldsymbol{D}$ 为实际地震记录与理论正演地震记录之间的差向量；$\Delta\boldsymbol{M}$ 为引起地震记录这一变化的波阻抗参数变化向量；$\boldsymbol{G}$ 为 n 行 k 列的偏导数矩阵，或称之灵敏度矩阵。方程(7-45)的解为

$$\Delta\boldsymbol{M}=\boldsymbol{G}^{-1}\Delta\boldsymbol{D} \tag{7-46}$$

式中 $\boldsymbol{G}^{-1}$为 $\boldsymbol{G}$ 的逆矩阵。

因为通常观测数据(记录采样)值比波阻抗参数的数目多，即 $n>k$，方程是超定的，其最小二乘解为

$$\Delta\boldsymbol{M}=(\boldsymbol{G}^{\mathrm{T}}\boldsymbol{G})^{-1}\boldsymbol{G}^{\mathrm{T}}\Delta\boldsymbol{D} \tag{7-47}$$

其阻尼最小二乘解(即马奎特解)为

$$\Delta\boldsymbol{M}=(\boldsymbol{G}^{\mathrm{T}}\boldsymbol{G}+\varepsilon^2\boldsymbol{I})^{-1}\boldsymbol{G}^{\mathrm{T}}\Delta\boldsymbol{D} \tag{7-48}$$

考虑到模型参数和噪声的随机性，解式(7-48)中的算子

$$\boldsymbol{H}_f=(\boldsymbol{G}^{\mathrm{T}}\boldsymbol{G}+\varepsilon^2\boldsymbol{I})^{-1}\boldsymbol{G}^{\mathrm{T}} \tag{7-49}$$

称为随机逆。式(7-48)成为

$$\Delta\boldsymbol{M}=\boldsymbol{H}_f\Delta\boldsymbol{D} \tag{7-50}$$

若 $\boldsymbol{M}$ 中的各元素 m_i 为随机数，则 $\boldsymbol{M}$ 的协方差矩阵为

$$\boldsymbol{C}_m=\sigma_m^2\boldsymbol{I} \tag{7-51}$$

式中 σ_m^2 为波阻抗参数的方差。地震记录道中总会有随机噪声，随机噪声的协方差矩阵为

$$\boldsymbol{C}_n=\sigma_n^2\boldsymbol{I} \tag{7-52}$$

式中 σ_n^2 为噪声方差。可以证明，随机逆(7-49)中的常数为

$$\varepsilon^2=\lambda=\sigma_n^2/\sigma_m^2=\boldsymbol{C}_n\boldsymbol{C}_m^{-1} \tag{7-53}$$

式中 λ 为拉格朗日乘子。将式(7-53)代入式(7-48)中，得到

$$\Delta\boldsymbol{M}=(\boldsymbol{G}^{\mathrm{T}}\boldsymbol{G}+\boldsymbol{C}_n\boldsymbol{C}_m^{-1}\boldsymbol{I})^{-1}\boldsymbol{G}^{\mathrm{T}}\Delta\boldsymbol{D} \tag{7-54}$$

而

$$\boldsymbol{M}^k=\boldsymbol{M}^{k-1}+\Delta\boldsymbol{M}^{k-1} \tag{7-55}$$

由式(7-54)可以看到，波阻抗参数的修改是由理论地震记录与实际地震记录之差计算出来的，但是由 $\boldsymbol{C}_n$ 和 $\boldsymbol{C}_m$ 加以约束的，这与式(7-47)不考虑噪声的影响是不同的。

宽带约束反演由初始模型出发，据理论记录和实际记录的差修改模型，反复迭代得到最终反演结果。

§7.3 地震波速度反演

速度反演是指近年发展出来的大量由地震记录直接提取速度参数的各种先进方法，种类

很多，有些是在其他领域中获得巨大成功的方法（例如医学中的 CT 技术）的引用。这里只能简单地介绍部分方法。包括只利用地震记录中时间信息的基于射线（几何地震学）的矩阵求逆法和代数重构法，以及利用地震记录全波形信息的基于物理地震学的波动方程反演法。

7.3.1 矩阵求逆法

这是医学中的 CT 技术用于地震勘探的一个方法。不过，地震勘探与医学毕竟有很大的差异。例如，地震波不是 X 射线，频率要低得多，运行路径不可能全是直线；并且，地震勘探的信息采集方式受到很大限制。因此，地震勘探中的 CT 技术要比医学中的 CT 技术困难得多，但二者的基本原理是一样的。

矩阵求逆法是一种基于射线（几何地震学）的反演方法。首先，需要将待研究区域划分成网格（图7-4），并假设速度函数 $v(x,z)$ 在一个网格单元中为常数（不同网格单元速度可不同），则运行时方程的近似表达式为

$$t_k = \sum_j \frac{\Delta s_j}{v_j} = \sum_j \Delta s_j p_j \tag{7-56}$$

式中，t_k 为波沿第 k 根射线运行的时间；Δs_j 为第 k 根射线在单元 j 中所运行的距离；v_j 为单元 j 中的地震波速；$p_j=\dfrac{1}{v_j}$ 为第 j 个单元中的慢度（即速度的倒数），求和实际上是在被第 k 根射线所穿过的所有单元上进行。写成矩阵方程形式为

$$\boldsymbol{t}=\boldsymbol{A}\boldsymbol{p} \tag{7-57}$$

式中，$\boldsymbol{A}$ 为一个 $(k_{\max}\times j_{\max})$ 的 Δs 值矩阵，其中 $k_{\max}$ 为穿过待研究区域的全部射线数；$j_{\max}$ 为待研究区域的全部单元数。$\boldsymbol{A}$ 是一个相对松散的矩阵，因为任何一条射线正常地只会穿过研究区中少部分单元。

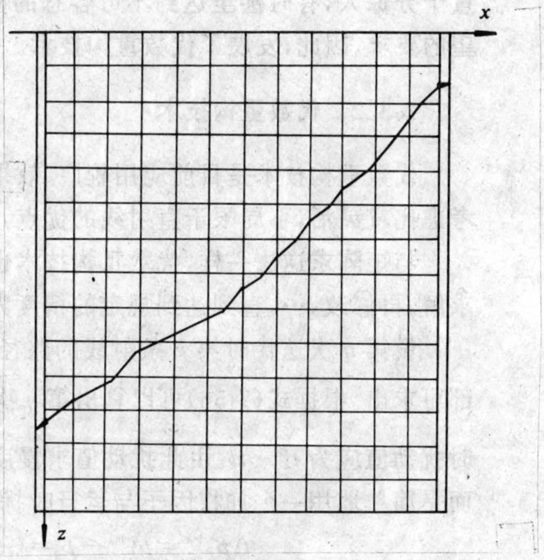

图7-4 井间层析网格示意图

由式(7-57)可知，只要矩阵 $\boldsymbol{A}$ 建立了，求它的逆 $\boldsymbol{A}^{-1}$，则矢量 $\boldsymbol{p}$ 可以很容易地求出，因此各单元中的速度就可求得。只要将单元划分得足够精细，求出的速度值可以逼近任何形式的速度函数。

以上正是医学 CT 矩阵求逆法的基本原理。医学中此问题可获圆满解决的关键在于它利用的是高频电磁波（X 射线）的透射波，其运行路径可认为是一条连接源点和接收点的直线。这样，每条射线路径可以方便地知道，矩阵 $\boldsymbol{A}$ 也就很容易求出。

但是，在地震勘探中利用的是地震波。无论是透射地震波（井间地震工作中或垂直地震剖面中），还是反射地震波（反射波法勘探时），其射线路径都是曲线而不是直线；而且，要知道射线路径首先必须知道地下速度的分布。也就是说，要建立 $\boldsymbol{A}$ 矩阵以求 $\boldsymbol{p}$，首先必须知道 $\boldsymbol{p}$；即“对问题求解需要事先知道解”，这就是地震勘探中利用矩阵求逆法反演速度的困难所在。

为此，首先需要建立一个假设的初始模型。此模型越接近真实情况越好。在这个初始模型中进行射线追踪，求出射线即可以建立起矩阵 $\boldsymbol{A}$。将方程(7-56)稍加改动，变为

$$\Delta t_k = t_k^{观} - t_k^{计} = \sum_j \Delta s_j \Delta p_j \tag{7-58}$$

式中，Δt_k 是对初始模型的运行时扰动值，即由记录观测到的运行时和由初始模型计算出的运行时之差；Δp_j 为对初始模型的慢度扰动值。则矩阵方程(7-57)改为

$$\Delta \boldsymbol{t}=\boldsymbol{A}\Delta \boldsymbol{p} \tag{7-59}$$

于是，由 $\boldsymbol{A}$ 的逆 $\boldsymbol{A}^{-1}$就可以求出 $\Delta \boldsymbol{p}$。然后再对初始模型各单元中的慢度进行修正

$$\boldsymbol{p}_{新}=\boldsymbol{p}_{旧}+\Delta \boldsymbol{p} \tag{7-60}$$

得到一个修改过的新模型；再追踪射线，建立新的矩阵 $\boldsymbol{A}$，求逆，又可得到新的修正值，此过程可以反复迭代多次，直到达到人们事先给定的精度为止。

由于地震勘探的对象是地下介质，目标很大；当要求计算的速度函数精度稍高时，网格应比较精细。这样，$k_{\max}$ 和 $j_{\max}$ 在实际处理中就可能相当大。如此大的矩阵求逆工作不仅计算工作量十分惊人，有时甚至达到不可容忍的程度；而且在计算方法上也十分困难，精度难以达到希望的要求。因此，发展了代数重构技术。

7.3.2 代数重构技术

代数重构技术是目前应用较广、效果较好的一种方法。它既保留了矩阵求逆法中对射线的考虑比较灵活，不局限于直射线的优点，又克服了矩阵求逆法计算速度太慢的缺点。

与矩阵求逆法一样，代数重构技术也是迭代地求解前述矩阵方程，修改模型，追踪射线，再求解，再修改，…，直到达到规定的精度为止。唯一的区别在于对迭代解的寻求上。

设第 q 次迭代时第 k 条射线的路径已追踪出来，则矩阵 $\boldsymbol{A}$ 中元素 $A_{kj}(j=1,2,\cdots,j_{\max})$全部可求出。根据式(7-56)可以算出第 q 次迭代时第 k 条射线的计算运行时 $t_k^q=\sum\limits_j A_{kj}p_j^q$，运行时扰动值应为 $t_k^{观}-t_k^q$。由此扰动值求慢度扰动值时(即第 $q+1$次迭代值)，不是求矩阵 $\boldsymbol{A}$ 的逆，而是简单地用一个加权因子与运行时扰动值相乘，即

$$\Delta p_j^{q+1}=p_j^{q+1}-p_j^q=G_{kj}(t_k^{观}-t_k^q)=G_{kj}\Delta t_k^q \tag{7-61}$$

式中加权因子 $G_{kj}=A_{kj}/\sum\limits_j A_{kj}^2$，所以

$$p_j^{q+1}=p_j^q+A_{kj}\frac{(t_k^{观}-t_k^q)}{\sum\limits_j A_{kj}^2} \tag{7-62}$$

这样对 p_j 进行修正比矩阵求逆要简单得多，它只涉及与第 k 条射线有关的量；若某个单元不被第 k 条射线切割，则 $A_{kj}=0$，p_j 值不变；即使对于 $A_{kj}\neq 0$的那些单元来说，修正 p_j 仅是十分简单的一次乘法和一次加法。

这样修正的物理意义在于：沿某条射线算出的运行时扰动值重新沿此射线分配回去，分配的比例按射线在单元中运行的距离而定；射线在某单元中运行的距离越长，说明此单元对运行时扰动的影响越大，因此分配的比例就越多。反之则越少。

另外，若将修正后的结果代入原式计算射线运行时，可得

$$\sum_j A_{kj}p_j^{q+1}=\sum_j A_{kj}p_j^q+\sum_j A_{kj}\cdot A_{kj}(t_k^{观}-t_k^q)/\sum_j A_{kj}{}^2=t_k^q+(t_k^{观}-t_k^q)=t_k^{观} \tag{7-63}$$

即第 k 条射线的逼近在第 q 次迭代后可以得到满足。

当然，由于矩阵 $\boldsymbol{A}$ 应随迭代过程的修改而修改，与迭代算出的 p_j 还有密切关系，因为 p_j 的修正还受其他多种因素的制约；故仍需多次反复迭代才能达到必要的精度，即根据式(7-62)算出 p 后，在新的速度场中再进行射线追踪，重复前述过程，直到达到精度为止。不过，由上述分析可以看出，这种迭代收敛将会十分快，故这种修正方法不失为一种既方便、又合理的方法，

计算效率大为提高。

在代数重构技术中，如何构组新的向量是需要技巧的，例如平滑、约束等都是常用的技巧。技巧的不同会使迭代的效率和结果的可接受程度大不相同。在这方面已经发展出相当多的算法，这里就不一一赘述了。由前述方法可知，无论是矩阵求逆还是代数重构法，都是在非线性反演问题线性化计算中所使用的方法。

7.3.3 伯恩近似波动方程反演

前述两种反演方法都是基于射线的方法，即几何地震学方法。近年来，在物理学和应用数学反演理论中广泛应用的广义反演散射理论也逐渐引入到地震勘探中，其中用得最多的是伯恩近似波动方程反演。

在一定条件下(例如水平均匀地球模型和零炮检距观测系统)，非均匀介质中的弹性波动方程可以简化为如下形式的声波方程

$$\left(\nabla^2-\frac{1}{v^2(\boldsymbol{r})}\frac{\partial^2}{\partial t^2}\right)p(\boldsymbol{r},\boldsymbol{r}_s;t)=\delta(\boldsymbol{r}-\boldsymbol{r}_s)\delta(t) \tag{7-64}$$

式中，$p(\boldsymbol{r},\boldsymbol{r}_s;t)$为压力波函数；$v(\boldsymbol{r})$为声波速；$\boldsymbol{r}$ 和 $\boldsymbol{r}_s$ 分别为波场点位置矢量和源点位置矢量，源点位于地面。所谓波动方程反演就是由在待研究区域的地表得到的波场值来重构地下速度结构 $v(\boldsymbol{r})$的一个过程。

假设 $v^2(\boldsymbol{r})$随 $\boldsymbol{r}$ 的变化是缓慢的，则可将它视为由一个常数参考速度和一个修改扰动项组成，即

$$\frac{1}{v^2(\boldsymbol{r})}=\frac{1}{v_0^2}[1-\alpha(\boldsymbol{r})] \tag{7-65}$$

将式(7-65)代入式(7-64)得

$$\left\{\nabla^2-\frac{1}{v_0^2}[1-\alpha(\boldsymbol{r})]\frac{\partial^2}{\partial t^2}\right\}p(\boldsymbol{r},\boldsymbol{r}_s;t)=\delta(\boldsymbol{r}-\boldsymbol{r}_s)\delta(t) \tag{7-66}$$

在此方程两边对时间作傅立叶变换，有

$$\left\{\nabla^2+\frac{\omega^2}{v_0^2}[1-\alpha(\boldsymbol{r})]\right\}\tilde{p}(\boldsymbol{r},\boldsymbol{r}_s;\omega)=\delta(\boldsymbol{r}-\boldsymbol{r}_s) \tag{7-67}$$

式中，$\tilde{p}(\boldsymbol{r},\boldsymbol{r}_s;\omega)$为 $p(\boldsymbol{r},\boldsymbol{r}_s;t)$对时间 t 的傅立叶变换；ω 为圆频率。这是一个在量子力学中广为应用的薛定谔类型的方程。

求解微分方程(7-67)可以化为求解下述所谓李普曼-施文格积分方程的问题

$$\tilde{p}(\boldsymbol{r},\boldsymbol{r}_s;\omega)=\tilde{p}_0(\boldsymbol{r},\boldsymbol{r}_s;\omega)+\int\tilde{p}_0(\boldsymbol{r},\boldsymbol{r}';\omega)\frac{\omega^2}{v_0^2}\alpha(\boldsymbol{r}')\tilde{p}(\boldsymbol{r}',\boldsymbol{r}_s;\omega)\mathrm{d}\boldsymbol{r}' \tag{7-68}$$

式中 $\tilde{p}_0(\boldsymbol{r},\boldsymbol{r}_s;\omega)$是常数参考速度介质中的格林函数，它满足方程

$$\left(\nabla^2+\frac{\omega^2}{v_0^2}\right)\tilde{p}_0(\boldsymbol{r},\boldsymbol{r}_s;\omega)=\delta(\boldsymbol{r}-\boldsymbol{r}_s) \tag{7-69}$$

并且取由 $\boldsymbol{r}_s$ 到 $\boldsymbol{r}$ 的向外运行的球面波解。同样，$\tilde{p}_0(\boldsymbol{r},\boldsymbol{r}';\omega)$也是格林函数，且取由 $\boldsymbol{r}'$到 $\boldsymbol{r}$ 的向外运行的球面波解。故有

$$\tilde{p}_0(\boldsymbol{r},\boldsymbol{r}_s;\omega)=-\frac{1}{4\pi}\frac{\exp\left(i\dfrac{\omega}{v_0}|\boldsymbol{r}-\boldsymbol{r}_s|\right)}{|\boldsymbol{r}-\boldsymbol{r}_s|} \tag{7-70}$$

和

$$\tilde{p}_0(\boldsymbol{r},\boldsymbol{r}';\omega)=-\frac{1}{4\pi}\frac{\exp\left(i\dfrac{\omega}{v_0}|\boldsymbol{r}-\boldsymbol{r}'|\right)}{|\boldsymbol{r}-\boldsymbol{r}'|} \tag{7-71}$$

积分方程(7-68)的物理解释是这样的，即全部波场 $\tilde{p}$ 是常数参考速度介质中的波场$\tilde{p}_0$与散射波场$\tilde{p}_s$之和。其中，散射波场

$$\tilde{p}_s = \int \tilde{p}_0(\boldsymbol{r},\boldsymbol{r}';\omega)\ \frac{\omega_0^2}{v_0^2}\alpha(\boldsymbol{r}')\ \tilde{p}_0(\boldsymbol{r},\boldsymbol{r}_s;\omega)\mathrm{d}\boldsymbol{r}' \tag{7-72}$$

是由于对参考速度的扰动引起的。

如果采用幂级数的形式，从$\tilde{p}_0$开始依次迭代地计算 $\tilde{p}$，则有

$$\begin{aligned}\tilde{p} &= \tilde{p}_0 + \tilde{p}_s = \tilde{p}_0 + \int \tilde{p}_0(\boldsymbol{r},\boldsymbol{r}';\omega)\ \frac{\omega^2}{v_0^2}\alpha(\boldsymbol{r}')\tilde{p}_0(\boldsymbol{r}',\boldsymbol{r}_s;\omega)\mathrm{d}\boldsymbol{r}' \\ &\quad + \int \tilde{p}_0(\boldsymbol{r},\boldsymbol{r}';\omega)\ \frac{\omega^2}{v_0^2}\alpha(\boldsymbol{r}')\left\{\int \tilde{p}_0(\boldsymbol{r}',\boldsymbol{r}'';\omega)\ \frac{\omega^2}{v_0^2}\alpha(\boldsymbol{r}'')\tilde{p}_0(\boldsymbol{r}'',\boldsymbol{r}_s;\omega)\mathrm{d}\boldsymbol{r}'' + \cdots\right\} \\ &= \tilde{p}_0 + \tilde{p}_1 + \tilde{p}_2 + \cdots\end{aligned} \tag{7-73}$$

忽略掉第二项以后的所有项，得到近似式

$$\tilde{p} \approx \tilde{p}_0 + \tilde{p}_1 = \tilde{p}_0 + \int \tilde{p}_0(\boldsymbol{r},\boldsymbol{r}';\omega)\ \frac{\omega^2}{v_0^2}\alpha(\boldsymbol{r}')\ \tilde{p}_0(\boldsymbol{r}',\boldsymbol{r}_s;\omega)\mathrm{d}\boldsymbol{r}' \tag{7-74}$$

这是关于资料 $\tilde{p}$ 和模型参数 α 之间的一个线性关系。伯恩1926年首先将此近似式用于原子物理的散射问题，故称为伯恩近似。

求解式(7-74)伯恩近似积分方程有很多方法，由于所用的数学推导都十分繁杂，这里就不一一介绍了，仅给出一个比较常用的结果。

在炮检点重合的情况下，利用沿地面在 ζ 点处观测到的一系列散射波场值 $p_s(\zeta,\zeta;t)$，可以求出地下速度扰动的分布

$$\begin{aligned}\alpha(x,z) &= \frac{8iv_0^3}{\pi}\int_{-\infty}^{\infty}\mathrm{d}\zeta\int_{-\infty}^{\infty}\mathrm{d}k_1\int_{-\infty}^{\infty}\mathrm{d}k_3\int_{-\infty}^{\infty}\mathrm{d}\tau\int_0^{\tau}\mathrm{d}t \\ &\quad \cdot k_2(\tau^2 - t\tau)p_s(\zeta,\zeta;t)\exp\{2i[k_1(x-\zeta) - kz] + i\omega\tau\}\end{aligned} \tag{7-75}$$

式(7-75)的求得还要求观测点连成的线(即测线)为一条直线。

显然，由 p_s 求解 α 只需作若干次振幅加权后的傅立叶变换，十分简单。

求出扰动项后，可用

$$v(x,z)=v_0[1-\alpha(x,z)]^{-1/2} \tag{7-76}$$

求出介质速度的分布。

虽然波动方程反演散射目前还仅限于一维反演，且炮检距也只能是零的情况，但它很有发展前途，有可能用于多维和非零炮检距。目前已有这方面的不少探讨。而且，参考速度介质也有可能利用变速介质。应当注意的是，由式(7-73)忽略高次散射场之后得到近似式(7-74)实际上就是一个由非线性近似为线性的问题，也就是线性化反演。由此可以看出地震波传播中造成非线性问题的主要原因是高次散射项。

§7.4 其他地震反演

地震勘探中除上述反演问题外，还有许多其他的反演问题，例如吸收系数反演，AVO (Amplitude Verse Offset)反演等，甚至常规地震资料处理中的一些问题也可以用反演方法解决，如静校正问题。因吸收系数等的反演与速度、波阻抗、反射系数反演一样，属于物理参数反演，所用的方法与之类似，而 AVO 反演以及作为反演的静校正问题与物性参数反演相差较大，故下面仅对后者作一简介。

7.4.1 AVO 反演

所谓 *AVO* 即在共反射点道集上研究地震反射波振幅随炮检距的变化，以估计地下岩石的弹性参数（主要是泊松比）、岩性和孔隙充填物（油、气等）。

众所周知，在平界面假设下，共反射点道集中各道反射波来自同一反射点，但入射角（或反射角）不同。反射系数既与入射角有一定关系，又与界面上、下介质的物理性质密切相关。反射波振幅与反射系数成正比。因此，研究反射波振幅随炮检距的变化关系首先要研究反射系数与入射角和界面上、下介质物理性质之间的关系。通常，这一关系由著名的 *Zoeppritz* 方程表示。但该方程形式过于复杂，实践中难以使用，故许多学者提出了不同的简化近似式，其中以 *Shuey*（1985）提出的简化式最为常用，即纵波反射系数为

$$R(\theta)\approx R_0+\left(A_0R_0+\frac{\Delta\sigma}{(1-\sigma)^2}\right)\sin^2\theta+\frac{1}{2}\frac{\Delta v_p}{v_p}(\tan^2\theta-\sin^2\theta) \tag{7-77}$$

式中

$$R_0\approx\frac{1}{2}\left(\frac{\Delta v_p}{v_p}+\frac{\Delta\rho}{\rho}\right)$$

$$\begin{cases}\Delta v_p=v_{p_2}-v_{p_1}\\ v_p=(v_{p_2}+v_{p_1})/2\end{cases}$$

$$\begin{cases}\Delta\rho=\rho_2-\rho_1\\ \rho=(\rho_2+\rho_1)/2\end{cases}$$

$$\begin{cases}\Delta\sigma=\sigma_2-\sigma_1\\ \sigma=(\sigma_2+\sigma_1)/2\end{cases}$$

$$A_0=B-2(1+B)\frac{1-2\sigma}{1-\sigma}\qquad B=\frac{\Delta v_p/v_p}{\Delta v_p/v_p+\Delta\rho/\rho}$$

$$\theta=(\theta_2+\theta_1)/2$$

由式(7-77)可以看出，$R(\theta)$由三个近似独立的项组成：

(1)法线入射项 R_0，它是 V_p 和 ρ 的变化率的平均值。

(2)适中入射角项($0°<\theta<30°$)，此时 R 与介质泊松比密切相关，此范围即我们研究振幅随炮检距变化的主要区域。

(3)广角反射项，此时 R 仅与速度变化率有关。

一般考虑 $\theta<30°$的情况，此时第三项可忽略，式(7-77)可进一步简化为

$$R(\theta)\approx R_0+\left(A_0R_0+\frac{\Delta\sigma}{(1-\sigma)^2}\right)\sin^2\theta=P+G\sin^2\theta \tag{7-78}$$

由此可以看出，反射系数 R 与 $\sin^2\theta$ 近似地成线性关系，其截距 P 为法线入射反射系数，斜率与泊松比有关。

若 θ 更小，可认为 $\theta_1\approx\theta\approx\sin\theta$，则有

$$R(\theta)\approx R_0(1+A\theta_1^2) \tag{7-79}$$

式中 $A=A_0+\frac{1}{(1-\sigma)^2}\frac{\Delta\sigma}{R_0}$，这是一个抛物线，故称之为抛物线近似。

综上所述可知，对于反射系数随入射角（或反射振幅随炮检距）的变化而言，上、下介质的泊松比起着重要作用，因此可以利用在共反射点道集中反射振幅随炮检距的变化求取泊松比。

目前已有好多种反演方法可以进行求取泊松比的工作。其工作分两部分，一部分是对实际资料的预备处理，即通过各种保持振幅、恢复振幅的处理，消除一切与反射系数无关的影响振幅的因素，使实际的共反射点道集上的反射振幅只与反射系数有关；另一部分是根据解释结果

设计模型，应用某一种方法计算该模型上包含炮检距因素的合成记录道集，分别定量提取合成记录上及实际记录上振幅随炮检距的变化量并进行比较，修改模型参数直至达到二者数据拟合为止，此时的模型参数就是要求的弹性参数。不同的方法仅在正演计算上，或修改、拟合的方式上有所不同而已。

一种比较简单而常用的方法是利用 Shuey 近似式进行计算、比较。其流程图如图7-5所示。

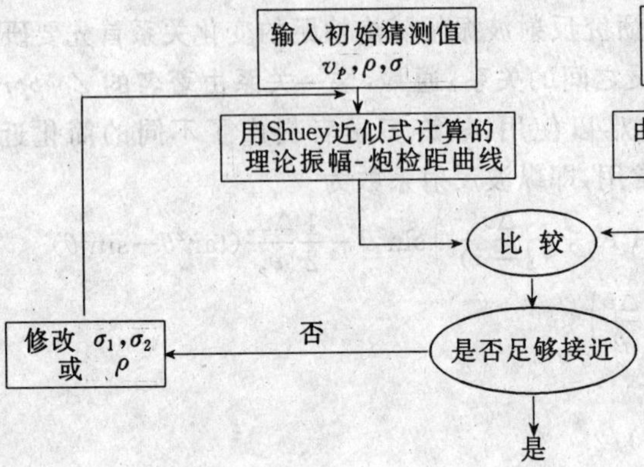

图7-5 Shuey 近似式模拟简单框图

另一种称为SLIM 的岩性模拟方法是利用 Shuey 近似式，分两步进行。首先对实际共反射点道集资料进行预备处理，得到反射振幅只与反射系数有关的 AVO 资料；然后对这种资料上的各采样值进行线性拟合。由前述可知，反射系数与 θ^2或 $\sin^2\theta$ 成线性关系。这种拟合可以得到两种信息：截距 P 和斜率 G。沿测线每个共反射点得到的截距 P 组成 P 波叠加剖面，而斜率 G 则组成梯度叠加剖面 G。对梯度叠加剖面进行运算可以得到 S 波叠加剖面。SLIM 反演就是以这两个剖面为标准进行反演的。首先由其他资料提出初始 P 波模型(包括 v_p 和 ρ)，正演计算垂直路径的合成记录，将它与实际 P 波叠加剖面相比，不符合则修改模型直至得到最终的 P 波 v_p、ρ。这是第一步 P 波 SLIM 过程。然后再根据 v_s 值为 v_p 值一半的假设提出 v_s 的初始模型。由 v_s 初始模型正演计算合成记录。将 S 波合成记录与 S 波叠加剖面相比较，不断修改模型，最终得到 S 波的 v_s。根据 v_p 和 v_s 可以算出泊松比 σ。图7-6就是 SLIM 岩性模拟的简单框图。

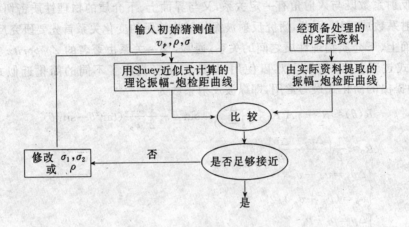

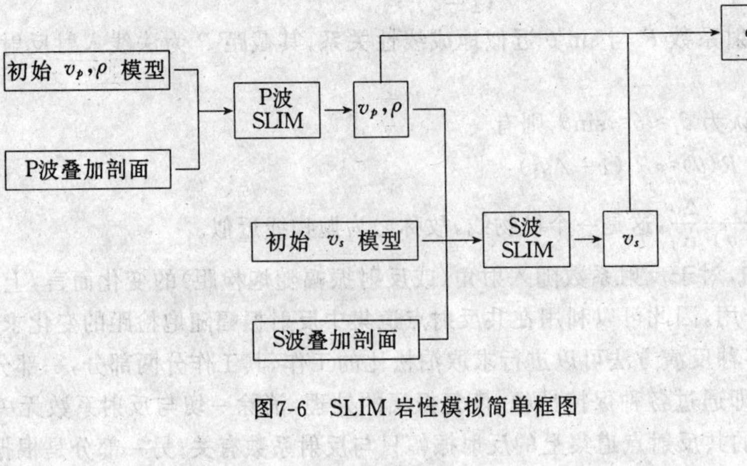

图7-6 SLIM 岩性模拟简单框图

也可以利用最大似然的方法求反演解，即

$$\Delta \boldsymbol{m}=\left[\boldsymbol{G}^{\mathrm{T}}\boldsymbol{G}+\sigma_d^2\boldsymbol{C}_m^{-1}\right]^{-1}\boldsymbol{G}^{\mathrm{T}}\Delta \boldsymbol{d} \tag{7-80}$$

式中 $\Delta\boldsymbol{d}$ 为数据变化量（即实际记录振幅与理论合成记录振幅之差）矢量，$\Delta\boldsymbol{m}$ 为模型参数变化量（即对初始泊松比 σ 模型的修改量）矢量，$\boldsymbol{G}$ 为灵敏度矩阵或称 Frechet 微分矩阵，σ_d 为数据中噪声的方差，$\boldsymbol{C}_m$ 为先验模型协方差矩阵。通过给出初始模型，然后不断反复迭代可得到最终 σ 值。

7.4.2 作为反演的静校正方法

静校正是地震资料处理中的一种常规方法。它主要是消除地表、近地表层异常对地震反射波旅行时的影响，使炮点和检波点处于同一基准面上。在一个共反射点道集中，来自同一反射点的反射波旅行时变化由两部分组成，一部分为因炮检距不同引起的双曲线旅行时变化，它由动校正处理去掉，另一部分由地表及近地表异常引起，它由静校正完成。这两部分旅行时变化都消除后，道集中各道上来自同一反射点的反射波旅行时就完全一样了，通过叠加可以加强反射波，压制干扰。

常规静校正方法除了通过对野外了解的地形、近地表层厚度、速度资料进行计算的野外静校正之外，一种称为剩余静校正的方法是针对动校正之后的共反射点道集进行的。此时各道上的时间变化完全由近地表因素引起。通过互相关的方法提取道与道之间的时差 Δt_{ij}，建立方程

$$\Delta t_{ij}=s_i+r_j \qquad (i=1,2,\cdots,I)(j=1,2,\cdots,J) \tag{7-81}$$

然后用最小平方的方法解方程将此时差 Δt_{ij} 分解为炮点静校正量 s_i 和检波点静校正量 r_j，即得到需要的静校正值。这在静校正量较小，噪声干扰较小时是完全可行的。若静校正量较大，噪声干扰很大，则用互相关方法求出的各道间时差就不准确，结果会造成静校正不正确。为此，提出了用反演观点解决静校正问题的方法。

用反演的方法解决静校正问题的思想建立在这样一个基本事实的基础上：因为共反射点道集已经过动校正，影响反射波旅行时差的只有各炮、检点静校正量，静校正做好了则各道旅行时一致，叠加效果必然好。所以最终求得的炮点静校正量和检波点静校正量应当是使叠加剖面的能量（振幅的平方和）达到最大的那些值。因此，我们有反演的目标函数：叠加能量 $E(\boldsymbol{s},\boldsymbol{r})$，即

$$E(\boldsymbol{s},\boldsymbol{r})=\sum_y\sum_t\left[\sum_h d_{yh}(t)+s_i(y,h)+r_j(y,h)\right]^2 \tag{7-82}$$

式中 $d_{yh}(t)$ 表示在炮检中点 y 和炮检距 h 坐标内的动校正后的地震道，炮点坐标 i 和检波点坐标 j 与 y 之间有如下关系：

$$\begin{cases} h=|j-i| \\ y=(j+i)/2 \end{cases} \tag{7-83}$$

此时欲求的模型参数为炮点静校正量 s_i 和检波点静校正量 r_j。改变 s_i 和 r_j 可以变化 E，使之达到极大即得到最终结果。

可以使用线性反演的方法或非线性反演的方法解决这一问题。使用线性反演方法在静校正量大于一个周期时可能存在问题，而非线性反演方法就不存在这一限制。一般采用模拟退火法或遗传算法均可以很好地解决这一问题。

思考题与习题

1. 从反演的观点来看地震资料数字处理，模型参数是什么？资料是什么？正演关系是什么？为什么属于线性反演？

2. 反褶积中为什么要加入白噪声？

3. 波阻抗反演的模型参数是什么？资料是什么？正演关系是什么？属于线性还是非线性反演？

4. 速度反演的模型参数是什么？资料是什么？正演关系是什么？属于线性还是非线性反演？

5. 为何地震 CT（速度反演）比医学 CT 更为复杂？

参考文献

陈丽英.电测深曲线的阻尼最小二乘反演.(电法勘探文集)北京:地质出版社.1986
傅淑芳、朱仁益.地球物理反演问题.北京:地震出版社.1997
何昌礼.解病态方程组的奇异值分解法与应用.武汉:中国地质大学出版社.1990
何樵登、熊维纲.应用地球物理教程——地震勘探.北京:地质出版社.1991
何侃宝等.地球物理反问题中的最优化方法(上、下册).北京:地质出版社.1980
黄有度等.矩阵理论及其应用.合肥:中国科学技术大学出版社.1995
李琪.物探数值方法导论.北京:地质出版社.1991
李志聃.煤田电法勘探.徐州:中国矿业大学出版社.1990
刘天佑.重磁异常反演理论与方法.武汉:中国地质大学出版社.1992
栾文贵.地球物理中的反问题.北京:科学出版社.1989
罗延钟、张桂青.电子计算机在电法勘探中的应用.武汉:武汉地质学院出版社.1987
马在田等.计算地球物理学概论.上海:同济大学出版社.1997
万乐、罗延钟.双极源 CSAMT 法的一维反演算法.(勘查地球物理勘查地球化学文集·第20集)
王家映.石油电法勘探.北京:石油工业出版社.1992
王家映.地球物理反演理论.武汉:中国地质大学出版社.1998
解可新等.最优化方法.天津:天津大学出版社.1997
谢靖.地球物理正反演问题近代数学方法.长春:吉林科学技术出版社.1989
杨文采.地球物理反演的理论与方法.北京:地质出版社.1997
姚文斌.电测深数值计算和解释入门.北京:地震出版社.1989
姚姚等.地震勘探新技术与新方法.武汉:中国地质大学出版社.1991
姚姚.蒙特卡洛非线性反演方法及应用.北京:冶金工业出版社.1997
袁亚湘、孙文瑜.最优化理论与方法.北京:科学出版社.1997
A.A.考夫曼、G.V.凯勒著,王建谋译.频率域和时间域电磁测深.北京:地质出版社.1987
Albert Tarantola.张先康等译.反演理论——数据拟合与模型参数估算方法.北京:学术书刊出版社.1989
Holland,J.H.Adaptation in natural and artificial system,University of Michigan Press.1975
Kirkpatrich,S.,Gelatt,C.D.,Jr.,and Vecchi,M.P.Optimization by simulated annealing.Science,1983,220(4598):1 087~1 092
L.Hatton 等.姚姚译.偏移、反演、层析.石油物探译丛,1987,(4):40~52
William Menke.王明光、楼海译.地球物理数据分析——离散反演理论.北京:地质出版社.1988